현미는 영양의 보고다

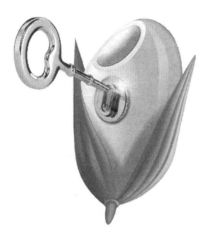

발효로 현미의 영향을 얻을 수 있다

명수네 현미누룩효소 레시피(쌀눈첨가)

(최종 산출물 - 6리터)

• 현미 900g(종이컵 6컵)을 불리지 않고 밥을 한다.(500ml=2컵, 1리터=1컵)
  쌀눈(15그램 - 2숟갈)을 넣어서 밥을 한다.(쌀눈은 선택사항)

• 압력솥 추가 딸랑거리면 중불로 10분간 뜸을 들인다.
  - 압이 빠지자마자 물 1리터를 부어 주고, 뚜껑을 닫아 4시간 이상 둔다.
  - 전기밥솥은 취사가 끝나면, 전원을 끄고 물 1리터를 부어주고 4시간 이상 놔둔다.

• 발효기 내솥에 밥, 누룩(300그램), 물(500ml)를 잘 섞어주고 다독여 준다.
  - 1차 발효를 시작한다.(1차발효 12시간 35~40도 사이)
  - 중간(5시간 경과 후)에 1회 주물러 주고 다독여 준다.
    (못했을 때는 2차 물 부을 때 한다)

• 1차 발효가 끝나면 물을 가득(6리터 선) 부어 준다.(상온수)
  - 내 솥 가득 물을 부어준 다음, 주걱으로 잘 저어 준다.
  - 2차 발효를 시작한다.(2차발효 10시간 35도 이하)

• 발효를 마치면 공기가 통하는 병에 담아 냉장고에 보관한다.
  - 실온에 두면 급격히 가스가 차 폭발할 수 있다.(필히 냉장 보관한다.)
  - 냉장고 안에서 가스가 차는 병은 폭발할 수 있으니 뚜껑을 느슨하게 닫아
    보관한다.
  - 가스가 차지 않는 병은 1개월 이상 보관이 가능하다.

• 당질을 줄이고 싶으면, 현미와 누룩을 비율에 맞춰 줄이고, 2차 물은 똑같이 잡는다.

명수네 효소 발효 시간표

1차발효 시작시간 (12시간 발효)	2차발효 시작시간 (10시간 발효)	발효 마치는 시간
오전 5:00	오후 5:00	다음날 오전 3:00
오전 6:00	오후 6:00	오전 4:00
오전 7:00	오후 7:00	오전 5:00
오전 8:00	오후 8:00	오전 6:00
오전 9:00	오후 9:00	오전 7:00
오전 10:00	오후 10:00	오전 8:00
오전 11:00	오후 11:00	오전 9:00
정오 12:00	자정 12:00	오전 10:00
오후 1:00	새벽 1:00	오전 11:00
오후 2:00	새벽 2:00	정오 12:00
오후 3:00	새벽 3:00	오후 1:00
오후 4:00	새벽 4:00	오후 2:00
오후 5:00	오전 5:00	오후 3:00
오후 6:00	오전 6:00	오후 4:00
오후 7:00	오전 7:00	오후 5:00
오후 8:00	오전 8:00	오후 6:00
오후 9:00	오전 9:00	오후 7:00
오후 10:00	오전 10:00	오후 8:00
오후 11:00	오전 11:00	오후 9:00
자정 12:00	정오 12:00	오후 10:00
새벽 1:00	오후 1:00	오후 11:00
새벽 2:00	오후 2:00	자정 12:00
새벽 3:00	오후 3:00	새벽 1:00

▶ 1차나, 2차 마치는 시간이 애매할 때는 1차 발효시간을 1~5시간 늘릴 수 있다.

명수식 섭생법 요약

주식		▶ **현미밥은 먹지 않는다.** • 현미효소 건더기를 갈아 백미밥과 같이 먹는다. • 백미밥이나 백미 나물밥을 먹는다.(도정된 잡곡1~2가지 넣을 수 있다) • 국산 밀에 소금만 넣고 만든 빵 종류를 먹는다. • 쑥인절미, 모싯잎송편, 고구마, 밤 같은 천연 녹말음식을 간식이나 밥 대용으로 먹을 수 있다.
부식	**섬유질**	▶ **생잎사귀는 먹지 않는다.** • 소화기가 건강한 사람은 뿌리채소, 열매채소 독성이 없는 배추, 양배추, 양상치 정도는 날로 먹어도 무방하다. 그래도 되도록 장아찌나 피클로 먹는다. • 발효된 모든 김치류를 먹을 수 있다. • 익힌 나물, 시래기 같은 말린 나물을 먹는다. • 해조류, 버섯류 등 모든 섬유질은 되도록 부드럽게 조리한다. • 장이 안 좋은 사람일수록 잎사귀보다 뿌리나 열매채소를 먹는다.
	※ (주의)	• 과한 섬유질 반찬은 장내 발효를 방해한다. 장이 약한 사람일수록 탄수화물을 늘리고 섬유질 가짓수와 양을 줄이고 최대한 부드럽게 조리한다.
	콩과 견과	▶ **콩이나 견과류를 먹지 않는다.** • 발효된 콩만 먹는다. 청국장 찌게나, 청국장 가루는 변에 좋다. • 완두콩, 강낭콩, 팥은 소량 밥에 놓아 먹을 수 있다.
	과일	• 과일은 특별히 가리는 게 없다. 장이 나쁜 사람일수록 바나나, 감, 복숭아, 멜론 같이 녹말이 많은 과일이 좋다. 껍질이나 씨는 먹지 않는다.
	육류	• 유기농 우유를 구해 발효시켜 먹는다. • 방목 유정란을 수란이나 반숙으로 먹는다. • 건강한 사람은 위생을 고려해 회, 육회 등을 먹으면 좋다. • 모든 육류는 양념 범벅으로 먹지 않고 단순하게 굽거나 쪄서 먹는다. • 외식할 때는 순댓국, 소머리국밥, 설렁탕, 보쌈, 지리처럼 담백하게 요리된 고기를 먹는다. • 고기 먹을 때는 생채소(특히 생잎사귀)와 같이 먹지 말고 단품으로 먹던가, 발효된 김치나 깍두기, 익힌 나물 하고 먹는다.

머리말

저는 1988년도 국회 공무원으로 입사하여, 정년퇴직 2년을 앞두고 2021년 여름 부이사관으로 명퇴를 하였습니다. 학창 시절 공부는 뒷전이었던 제가 팔자에 없던 책을 쓴다는 게, 낯부끄럽게 느껴집니다.

책을 쓰게 된 동기를 말씀드리겠습니다. 20대 중반과 30대 초반에 두 번의 신장결석 수술을 받았고, 30대 중반에는 장이 부실해 툭하면 설사 변을 보고 변이 시원하게 나오지 않았습니다. 매일 오후만 되면 두통이 심하고 다리는 무거워 걷는 것도 싫었습니다. 주말이면 피곤해서 하루 종일 자는 게 일이었습니다. 건강검진에 특별한 이상은 없었지만, 정상 생활이 어려울 정도로 극심한 피곤함을 느꼈습니다.

우연히 동료의 책상 위에 있던 안현필 선생이 쓰신 건강 서적을 보게 되었습니다. 무엇에 홀린 듯 이런 부실한 몸으로는 살 수 없다는 각오로 현미채식을 실행했습니다. 모든 가공식품과 고기를 끊고 도시락을 싸 가지고 다니면서 점심과 저녁 하루 두 끼만 먹었습니다. 살이 10kg 가까이 빠지고 변이 점차 쾌변이 되면서 머리도 맑아지고 피로감도 개선되어 갔습니다. 6개월 만에 불편했던 모든 증상이 사라지고 건강이 놀랍도록 좋아지는 경험을 했습니다. 그런 계기로 항상 건강 서적을 가까이했고, 현미 자연식, 생식은 건강식이라는 굳은 믿음을 가지고 살았습니다.

⊙ 다음은 '명수식 섭생법'을 만들게 된 사연입니다.

50이 될 때까지 되도록 가공식을 피하고, 자연식을 하면서 운동도 열심히 한 덕에 특별히 아픈 곳 없이 살았습니다만, 50 초반에 심장이 크게 탈이 나면서 죽음의 공포를 느꼈습니다. 고장 난 심장을 고치기 위해 30대 중반에 구원받았던 현미채식을 실행했습니다.

　건강 대가들의 책을 읽고 현미밥, 생채소, 콩, 견과류, 녹즙을 열심히 챙겨 먹었고, 되도록 생식을 하려고 노력했습니다. 식물 위주로 먹고, 온갖 건강법을 실행했지만, 좋아지는 것은 없었고, 변이 물러지면서 악취가 심했고, 방귀도 많이 나왔습니다. 30 중반에는 현미채식으로 놀랍도록 건강해졌지만, 50 초반에는 더 열심히 했음에도 불구하고 부정적인 반응들만 느끼게 되었습니다.

　식물식을 열심히 할수록 부정적인 반응들을 반복적으로 느끼면서 점차 의심이 들기 시작하였습니다. 그동안 읽었던 수백 권의 건강서와 식물식을 하면서 몸으로 느꼈던 반응들, 식물들의 생존전략, 통곡식이나 생식의 흡수동화율, 식물식이나 생식이 치병의 효과를 보이는 진짜 이유, 인간 소화기의 특성, 장내 미생물을 통한 영양흡수의 원리, 장구한 세월 수렵 채집했던 원시 선조들 소화기에 적응된 음식, 조상들의 조리법 등이 하나의 연결고리로 이어진 전체적인 시각을 얻게 되면서, 그동안 믿어 의심치 않았던 섭생법들이나 식물들의 진면목이 보이기 시작했습니다.

　그래서 우리가 믿고 있는 지금의 섭생으로는 영양도 얻을 수 없고 장내 환경을 개선할 수 없다는 걸 깨닫게 되었습니다.

　그래서 그동안 해오던 섭생을 버리고, 발효식을 기반으로 한 장내 미생물에 초점을 맞춘 섭생법을 만들게 되었습니다. 소통을 위해 "명수식 섭생법"이라 명명했습니다. 책장을 넘기다 보시면 명수식 섭생이 무엇인지 아시게 될 것입니다.

　◎ 다음은 '현미누룩효소'를 개발하게 된 이야기입니다.
　50 초반에 고장 난 심장을 고치기 위해, 다양한 섭생을 실행해 보면서, 발효의 효

능에 대해 알게 되었습니다. 그래서 현미를 발효시키기 위해 여러 방법을 시도했습니다. 동치미에 현미밥이나 보리밥을 갈아 넣고 발효시켜 보기도 하고, 현미가루를 쪄서 시중에 팔리는 현미김치처럼 우유와 요구르트를 넣고 발효시켜 보기도 했습니다. 누룩을 알게 되면서, 현미가루를 쪄서, 누룩으로 어설프게라도 발효시켜 먹으면서 변이 좋아지는 걸 체험했습니다. 그리고 그동안 건강식으로 믿고 먹었던 현미밥, 생식, 생잎 사귀, 콩, 견과, 녹즙 등을 식단에서 제거하자, 생전 보지 못한 황금변을 보게 되었습니다.

그러던 중 인터넷에 쌀 요거트라는 제품이 팔리고 있다는 걸 알게 되었습니다. 현미를 발효시켜 먹으면서, 좋은 효과를 보았기 때문에 누룩을 사서 막걸리를 담아 먹기도 하고, 인터넷에 올라와 있는 방식으로 쌀 요거트도 만들어 보았습니다.

일본식 쌀 요거트는 60도에서 8시간 발효하는 방식이라서 온도도 높고 시간이 짧아 발효된 맛이라기보다 당화만 된 맛이었습니다. 그래서 막걸리 만드는 방식을 응용해, 온도를 낮추고 시간을 늘려 알코올은 없으면서 충분한 젖산발효를 유도하기 위해 누룩이나 밥 양, 물을 첨가하는 방식, 그리고 온도와 시간을 달리해 발효를 반복해보면서, 지금의 현미누룩효소 레시피를 만들게 되었습니다.

저는 현미효소를 마시면서 자다가 중간에 소변보는 현상이 없어지고, 겨울이면 갈라져 피가 나는 발바닥이 무탈해졌습니다. 그래서 주위의 몇몇 분에게 만들어 주었는데 놀라운 효과를 전했습니다. 그때부터 지인들이나 직장 동료들에게 레시피를 알려주면서 해 먹기를 권유했습니다. 현미효소를 만들어 드시는 분들을 모아, 단톡방을 만들어, 효능이나 명현반응을 공유하고, 만드는 방법들을 개선해 나갔습니다.

그동안 보고 들은 효능은, 참으로 다양하고 놀라웠습니다. 평생 고질병이 낫기도 하고, 특히 피부나 소화기 계통에 탁월한 효능이 있었습니다. 허황된 말처럼 들릴지 몰라도, 현미누룩효소는 전 국민이 해 먹는 건강식이 될 것입니다. 현미효소를 만드는 방법은 매우 쉽고 특별한 기술이 필요 없습니다. 한두 번만 만들어 보시면 현미효소의 명수가 될 것이고, 그 탁월한 효과를 보시게 되면, 지인들에게 입소문 내고 있는 자신을 발견하게 될 것입니다. 소통을 위해 '현미누룩효소' 또는 '명수네 효소' 라 명명합니다.

현미효소를 기반으로 한 명수식 섭생법은, 영양을 얻을 수 있고, 쾌변을 만들어 주기 때문에, 건강, 치병, 면역에 가장 유용한 수단이 될 것입니다. 남의 책 몇 줄 읽고 만들어낸 이론이 아니고, 건강을 찾기 위한 치열한 숙고와 체험을 바탕으로, 전체를 보는 시각으로 만들어졌기 때문입니다. 이 책에서 전달하려고 하는 요지는 크게 두 가지 입니다.

⊙ 첫째 현미누룩효소와 발효식의 효능을 이해시키는 것이고,
⊙ 둘째 잘못 알고 있는 섭생 상식을 깨고, 명수식 섭생법의 효용성을 알리는 것입니다.

시간이 갈수록 질병은 급증 추세이지만, 우리는 현대의학의 한계를 잘 알기 때문에 음식을 치병의 수단으로 삼습니다. 하지만 지금의 식단에서 치병에 필요한 충분한 영양을 얻기 힘들고, 많은 사람들이 섭생에 대한 잘못된 상식과 믿음으로, 건강의 부를 까먹고 있습니다.

이 책을 읽는 여러분도 현미, 콩, 생채소, 견과류, 생식, 녹즙 등은 건강식이라는 믿음을 가지고 계실 겁니다. 저는 책 전반에 걸쳐 지금까지 듣고, 믿어왔던 상식과 반대

로 위 음식들과 결별하기를 종용할 것이고, 그리고 영양을 얻고, 황금변을 찾기 위해서는 어떻게 먹어야 하는지 여러 방편들을 제시할 것입니다.

온 국민이 건강식으로 굳게 믿고 있는 음식들을 삼가라는 제 주장이 터무니없는 소리로 들릴 수 있을 것입니다. 아는 것이 없기도 하거니와, 어려운 용어나 지식을 나열하는 것보다 우리가 주변에서 흔하게 보아 왔던 현상 뒤에 숨은 이치를 설명하고, 별개의 사실들을 하나의 논리로 이어 전체적인 시각을 제시해 저의 주장에 설득력을 부여할 것입니다.

책 내용은 이러합니다. 전반부에는 발효음식의 효능과 현미효소 만드는 법을 실었고, 중반부는 지금까지 믿어왔던 건강 상식을 깨는 내용, 후반부에는 건강에 관한 글, 체험수기 등을 실었습니다.

만들기 쉽고, 맛있고 저렴한 비용으로, 효과 만점인 명수네효소와 명수식 섭생법으로 건강, 치병, 면역을 얻을 수 있다는 희망을 전하고 싶어서 부족한 지식과 필력으로 주제넘은 책을 쓰게 되었으니, 부족한 부분이 있어도 너그럽게 봐주시기 바랍니다.

어설픈 지식으로 쓴 책이지만 이 책을 통해 전체적인 시각을 얻으신다면 행운이 될 수도 있을 것입니다. 아무쪼록 인연이 닿아 현미누룩효소와 명수식 섭생법으로 황금변도 찾으시고, 건강도 얻으시기 바랍니다. 그럼 건강을 약속해주는 황금변을 찾아 여행을 떠나겠습니다. 감사합니다.

2022년 여름에

목 차

명수네 현미누룩효소 레시피(쌀눈첨가) ···················· 2

명수네 효소 발효 시간표 ···································· 3

명수식 섭생법 요약 ·· 4

머리말 ·· 5

제 1 장 • 발효와 현미누룩효소의 효능(발효로 현미의 영양을 얻을 수 있다) ········· 15

현미누룩효소란? ··· 16

발효의 미학 ··· 18

발효음식이 좋은 이유 ···································· 22

현미누룩효소의 효능은 어디에서 오는가? ················ 27

현미누룩효소는 쾌면, 쾌식, 쾌변을 가능케 한다. ········ 32

현미누룩효소를 마시면 살이 찌는 이유 ·················· 36

현미누룩효소의 효능과 명현반응들 ······················ 40

제 2 장 • 현미누룩효소 만드는 법(누룩 요거트 만드는 법) ···················· 45

명수네 현미누룩효소 제조 원리 ·························· 49

명수네효소의 우수성 ····································· 55

현미누룩효소 먹는 법과 양 ······························ 58

현미누룩효소 보관 방법 ·································· 61

현미누룩효소 엑기스 만들기 ····························· 63

명수네 분말효소 만드는 법과 그 효능 ··················· 67

누룩요거트, 그릭요거트 만드는 방법 ············· 69

현미누룩효소의 단맛 고찰 ············· 73

당질이 적은 현미효소 만드는 2가지 방법 ············· 77

현미누룩효소 탄생기 ············· 81

제 3 장·고정관념 뒤집기(알고 있는 섭생 상식을 버려라) ············· 85

현미밥, 생채소, 콩, 견과류, 생식은 건강의 친구인가? ············· 86

현미 유감1 ············· 89

현미 유감2 ············· 95

백미의 역설(밀, 보리 고찰) ············· 100

생잎사귀 유감 ············· 105

콩과 견과류 유감 ············· 110

인간은 진정 곡채식 동물인가? ············· 117

생식 유감1(생식으로 영양을 얻기 힘든 이유) ············· 123

생식 유감2(날고기의 유익함) ············· 129

식물식, 생식, 소식, 단식으로 건강해지는 원리 ············· 136

섭생교리 고찰1(서로 다른 섭생으로 건강해지는 이유) ············· 139

섭생교리 고찰2 (고탄저지, 저탄고지) ············· 143

고기의 누명과 식물의 잘못된 믿음 ············· 146

우리는 왜 식물들을 맹신하게 되었는가? ············· 150

제 4 장·현미효소와 명수식 섭생, 공복을 치병의 방편으로 삼자. ················ 155

　자연식물식은 정답인가? ······························ 156

　쾌변을 만드는 자연식물식 하기 ······················ 159

　영양을 얻는 자연식물식 하기(무기물 영양을 얻는 방편) ········ 163

　명수식 섭생법 탄생기 ······························· 166

　영양과 장내 미생물을 위한 새로운 섭생법 제안 ·············· 170

　명수식 섭생법은 영양과 해독(쾌변)을 가능케 한다. ·········· 173

　공복은 해독과 생명력을 높이는 가장 좋은 수단이다. ·········· 177

　암 환자를 위한 영양과 해독(비만의 역설) ················· 180

제 5 장·장내 미생물을 위한 섭생법(황금변을 찾는 방편들) ·········· 191

　황금변 만들기1(장내 발효가 쉬운 음식 먹기) ·············· 192

　황금변 만들기2(과한 섬유질을 경계하자) ················· 197

　삼겹살과 절친이 된 쌈채소를 조심하자. ·················· 202

　전통 발효음식의 가치 ······························· 205

　청국장 예찬 ···································· 208

　시래기 예찬(시래기를 먹어도 생식이 된다.) ··············· 211

　변비, 설사, 위장 장애 고치기 ························· 215

　소화, 방귀, 변 고찰 ······························· 219

　미생물을 통해 영양을 얻는 원리와, 장내 부패의 해로움 ·········· 223

제 6 장·건강 관련 글들 ·· 229

영양과 건강(영양은 에너지다) ····································· 230

해독과 영양(치병의 열쇠) ··· 233

어떤 소금이 가장 좋은 소금인가? ································ 238

아토피 극복하기 ··· 241

먹지 말아야 할 것(식용유) ·· 245

생명력을 높이는 방법 ··· 250

근골격 통증 극복하기(신경의 굳음) ····························· 254

암 환자들의 근골격 통증 이해하기 ······························ 260

장 마사지의 중요성과 맨발의 유익함 ·························· 262

섭생 추억(건강 극복기) ··· 266

제 7 장·현미누룩효소 체험기 ··· 275

현미누룩효소 체험기 ·· 276

제 8 장·많이 하는 질문들 모음/현미누룩효소의 미래/맺는말 ············ 309

많이 하는 질문들 모음 ·· 310

현미누룩효소의 미래 ·· 317

맺는 말 ··· 320

오른손잡이 동물의 인문학 ·· 323

아무리 많은 건강서를 읽고, 자연식 대가들의 권고대로 현미식, 식물식, 생식을 하고, 슈퍼푸드를 찾아 먹고, 온갖 건강법을 실천해도 건강을 얻지 못하는 이유는 황금변을 찾지 못했기 때문입니다.

황금변을 찾지 못하는 이유는 현미밥, 콩, 생채소, 견과, 생식, 녹즙 등을 먹기 때문입니다.

제 말이 허황된 소리로 들릴 것입니다. 왜냐하면 건강 대가들이 이구동성 추천하는 음식들이고, 우리 생각에도 건강에 좋은 음식처럼 느껴지기 때문입니다. 저는 책장을 넘겨가면서 지금까지 간강대가들에게 들었던 말이나, 알고 있던 상식이나 믿음과는 완전히 다른 이야기를 들려드릴 것입니다.

이 책을 통해 섭생에 대한 전체적인 시각을 얻게 된다면 황당하게 들렸던 제 이야기에 고개를 끄덕이게 될 것이고, 위 식물들을 오랫동안 열심히 드신 분일수록 더 공감이 가실 겁니다.

우리는 영양을 갈망하고, 황금변을 찬양하면서도 위 음식들과 맹목적인 사랑에 빠져 그에 반하는 섭생을 하고 있다는 것입니다. 우리 머릿속에 아는 것은 많지만, 황금변을 찾는 지혜는 전무합니다. 전체를 보지 못하고 피상적인 현상만을 보고 믿기 때문입니다.

영양을 얻고 황금변을 찾기 위해서는 위 음식들을 식단에서 제거하고, 현미를 발효시켜 먹고, 장내 미생물을 위한 디테일한 전술들이 필요합니다. 이 책은 그런 안내서입니다.

건강을 얻기 위해서는 반드시 황금변을 찾아야 합니다. 왜냐하면, 황금변은 영양, 해독, 면역의 척도이기 때문입니다. 현미밥, 생잎사귀, 콩, 견과, 생식으로 건강을 얻으려고 하는 것은 가짜 보물 지도로 황금을 찾으려는 것과 같습니다.

진짜 보물 지도가 있어야 황금을 찾을 수 있듯이 이 책은 황금변을 찾을 수 있는 진짜 보물 지도와 같아 믿기만 하신다면 가장 적은 수고로움과 비용, 그리고 가장 빨리 황금변을 찾아 건강의 부를 얻게 해 줄 것입니다.

제 1 장

발효와 현미누룩효소의 효능
발효로 현미의 영양을 얻을 수 있다

느림의 미학으로 만들어지는 발효는 얻을 것만 있지
버릴 게 하나도 없습니다. 현미는 영양의 보고이지만,
밥으로 먹으면 흡수율이 매우 낮아 그 영양을 얻기 힘듭니다.
누룩으로 발효시키면 현미의 해로움이 제거되고,
그 영양을 온전히 얻을 수 있게 됩니다. 그게 현미누룩효소입니다.

현미누룩효소란?

　"현미누룩효소"는 일반인에게 생소한 음식입니다. 이해를 돕기 위해 간략히 소개해 드리겠습니다. 이하 "현미효소" "명수네효소"라 줄여 표기합니다.

　현미효소는 발효기를 이용해 집에서 직접 만들어 먹을 수 있는 발효음식입니다. 현미를 먹는 밥처럼 지어 누룩과 물만 섞어 22~25시간(이하 22시간으로 표기) 발효시켜 만듭니다. 식혜처럼 국물이 있고 밥알이 반 정도 들어있는 효소 음료로 약간의 막걸리 냄새도 나면서 탄산 맛, 새콤달콤한 맛이 납니다. 막걸리와 비슷한 재료와 공정으로 만들지만, 효모발효 과정에서 알코올이 생기는 막걸리와는 다르게, 주로 젖산발효를 한 효소 음료입니다. 소량의 효모발효로 알코올이 생성되지만, 수치를 측정하기 힘들 정도의 알코올이라 5살 난 아이나 90세 된 어르신, 소화력이 약한 환자들도 안심하고 마실 수 있습니다.

　요즘 인터넷에서 팔리고 있고, 일부 가정집에서 만들어 먹는 쌀요거트는 주로 백미를 이용하고 60℃에서 8시간 발효시키는데 온도가 높고 발효시간이 너무 짧아 발효음식이라기보다 식혜처럼 당화에 가까운 음료입니다. 제가 개발한 현미효소 레시피는 영양이 풍부한 현미로 만들고, 충분한 발효의 효능을 얻기 위해, 35℃ 전후의 저온에서 발효시킵니다.

　우리의 전통 음식에 쌀이나 보리를 누룩으로 발효시켜 만드는 단술이나 쉰다리라는 음식이 있습니다. 간식거리가 없던 소싯적 어머니들은 단술이나 쉰다리를 별미로 만들어 주셨는데, 그 맛이 각별하고, 마시고 나면 속이 편했습니다. 단술을 만드는 데는 특별한 기술이나 정확한 온도가 필요 없었습니다. 밥에 누룩과 물을 섞어 이불을 덮어 따뜻한 아랫목에 두면 만들어졌습니다. 현미효소도 단술 만드는 것처럼 특별한 기술이 필요 없습니다. 단지 대중들이 접근하기 쉽고, 편하게 만들 수 있도록 레시피를 정형화했고, 기계를 사용한다는 것뿐입니다.

단술이나 쉰다리는 못 살던 시절 별미로 먹던 음식이지만, 무기물 영양이 부족하고, 약으로 고칠 수 없는 다양한 질병을 겪는 현대인들에게 현미효소는 구원의 음식이 될 것입니다. 물 건너온 슈퍼푸드가 지천입니다만, 현미효소는 토종 슈퍼푸드가 될 것입니다.

현미효소는 시중의 쌀요거트와는 차별화된 발효과정으로 만들어지고 효능 또한 뛰어납니다. 소통을 위해 "현미누룩효소" 또는 "명수네효소"라 명명합니다. 책을 읽어 가시다 보면 현미효소의 우수성과 건강에 좋은 이치를 아시게 될 것입니다.

◎ 현미효소는 두 가지 방식으로 먹을 수 있습니다.
① **현미누룩효소** - 최종 결과물이 건더기 반, 국물 반으로 그냥 드시거나 갈아서 마실 수 있는 액상의 효소 음료입니다. 물 대용으로 마실 수도 있고, 식사 대용으로도 드실 수 있습니다.
② **현미누룩발효밥** - 갈지 않고 걸러서 건더기를 갈아서 밥 대용으로 먹습니다. 혈당이 걱정되는 분은 현미효소 건더기를 밥 대용으로 먹으면 저당식이 됩니다.

현미누룩효소

현미누룩발효밥

발효의 미학

각 나라마다 전해 내려오는 발효음식들은 오랜 전통을 이어오면서 형성된 것들이다. 음식을 발효시키면 독성은 제거되고, 영양은 배가 되면서 소화 흡수율이 올라간다. 발효시킨 음식은 보존 기간이 늘어나고 풍미까지 좋아진다. 먹거리가 부족했던 과거 발효는 생존을 위한 선택이었다. 발효음식은 다음 예처럼 얻을 것만 있지, 버릴 게 하나도 없다.

① 빵은 생존을 위한 결과물이다.

우리는 밀이란 원래 빵으로 먹는 것이라고만 생각했지 깊게 생각해 본 적이 없다. 고대 서구인들이 빵을 만드는 과정은 매우 수고롭고 시간이 오래 걸리는 작업이었다. 딱딱한 밀을 무거운 맷돌로 곱게 갈아 장시간 발효시키고 화덕에 구어야 먹을 수 있었다.

서구인들은 밀을 쌀처럼 단순하게 쪄 먹지 않고 수고롭지만, 빵(발효)으로 먹었을까? 현미를 생으로 먹는 사람은 있어도, 통밀을 생으로 먹거나 밥에 놓아 먹는 사람은 없다. 통밀은 현미보다 훨씬 거칠기 때문이다. 통밀을 단순하게 쪄서 먹으면 영양을 얻을 수 없기 때문에 통밀의 독성을 제거하고, 영양을 얻기 위해 고대 서구인들은 빵을 만드는 수고로움을 감내한 것이다.

통밀을 빵으로 만들면 풍미가 좋아지고 영양도 얻을 수 있고 보관도 더 오래간다. 소금만 넣고 만든 통밀빵은 백미밥이나 현미밥보다 영양학적으로 우수한 음식이다. 흡수율이 좋고 장내 발효가 쉬워 쾌변을 만들어 주기 때문이다. 밀가루 음식이 나쁜 이유는 첨가물을 넣거나 발효시키지 않고 면으로 먹기 때문이다.

발효로 통밀의 영양을 얻은 서구인들은 기골이 큰 반면, 현미의 영양을 얻지 못한 동남아인들은 왜소한 체구를 가지게 되었다. 통밀이 고대 서구인들의 평생 건강식이 된 이유는 순전히 발효의 덕으로, 빵(발효)는 생존에 필요한 영양을 얻기위한 선택이었다.

② 여러 민족이 발효를 통해 콩의 영양을 얻었다.

중국의 전통 음식인 취두부는 두부를 발효시킨 음식이다. 그 냄새가 걸레 썩는 냄새 비슷하지만 고소한 맛이 있다. 두부(豆腐)에 왜 썩을 부을 썼을까? 썩힌다는 뜻은 삭힌다. 또는 발효시킨다는 의미다. 왜 두부를 발효시켜야 했을까? 콩보다는 낫지만, 두부도 소화가 어렵고 금방 상해버린다. 소화 흡수율을 올리고 부패를 방지하기 위해 두부를 썩힌 것이다. 된장, 청국장도 콩을 썩힌(발효) 것이라 외국인 코에는 고약한 냄새다.

취두부는 고랑내가 나지만, 발효시켜서 소화도 잘되고 오래 두고 먹을 수 있어, 우리 된장처럼 중국의 전통 음식이 되었다. 여러 민족들이 콩을 단순하게 쪄 먹으면 흡수율이 극히 저조하여 영양을 얻을 수 없다는 걸 알았기 때문에 발효를 통해 콩의 영양을 얻었다. 된장, 청국장, 낫도, 템페가 건강식으로 대접받는 이유는 온전히 발효의 덕이다.

③ 김치나 된장, 간장은 가장 안전한 식품이다.

김치가 익었다. 과일이 익었다. 익었다는 말은 독성이 없고 소화가 쉬우니 먹어도 된다는 뜻이다. 김치를 누가 익혔는가? 미생물이 효소로 익힌 것이다. 이 효소는 강력한 분해 해독 물질로 영양을 분해하고, 음식의 독성을 제거한다.

부패한 것처럼 고랑내가 나지만, 삭힌 홍어나 젓갈을 먹고 탈이 나는 것을 본 적이 있는가? 전통 발효음식은 많은 사람들의 경험치가 쌓여 만들어진 것이기 때문에 안전한 음식이다. 해가 되는 음식이었다면 맥을 이어오는 음식이 되지 못했을 것이다. 된장이나 김치에 곰팡이가 있어 암의 원인이 되니 먹지 말라고 하는 것은 말도 안 되는 소리니 부화뇌동하지 말자. 그럼 김치, 된장, 청국장, 고추장을 매일 먹었던 조상들은 전부 암에 걸렸을 것이다. 현대인들은 전통 음식을 외면하고 가공식을 많이 먹어 병에 걸리는 것이다.

과거 맞아서 생긴 장독이나 높은 곳에서 떨어진 사람들 치료제로 똥물을 먹었다. 오래된 똥독에서 맑은 국물만 걸러서 마시는데, 약이 되는 이유는 발효되면서 효소 국물이 되었기 때문이다. 이 효소가 몸속 독소를 빼주기 때문에 치료제로 쓰였다. 발효시키면 똥조차 약이 된다.

우리의 전통 발효음식인 된장, 간장, 고추장, 식초를 선조들은 약념(藥念)이라고 불렀다. 음식을 발효시키면 독성은 제거되고, 영양이 배가 되고, 흡수율이 좋아지고, 장내 미생물의 좋은 먹이가 되기 때문에 몸에 약이 된다.

우리에게 김치나 발효식품이 없었다면 선조들은 음식이 부족했던 겨울나기가 매우 힘들었을 것이다. 발효음식은 우리 민족에게 생명줄과 같다. 무기물 영양이 부족하고 장내 환경이 무너진 현대인들에게 발효음식은 영양을 얻을 수 있고, 장내 환경을 살리는 구원의 음식이다. 느림의 미학으로 만들어지는 발효음식은 신이 주신 선물이다.

발효음식은 소화(장내 발효)가 잘 된다.

한우를 키워 크게 성공한 사람들의 이야기가 가끔 신문에 실린다. 한우를 키워 돈을 벌기 위해서는 질병이 없이 잘 크고, 육질이 좋아야 한다. 그런 농가의 공통점은 일반 배합사료를 주는 것이 아니고 쌀겨, 보릿겨, 깻묵, 볏짚 등을 발효시켜 먹이로 주는 것이다.

발효사료를 먹인 소는, 영양 흡수율이 좋아 빨리 크고, 폐사율도 낮고, 질병이 없으니 항생제 쓸 일도 없다. 육질이 좋아, 최고 등급을 훨씬 많이 받는다. 그런 기사 말미에 꼭 등장하는 말이 있다. '그 집 축사에서는 똥 냄새가 나지 않는다.' 발효된 사료는 장내 발효(소화)가 잘 되기 때문이다.

발효음식은 사람에게도 똑같은 효능을 준다. 소가 소화가 어려운 곡물사료를 먹고 장내 부패 없이 영양을 얻을 수 있는 방법이 발효 듯이, 사람도 소화가 어려운 음식의 영양을 장내 부패 없이 얻는 비법이 발효다.

건강을 위해 영양제나 슈퍼푸드를 찾는 것보다, 한우로 돈을 버는 농가의 비법(발효)을 응용하면 동물, 작물, 사람은 건강의 부를 얻을 수 있다.

발효음식이 좋은 이유

우리는 매일 발효식품들을 먹는다. 빵, 김치, 동치미, 된장, 청국장, 간장, 고추장, 식초, 장아찌, 막걸리, 젓갈, 요거트, 치즈 같은 음식들이다. 매일 먹으면서도 그 가치를 잊어버리고 산다. 우리가 매일 먹는 발효음식이 왜 건강에 좋은지 알아보자.

⊙ 첫째 - 발효는 음식의 독성을 제거한다.

익히면 먹을 수 없는 것도 먹을 수 있다. 익히면 독성이 제거되고 소화가 쉬워지기 때문이다. 음식이 익었다. 과일이 익었다. 김치가 익었다. 익었다는 말은 독성이 없고 소화가 되니 먹을 수 있다는 말이다. 김치는 누가 익혔는가? 열이 아닌 미생물이 효소(발효)로 익힌 것이다. 갓, 쪽파, 무, 고춧가루, 생마늘, 생강으로 막 담은 김치는 먹을 수 없지만, 익으면 얼마든지 먹을 수 있다. 발효시키지 않은 양념 범벅 겉절이나 아구찜을 먹고 변을 보면, 변 색깔이 붉고 항문이 얼얼하다. 하지만 발효된 김치나 깍두기의 뻘건 국물은 많이 먹어도 그런 일이 없다. 발효로 독성은 사라지고 몸에 좋은 약성만 남아있기 때문이다.

열은 독성을 제거하지만, 영양소도 파괴한다. 발효는 영양소 파괴 없이 음식 속 독성만을 제거한다. 현미의 쌀겨에는 농약 성분이 많다. 피틴산은 미네랄 흡수를 방해한다. 현미는 소양인과 태양인에게 독이 된다. 현미를 먹었더니 치조골이 약해져 이를 몇 개나 잃었다는 인터넷 괴담까지 있다. 대부분 건강 대가들은 현미를 찬양하지만, 먹지 말라는 소수의 목소리도 있다. 현미를 불리고, 익히고, 발효까지 시키면 현미의 해로운 성분들이 모두 제거된다. 그게 현미누룩효소다. 닭똥을 발효시키면 악취(독소)가 사라지고, 영양이 풍부한 거름이 된다. 현미도 발효시키면 독성이 제거되고, 사람에게 풍부한 영양을 주는 음식이 된다.

▷ 둘째 - 영양 흡수율이 월등히 높아진다.

발효, 부패, 소화는 동일한 분해과정이다. 발효란 미생물이 효소를 분비해 영양을 단순 분자로 쪼개는 작업으로 사람이 영양을 얻기 위해 소화효소로 음식을 분해하는 것과 똑같은 작용이다. 발효과정에서 탄수화물은 단당으로, 단백질은 아미노산으로, 미네랄은 이온화되어 물에 녹아있는 형태로 변한다. 발효음식은 미생물이 미리 소화시켜 놓은 것이기 때문에 원물보다 흡수율이 월등히 높다.

선조들은 콩을 편하게 쪄 먹지 않고, 왜 수고스럽게 된장 간장으로 발효시켜 먹었을까? 단순하게 쪄 먹으면 소화가 어려워 영양을 얻을 수 없다는 걸 알았기 때문이다. 발효를 통해 콩의 독성을 제거하고 흡수율을 올린 것이다.

콩에는 구더기가 생기지 않지만, 소싯적 된장 항아리에는 큰 구더기가 많이 생겼다. 발효로 콩의 영양이 분해되어 있어 영양을 쉽게 얻을 수 있기 때문이다.

발효란 썩히는 것이다. 소화도 소화효소로 썩히는(삭히는) 것이다. 썩는다는 것은 분해된다는 뜻으로 영양이 최소 단위로 쪼개지는 것이다. 소화가 어려운 것을 미생물의 힘을 빌려 썩히는 것이 발효다. 그래서 발효시키면 소화가 쉬워 영양흡수율이 올라간다.

고대 서구인들이 현미보다 더 거친 통밀의 영양을 얻을 수 있었던 것도, 발효(빵)로 흡수율을 올렸기 때문이다. 젖은 장작은 잘 타지 않아 화력(영양)을 얻을 수 없다. 마른 장작은 잘 타면서 화력이 좋다. **현미밥은 젖은 장작이고, 현미효소는 마른 장작이다. 젖은 장작을 마른 장작으로 만드는 비법이 발효다.**

⊙ 셋째 - 발효과정에서 원물에 없는 새로운 영양물질이 만들어진다.

12년 넘게 막걸리만 마시고 사시는 분이 방송에 나왔다. 영양이 없는 백미로 만들었지만, 발효과정에서 영양이 풍부해졌기 때문에 가능한 일이다. 풋내 나는 배추나 무를 김치로 담으면 맛 좋은 반찬이 되듯이, 빵, 막걸리, 된장, 간장, 청국장 등 모든 발효음식은 원물보다 맛이 있다. 맛이 없을 때 맹물 맛이라고 한다. 영양이 많은 과일일수록 맛이 있듯이, 맛있어졌다는 것은 영양이 풍부해졌다는 말과 같다.

현대인들은 칼로리는 과잉으로, 무기물 영양소는 결핍으로 병에 걸린다. 미생물은 발효과정에서 효소, 비타민, 단쇄지방산 등을 만들어 내는데 이는 원물에 없던 새로 추가되는 무기물 영양이다.

백미밥 조차 발효시키면 영양이 많은 막걸리가 된다. 백미보다 영양이 훨씬 많은 현미를 발효시키면 현미의 영양뿐만 아니라 미생물이 추가로 만들어 내는 영양까지 얻을 수 있다. 그게 현미누룩효소다.

⊙ 넷째 - 장내 발효가 쉬운 섬유질이 된다.

우리가 먹은 모든 섬유질은 대장에서 미생물에 의해 발효(소화)된다. 채소 같은 섬유질은 익히면 장내 발효가 쉬워지지만, 현미나 통밀의 외피처럼 고분자 섬유소는, 익혀도 장내 발효가 쉽지 않다. 현미를 익힌 다음 발효까지 시키면, 미강은 결합조직이 느슨해져 장내 미생물이 쉽게 분해(발효)할 수 있게 된다. 발효시킨 모든 음식은 미생물의 쉬운 먹이가 되어 장내 환경을 개선하기 때문에, 변비, 설사, 장내 트러블을 낮게 한다.

⊙ 다섯째 - 발효식은 생식보다 더 좋은 생식이 된다.

현미효소는 익힌 현미밥으로 만들었지만, 발효과정에서 미생물은 당질을 먹이로 증식하면서 살아 있는 영양들을 합성해 낸다. 효소, 비타민, 단쇄지방산을 만들고, 무기미네랄을 생음식 속 미네랄처럼 다시 이온화시켜준다.

막걸리를 담은 고두밥이 발효되면서, 수천억 마리의 살아 있는 미생물과 그 미생물이 만들어 낸 활성화된 영양으로 변했다. 발효된 막걸리를 먹으면, 나는 고두밥(당질)을 먹은 게 아니고, 미생물과 그 미생물이 만들어 낸 살아 있는 영양을 먹은 것이다. 그래서 발효가 다 되면 '생막걸리', '생된장'이라고 "생"자를 붙여주는 것이다.

발효식은 생식보다 100배 더 좋은 생식이 된다. 독성은 제거되고, 흡수율이 높아지고, 맛까지 좋아진 생음식이 되었기 때문이다. 얻을 것만 있지, 잃을 게 하나도 없는 발효식을 놔두고, 생식에 집착하는 것은 황금을 버리고 돌멩이를 줍는 격이다. 발효식을 건강이나 치병의 방편으로 삼자.

⊙ 여섯째 – 풍미가 좋아진다.

- 수제비나 국수를 질리지 않고 매일 먹을 수 있는가? 발효시킨 빵은 풍미가 좋아 고대 서구인들의 평생 주식이 되었고, 빵순이들이 군침을 흘린다.
- 고두밥과 누룩을 그냥 먹으면 맛이 있는가? 발효시킨 막걸리는 주당들의 벗이 된다.
- 풋내 나는 무우, 배추, 열무를 쪄서 매일 맛있게 먹을 수 있는가? 발효된 김치는 매일 먹어도 질리지 않고, 다른 반찬이 필요 없다.
- 루와 커피의 풍미가 각별한 이유도, 사향고양이의 소화기에서 발효되면서 입에 거슬리는 독성은 제거되고, 커피 성분이 분해되었기 때문이다. 발효시키면 무엇이든 풍미가 좋아진다.

⊘ 일곱째 - 발효음식은 소화제이고 해독제다.

발효란 효소를 만든다는 뜻이다. 발효음식에 많이 들어있는 이 효소는 강력한 해독 분해물질로 소화를 도와주고, 몸속 독소를 제거해 준다. 연탄 중독에 동치미 국물을 먹이고, 식중독에 새우젓을 먹인 이유다. 수분이 많고 익히지 않은 발효음식일수록 효소가 가득하다. 그게 현미누룩효소다.

맛을 위해 기름에 튀기고, 설탕이나 화학조미료를 넣는 것은, 건강을 담보로 혀의 쾌락을 얻는 일이다. 자연이 익힌 과일은 맛도 좋으면서 건강에도 좋은 것처럼, 발효음식은 자연(미생물)이 익힌 음식이라 건강과 맛을 동시에 선사한다.

• 미래학자 엘빈 토플러가 말하길, 21세기의 식생활은 1차 소금 맛, 2차 소스 맛의 시대를 지나, '제3의 맛' 즉 발효 맛이 지배할 것이라 하였다. 발효음식은 맛도 있으면서 약이 되니, 질병이 난무할수록 발효음식의 가치는 더욱 빛나게 될 것이다.

현미누룩효소의 효능은 어디에서 오는가?

현미효소는 갑자기 하늘에서 떨어진 음식이 아니고, 우리의 전통 발효음식인 막걸리, 단술, 쉰다리와 같이 쌀과 누룩으로 만든 음식이다. 단지 좀 더 위생적이고 쉽게 할 수 있도록, 발효기를 쓰고 온도와 방식을 정형화했을 뿐이다.

건강식으로 대접받고 있는 많은 발효음식들이 있다. 그런데 현미효소가 으뜸인 이유는 무엇일까? 이치를 따져 알아보자. 현미효소의 효능은 현미(영양), 누룩(발효제), 발효(미생물) 세 가지 조합에서 나온다. 영양의 보고인 현미를 누룩이라는 발효제의 도움을 받아 미생물이 만든 게 현미누룩효소다.

미켈란젤로의 다비드상처럼 훌륭한 조각 작품이 탄생하기 위해서는 원석이 좋아야 하고, 작업의 완성도를 높일 수 있는 좋은 도구가 있어야 하고, 예술가의 뛰어난 재능이 있어야 한다. 세 가지가 완벽할 때 걸작이 나온다. 현미누룩효소의 효능은 이 세 가지의 완벽한 조합에서 나온다. ① **현미라는 훌륭한 원석과,** ② **누룩이라는 유용한 도구,** ③ **미생물(신)이 가진 놀라운 재능이 합쳐진 결과물이다.**

⊙ 첫째 - 현미는 영양의 보고로 훌륭한 원석이다.

삭힌 홍어를 집에 사다 놓으면 평소에는 안 보이던 똥파리가 나타난다. '삭았다', '썩었다'라는 말은 미생물이 영양을 분해해 놓았다는 뜻이다. 똥파리는 홍어를 먹기 위해 나타나는 것이 아니고, 알을 낳기 위해 썩은 냄새를 맡고 나타나는 것이다. 똥파리는 사과나 채소가 썩을 때는 나타나지 않는다. 영양이 적어 알들이 부화할 수 없기 때문이다. 똥파리는 영양이 많으면서 쉽게 얻을 수 있는 곳에만 알을 깐다. 그게 썩은 고기다.

가정용 도정기로 현미를 도정 하면 쌀겨(미강)가 나온다. 깜빡 잊어버리고 미강을 방치하면, 2~3일 만에 쉬가 슬고, 며칠 지나면 바구미나 나방이 돌아다닌다. 미강에서 쌀벌레나 바구미가 생긴다는 것은 단백질과 지방, 비타민, 미네랄 같은 영양이 많기 때문이다. 그래서 미강을 가지고 있는 현미는 영양의 보고다. 인터넷에 올라와 있는 현미의 영양과 효능을 읽어보라. 상남자의 화려한 스펙처럼 만병통치약이 따로 없다.

이처럼 현미는 풍부한 영양과 다양한 효능을 가지고 있지만, 발효시키기 전에는 그 영양과 효능을 얻을 수 없는 다듬어지지 않은 원석에 불과하다.

▷ 둘째 - 누룩은 현미의 효능을 끌어내는 유능한 도구이다.

벌이 꿀을 모으듯이 누룩균이 효소를 모아 놓은 게 누룩이다. 누룩의 효소는 현미의 복합당을 단당으로 분해해 미생물에게 먹이를 공급함으로써 발효를 촉매한다. 누룩이 없다면 미생물을 양육할 수 없어 발효의 효능을 끌어낼 수 없다.

발효란 에너지 변환이다. 백미로 담은 막걸리가 건강상 다양한 영양과 효능을 가지는 이유는 백미의 당질이 미생물이라는 전혀 다른 에너지(영양)으로 변환되었기 때문이다.

현미를 발효시키면 현미의 독성은 제거되고, 모든 영양은 곧바로 흡수되는 형태로 분해되기 때문에 현미의 영양을 온전히 얻을 수 있고, 현미의 당질은 원물에 없던 다른 영양으로 변환돼 영양을 더욱 증강시킨다. "금상첨화"가 따로 없고, "이보다 더 좋을 수 없다".

흡수가 어려운 현미밥의 영양과 효능은 그림의 떡일 뿐이다. 누룩은 현미의 영양과 효능을 끌어내는 유능한 도구로써 그림의 떡을 내 것으로 만들어 준다. 누룩은 발효제이면서 다음의 예처럼 건강상 다양한 효능들을 가지고 있다.

- 누룩을 이용하여 각종 효소를 만드시는 사장님한테 들은 이야기다. 시골에서 토끼를 여러 마리 키우시는 장인이 계시는데, 재고가 된 누룩 효소 몇 포대를 가져다 주셨다고 한다. 효소 먹인 토끼를 잡아드신 장인어른께서 고기가 매우 맛있다고 한다. 영양이 풍부할 때 과일이나 야채가 맛있듯, 고기 맛이 좋다는 것은 영양이 풍부한 먹이를 먹었다는 뜻이다. 즉 발효시킨 음식을 먹으면 영양을 많이 얻을 수 있다는 말과 같다. 옛말에 '누룩이나 막걸리 먹인 소는 고기 맛이 좋다.'라는 말이 전해 온다고 한다.

- 모 방송에 나온 사연이다. 60대 할머니는 밥 대신 막걸리를 하루에 4~5 병씩 마시고 12년간 건강을 유지하고 계셨다. 위 절제 수술 후 아무것도 먹을 수 없었지만, 막걸리만은 소화가 되었다. 막걸리는 알코올이 있어 몸에 해롭기도 하지만, 영양이 매우 풍부하게 들어있다는 걸 알 수 있다. 백미로 담은 막걸리가 풍부한 영양과 건강상의 다양한 효능을 가지는 이유는, 누룩과 발효의 덕이다.

- 막걸리 양조장에서 일하는 남자들 손이 여자처럼 부드럽고, 독일 맥주 공장 노동자들의 머리숱이 무성하다고 한다. 누룩 균이 단백질을 분해해서 생성하는 각종 아미노산과 발효과정에서 만들어지는 비타민B 군이 피부 재생이나 모발에 도움이 되기 때문이다.

⊙ 셋째 - 미생물은 발효(분해)라는 놀라운 재능을 가지고 있다.

미생물은 청소부다. 악취 나는 똥이든, 죽은 사체든, 분해해서 흙으로 돌려보낸다. 초식동물의 장에 사는 미생물은 풀을 발효시켜 숙주에게 필요한 모든 영양을 제공한다. 우리 대장에서 사는 미생물은 소화 잔여물을 발효해서 우리에게 필요한 영양을 제공한다. 땅속 미생물은 유기물을 분해해 작물에게 영양을 제공한다.

미생물은 유기물을 먹이로 증식하면서 전혀 다른 물질이 된다. 그 물질이 다른 생명체의 영양이 된다. 미생물은 다른 생명체가 영양을 얻을 수 있도록 도와줌으로써 이 존재계가 영속할 수 있도록 해준다. 모든 발효음식의 효능은 미생물의 분해 능력에서 온다.

- 현미라는 훌륭한 원석을, 누룩이라는 유용한 도구를 이용해, 미생물이 발효라는 놀라운 재능으로 만든 게 현미효소다.

  현미효소에는 풍부한 영양과 효소가 들어있다. 발효되어 현미의 영양은 온전히 흡수되고, 증식한 미생물은 영양을 배가 시키고, 효소는 동치미 국물처럼 다른 음식의 소화를 도와주고, 몸속 청소부다. 그리고 현미효소는 장내 미생물의 쉬운 먹이라 쾌변을 만든다. 현미효소는 영양제요, 소화제요, 해독제요, 가장 좋은 프리바이오틱스다. 그래서 현미효소는 질병이 만연하는 현대인들에게 구원의 음식이다.

- 미강(米糠) 糠(겨강) = 米(쌀미) + 康(건강할 강)

  겨 강(糠)에는 건강할 강(康)자가 들어있다. 미강에는 건강에 좋은 다양한 영양이 들어있지만, 우리는 그 가치를 꺼내 쓸 수 없었다. 누룩을 이용한 발효는 단단하게 결속되어 있는 현미의 영양을 흡수되게 만들어 준다. 즉 발효는 영양의 보고인 현미의 문을 여는 키와 같다.

가장 좋은 음식은 장내 부패 없이 영양을 얻을 수 있는 음식이다.

① 영양밀도가 높으면서도 소화가 쉬워 영양 흡수율이 좋아야 한다.

② 장내 미생물의 좋은(쉬운) 먹이가 되어 쾌변을 만드는 음식이어야 한다.

현미효소는 영양밀도가 높으면서도 현미밥보다 소화 흡수율이 월등하고, 장내 미생물의 좋은 먹이가 되어 장내 환경을 개선한다. 장내 환경이 개선될수록 피는 깨끗해진다. 영양을 넣어주고 피를 깨끗하게 만드는 게 치병이나 면역의 첩경이다. 현미효소는 이 두 가지를 동시에 만족시키는 유일한 음식이다.

- 김치는 영양이 적은 채소로 만들었고, 된장, 청국장은 주식으로 많이 먹을 수 없고, 막걸리는 알코올이 있어 주당들만 먹을 수 있고, 팔리는 효소는 건조된 식품이고, 빵은 불로 구워 죽은 음식이다.

- 현미효소는 영양이 풍부한 현미로 만들었고, 주식으로 많이 먹을 수 있고, 막걸리의 옥에 티가 되는 알코올이 없어, 누구든 먹을 수 있고, 천연의 음식처럼 수분이 충분하고, 빵과는 달리 익힌 다음 발효시켜 살아 있는 생음식이다. 그리고 발효로 중화되어 모든 체질에 맞는 안전한 음식이다. 고기를 멀리하는 사람들에게도 영양을 얻기에 "이보다 더 좋을 순 없는 음식이다."

현미효소의 구체적인 효능들은 '현미효소의 효능과 명현반응', '현미효소 체험기' 편을 읽어보시기 바랍니다.

현미누룩효소는 쾌면, 쾌식, 쾌변을 가능케 한다.

아픈 사람이나 건강치 못한 사람일수록 쾌면·쾌식·쾌변이 어렵다.

쾌면, 쾌식, 쾌변을 만들면 건강해진다는 말과 같다. 현미효소는 이 세 가지를 가능케 하는 음식이다

◇ 현미효소를 먹으면 잠을 잘 자게 된다.(쾌면)

치유는 수면 중에 일어나기 때문에, 숙면은 치병이나 면역을 위해 매우 중요하다. 자다가 일어나는 이유는 주로 배뇨감 때문이다. 술이 떡이 된 사람도 소변은 보고 잔다. 그만큼 배뇨감은 강력한 각성제다. 나이를 먹을수록, 소변이 조금만 차도 쉽게 배뇨감을 느끼게 된다. 신경이 약해졌기 때문이다.

필자는 10년 넘게 새벽 2시쯤 어김없이 소변을 보러 일어났다. 현미효소를 마신지 2달 정도 지났을 때부터, 새벽까지 일어나지 않고 자는 횟수가 늘더니, 지금은 중간에 깨지 않고 아침까지 잠을 잔다. 한 여성은 항암 후, 2~3번씩 깨던 게 효소를 마시고 없어졌다고 한다. 현미효소를 마시는 초반에 시도 때도 없이 졸리는 현상이 오기도 한다. 현미효소를 드시고 많은 분들이 불면증이 좋아지고, 자다가 깨던 게 줄거나 없어지고, 잠귀가 밝았던 사람이 죽은 듯이 자게 되었다고 한다.

사람도 배고프면 예민해지고 날카로워지듯이, 충분한 영양이 가지 못하면 신경세포가 예민해져 쉽게 배뇨감을 느끼거나 깊은 잠을 자지 못한다. 신경세포를 건강하게 만드는 방법은 영양을 넣어주고, 장내 환경을 개선하는 것이다. 현미효소가 이를 가능케 해 잠을 잘 자게 해준다.

⊘ 현미효소는 소화를 도와준다.(쾌식)

위장이 안 좋은 사람은 식후 위가 더부룩하고, 가스가 차고, 차가운 것이나 신 것을 못 먹는다. 위산 기능이 약하거나 소화효소가 부족하면 소화가 어렵게 된다. 소화란 효소로 음식을 분해하는 과정이다. 현미효소를 먹고 오래 복용해오던 위장약을 끊은 사람들이 많다. 고구마 먹을 때 동치미 국물이 소화를 도와주듯이 현미효소나 발효 음식에는 효소가 많이 들어있는데, 이 효소가 소화를 도와준다.

현미효소를 먹고 속이 편해지고 방귀가 줄었다는 말을 많이 한다. 누룩 자체에 들어 있는 다양한 효소와 발효과정에서 추가로 만들어지는 효소가 소화를 도와주는 덕분 이다. 식후에 현미효소를 마시면 소화가 잘 되는 걸 느낄 수 있다. 위장약을 달고 사는 사람들이 효소를 마시고 약을 끊고. 배고픔을 모르던 사람이 현미효소를 먹고 배고픔 을 느끼고, 입맛이 없던 분은 소화가 잘 되니 먹는 양이 늘었다고 한다.

소화란 장작이 타는 것처럼 연소 과정이다. 장작이 잘 타지 않으면 화력(영양)을 얻 을 수 없는 것처럼, 소화가 어려우면 아무리 좋은 걸 먹어도 그 영양을 얻을 수 없다. 치병을 위해서는 제일 먼저 소화 기능을 살려야 한다. 현미효소는 영양이 많으면서도 소화가 잘되고 다른 음식의 소화까지 도와준다.

위장 기능이 나쁜데도 현미밥, 생채소, 콩, 견과류 등을 먹고 생식을 하는 사람들이 많다. 위 음식들은 소화가 가장 어려운 음식들이라 영양도 얻지 못하고, 소화 기능을 더욱 약하게 만든다. 위장과 장내 환경을 개선하기 위해서는 위 음식들을 식단에서 제거해야 한다.

현미효소는 소화가 쉬워 위를 편하게 할 뿐만 아니라, 장내 발효를 돕는다. 약에 의

존할수록 위장과 대장 기능은 약해진다. 천연 소화제인 현미효소를 믿어보자.

◎ 현미효소는 장내 환경을 개선시킨다.(쾌변)

건강한 똥이란 어떤 똥인가? 바나나 형태로 끝까지 꼬들한 변이다. 그런 쾌변을 누가 만드는가? 대장이 만드는가? 아니다. 장내 유익균이 폭발적으로 증식할 때 만들어진다. 면역의 70%가 장에서 나오기 때문에 꼬들한 쾌변을 만들수록 면역을 얻게 된다.

다양한 섭생을 해보고 깨달은 점은, 쾌변이 될수록 면역이 좋아져 감기에 걸리지 않고 지구력, 집중력 모든 것들이 좋아진다. 황금변이 될수록 영양도 얻고, 피도 깨끗해지기 때문이다. 아무리 좋은 것을 먹어도 변이 좋아지지 않으면, 건강이 호전되지 않는다.

현미효소는 젖산 발효되어 시큼하다. 부패균들은 산성 상태를 싫어하는데 현미효소의 시큼한 맛은 장내 환경을 산성 상태로 유지하여 부패균을 억제하고 현미효소의 미강은 대장에서 발효가 쉬워 장내 유익균을 늘려 쾌변을 돕는다.

현미효소를 먹고 심한 변비 환자가 황금 변을 보고, 툭하면 설사 변을 보던 사람들이 변이 뭉치고, 방귀가 줄었다는 말을 많이 한다. 병원에서 변을 파내던 사람도 변을 잘 보게 되었다고 전한다. 노환으로 요양병원에서 계시는 어르신, 수술이나 질병으로 거동이 적은 분들은 변비로 심한 고생을 하게 된다. 그런 분들에게 현미효소는 큰 도움이 된다.

변실금으로 옷을 자주 버리던 노모가 효소를 마시고 좋아졌다고도 한다. 대장에 이런 효능을 주는 음식은 세상 어디에도 없다.

항생제 복용 후 설사 변을 보는 아이들이 많다. 설사를 자주 하면 영양섭취가 안 돼 발육이 느리고 마르게 된다. 현미효소는 설사를 고치는 천연치료제이면서 아이들에게 양질의 영양을 공급할 수 있는 최고의 음식이다.

쾌변은 치병의 첫 단추다.

현미효소와 발효음식 그리고 장내 발효가 쉬운 음식들로 장내 환경을 되살려야 한다. 쾌변을 보고 나면 하루가 편하다. 그래서 대변(大便)이다. 현미효소는 어떤 프리바이오틱스보다 빠르게 당신을 大便하게 만들어 줄 것이다.

⊙ 현미효소는 자연(미생물)이 만든 음식이라 아무런 부작용 없이 불면증, 위장 장애, 변비, 설사를 고치는 천연의 음식이다.

어디 멀리 숨어 있는 진귀한 음식을 찾아 헤매지 말자. 현미효소는 너무 흔한 음식이라서, 믿지 못해서, 그 효과를 누리지 못할 뿐이다. 믿기만 한다면 어떤 음식보다 가장 빨리 당신의 소화기를 건강하게 만들어 줄 것이다. 그것도 가장 저렴한 비용과 수고로움으로 말이다.

첨언

자연식을 하고, 식이섬유를 많이 먹는다고 변이 잘 나오는 것은 아니다 현미밥, 생 잎사귀, 콩, 견과, 생식 등은 소화가 어려운 음식이라 위장 기능을 떨어뜨리고, 장내 발효가 어려워 쾌변을 방해한다. 쾌면, 쾌식, 쾌변을 위해서는 현미효소를 마시면서 위 식물들을 식단에서 제거해야 한다. 왜 그런지는 책장을 넘겨 가면서 알아보자.

현미누룩효소를 마시면 살이 찌는 이유

사람은 패스트푸드를 먹으면 쉽게 살이 찐다. 작물에게 화학비료를 주면 빨리 큰다. 가축에게 풀 대신 옥수수 사료를 주면 비육이 빠르다.

패스트푸드는 기름, 설탕, 첨가물을 넣고 튀긴 음식들이라 건강에 도움이 되는 영양소는 없고, 열량만 높아 살을 찌운다. 그래서 사람을 병약하게 만들면서 살을 찌운다. 화학비료와 옥수수 사료는 패스트푸드처럼 작물이나 가축을 병약하게 만들면서 살을 찌운다. 작물에게 화학비료가 아닌 발효가 잘 된 유기질 퇴비를 주면, 줄기가 무성해지고 병충해에 강하고 튼실한 열매를 많이 매단다. 가축도 쌀겨나 풀, 깻묵 등을 발효시켜 주면 비육이 빠르고, 질병에 잘 걸리지 않고, 축사에서 똥 냄새가 나지 않는다.

사람에게도 똑같은 이치가 적용된다. 발효된 퇴비나 발효된 먹이가 작물과 가축을 건강하게 만들면서 살을 찌우고 수명을 늘리는 것처럼 진정한 영양을 주는 음식은 사람을 건강하게 만들면서 살을 찌운다. 현미효소를 마시고 살이 찌고 피부가 매끄러워지면서 혈색이 좋아졌다는 말을 많이 한다. 영양을 얻었기 때문이다.

현미밥 먹고 마른 사람이 살이 쪘다거나, 애들 키가 많이 컸다는 이야기를 들어본 적이 있는가? 백미밥 먹다가 현미밥이나 생현미를 먹으면 살이 빠진다. 현미의 영양을 얻었다면 작물이나 동물처럼 살이 쪄야지 왜 반대로 빠져 버리는가?
영양을 얻지 못했기 때문이다.

비대한 몸이 현미밥을 먹고 살이 빠지니 좋은 음식이라고 하는 것은 앞뒤가 맞지 않는 소리다. 비대한 사람에게는 다이어트가 되니 좋은 음식일 수도 있지만, 체중이 늘어야 하는 사람이 살이 빠지는 것은 영양을 얻지 못해 골병드는 것이다. 초원의 야생동물은 우람한 근육질이지 메마르지 않았다.

현미효소는 사람을 건강하게 만들면서 살을 찌운다. 한 여성은 효소를 마시고 4kg이 늘었는데 옷 사이즈는 변함이 없다고 한다. 또 한 여성은 살이 쪘는데도 몸이 더 가볍다고 한다. 패스트푸드는 단순히 지방을 쌓이게 해, 뱃살을 늘리고 혈관을 막고 중성지방 콜레스테롤을 높이면서 살을 찌우지만, 현미효소는 골수를 채우고 근육 위주의 참살을 늘린다. 몸에 필요한 진짜 영양을 주기 때문이다.

다이어트에 좋은 음식이라는 말은 영양이 적다거나, 흡수가 안 된다는 말일뿐이다. 완전히 부숙시킨 퇴비는 작물을 건강하게 살을 찌운다. 현미효소는 사람에게 그런 음식이다. 그래서 살을 찌운다.

현미효소를 마시고 살이 찌니 걱정을 하는 사람들이 있지만, 현미효소 먹고 살이 찌는 것은 패스트푸드를 먹고 살이 찌는 것과 차원이 다름을 이해하자. 퇴비의 영양이 작물의 수명을 길게 만들고, 때깔 좋은 열매를 많이 매달게 하는 것처럼 현미효소의 영양이 당신의 몸도 그렇게 만든다. 영양은 세포의 먹이다. 먹이가 충분히 공급되면 세포는 에너지를 만들어내고, 그 에너지가 몸을 치유하면서 살을 찌운다.

대부분의 암 환자는 항암으로 소화 기능이 떨어지고, 설사나 변비가 생기면서 살이 마른다. 암에 걸리면 밥을 현미밥으로 바꾸고 고기를 줄이거나 금하다 보니 흡수력이 낮은 사람은 체중을 너무 잃어버린다. 현실적으로 지금의 식단으로는 환자들이나 소화력이 약한 사람들이 영양을 얻을 수 있는 방편이 없다. 그동안 현미효소나 발효밥을 먹고 소화력이 좋아지고, 변이 좋아지면서 체중이 늘고, 기력이 좋아진 사례가 많아 입소문으로 암 환자들 사이에 빠르게 퍼지고 있다.

가공식품이 좋을 리 없지만, 자연의 음식이라고 다 좋은 것은 아니다. 영양이 많으면서도 흡수율이 좋고, 장내 발효가 쉬워야 진짜 좋은 음식이다. 현미밥이나 생현미는 영양을 얻을 수 없어 살을 빼고, 패스트푸드는 단지 칼로리만 주는 음식이라 똥배만 나오게 만들지만, 다양한 영양을 가지고 있는 현미효소는 몸을 건강하게 만들면서 참살(근육)을 늘린다. 현미효소 따라 먹은 컵을 놔두면 초파리가 달라붙고, 효소 국물이 떨어진 곳은 개미가 줄을 선다. 영양이 많으면서 분해되어 있어 얻어먹기가 쉽기 때문이다. 우리도 영양을 얻기 위해 현미효소와 발효식에 줄을 서자.

첨언

기력이 쇠하고 소화력이 떨어져 아무 음식도 먹을 수 없는 암 환자가, 현미효소는 소화 시킬 수 있었던 사례가 여럿 있었다. 발효음식은 독성이 없고, 영양은 최소 단위로 분해되면서 물에 녹아(이온화)있어 세포에 곧바로 전달되기 때문이다. 음식을 아무것도 넘길 수 없어 1개월 정도 시한부 판정을 받은 80이 넘은 고령의 췌장암 말기 환자가 오로지 현미효소만 드시고 1년 넘게 살아 계신다. 그 환자의 따님이 보내온 사연이다.

◇ 문자로 보내온 사연

선생님 안녕하세요~~^^

선생님 덕분에 요즘 제가 신세계를 경험하고 있네요^^

췌장암 판정을 받은 어머님은 올 3월 초부터 병원에서 계속되는 금식과 검사를 하면서 체력과 체중이 급격하게 떨어진 상태이고, 병원 측에선 84세 고령이시라 수술도 방사선도 항암도 할 수가 없다고 했죠.

암 판정 이후 어머니께선 무얼 먹어도 계속 속이 메슥거린다. 하시고 드시는 걸 꺼려하셨어요. 한 달에 2~3번 정도 한번 구토 증세가 시작되면 3~4일을 고통에 시달리다 보니 먹는 걸 두려워하셔요.

아무리 부드러운 음식도, 드시면 구토 증세를 보이시는데

신기하게도 선생님 레시피로 만든 현미효소식은 그런 증세가 없어요.

그러다 보니 어머니도 효소식은 거부를 안 하고 잘 드시네요.

한번 드실 때 종이컵 1잔 분량을 1일 5~6회 드리고 있어요. 그리고 변이 황금색이긴 한데 끝부분에 설사 끼가 있어 양을 조금씩 늘려가는 게 좋겠지요?

현재 10개월째 온열치료와 고압산소 치료, 고용량 비타민C, 면역 주사를 병행하고 있어요.

먹는 음식이 가장 큰 어려움이었는데, 선생님의 효소식 덕분에 소화도 잘 하시고 변비 걱정 없이, 잘 드시고 이겨 내주셔서. 선생님께 넘넘 감사드려요

보내주신 4병 중 3병째 드시고 계신데, 다 떨어지면 어찌해야 하나 걱정이 앞섭니다. 나누어주실 양이 있으시다면 제가 배우러 가기 전까지 계속해서 주실 수 있는지도 궁금합니다.

지금은 밀착 간병을 해야 하는 상황이라 어렵지만, 시간이 허락되는 대로 찾아뵙고 만드는 과정을 잘 배우고 싶어요.

선생님께 다시 한번 감사 인사드리면서 환절기에 감기 조심하세요~~~^^

현미누룩효소의 효능과 명현반응들

처음 현미효소를 시작하는 분들이 자주 묻는다. 효소는 어디에 좋으냐고? 현미효소는 특정 질병을 치료하는 약이 아니기 때문에 지금 가지고 있는 질병에 꼭 효과를 보인다는 장담은 할 수 없다. 하지만 영양을 넣어주고 장내 환경을 개선해 꼬들한 변을 만들면, 어느 한 가지만 좋아지는 게 아니고, 다양한 증상들이 개선된다. 그래서 기대하지 않았던 증상들이 사라지기도 한다.

그동안 현미효소를 드시고 많은 분들이 그 효능을 전한다. 개인차는 있지만 대부분 효능을 본다. 처음에는 반응이 시큰둥하던 가족들도 효소 몇 잔에 소화기가 편하고, 방귀가 사라지고 변이 좋아지는 것을 보고 애호가가 된다. 집안 구석에서 자리만 차지하고 있는 건강보조식품이 얼마나 많은가? 현미효소의 탁월한 효능에 발효기는 쉴 날이 없고 평생 만들어 드실 거라 말씀하신다. 자신이 효능을 보니 지인들에게 알리기 바쁘다.

아무것도 소화할 수 없었던 사람도 명수네효소는 소화할 수 있었다. 실로 다양한 증상이 개선되기도 하고 이해하기 힘든 명현반응도 전한다. 다음은 그동안 전해 들은 효능이나 명현반응 들이다.

⊙ 현미효소의 효능들

잠을 잘 잔다.(쾌면) 소화가 잘 된다.(쾌식) 가스가 사라지고 변이 황금색으로 변했다.(쾌변) 화장실에 오래 앉아 있었는데 금방 일을 보게 되었다. 위장약을 끊게 되었다. 근육이 늘면서 살이 쪘다. 피부가 촉촉해지고 부드러워졌다. 손가락 발바닥 갈라지는 게 없어졌다. 살이 찌고 기운이 좋아졌다. 수십 년 된 변비나 설사변이 좋아졌다. 냉했던 배나 손발이 따뜻해졌다. 배뇨감이 좋아졌다. 피곤함이 덜하다. 아토피, 묘기증, 얼굴 주사염이 나았다. 주전부리나 과일이 생각나지 않는다. 습진, 알레르기가 사라졌다. 발기력이 좋아졌다. 몸에서 나는 남편 냄새(노인 냄새)가 사라졌다. 치질이 나았다. 구내염, 구취, 방귀가 사라졌다. 시리던 이가 좋아졌다. 머리카락 빠지던 게 줄었다. 우울증이 개선 되었다. 발 각질이 사라졌다. 심했던 냉이 사라졌다. 50대 여성들은 회춘한 듯 건조했던 질속이 촉촉해졌고, 생리량이 늘고, 가슴이 커지고, 죽어가던 성적인 욕구가 생겼다고도 한다. 심한 입마름이 좋아졌다. 효소를 먹고 5살 난 아이가 발육이 좋아졌다. 갑상선 수치나, 백혈구 수치가 정상이 되었다. 혈압, 중성지방, 콜레스트롤 수치가 좋아졌다. 항암 부작용으로 아무것도 넘길 수 없는 사람도 현미효소는 소화 시킬 수 있었다. 말기 대장암 환자가 효소를 주식으로 먹고 모든 종양 수치가 정상이 된 계기로 한 요양병원에서 현미효소 붐이 일기도 했다.

지인의 권유로 현미효소를 만들어 드시겠다고 연락이 오는 분들 중에는 위장장애, 변비, 설사, 암 환자들이 가장 많다. 위가 돌덩이처럼 굳어 있고 죽조차 소화가 어려운 심한 위장장애를 가진 분들이 있다. 이런 분은 영양섭취가 안돼 마르고, 불면증도 심하고, 여기저기 아픈 곳도 많다. 그동안 현미효소 덕에 위가 좋아지고 변비, 설사가 나아서 고맙다는 말을 수도 없이 들었다. 평생 설사병과 변비가 낫기도 하였다.

입소문으로 암 환자들이 현미효소를 많이 만들어 드신다. 항암 과정에서 위장 기능이 약해지고 변비나 설사가 생기고, 영양 부족으로 심하게 마른다. 암에 걸리면 모범답안처럼 현미밥을 먹는데, 현미밥은 영양도 얻을 수 없고, 장내 환경을 나쁘게 만들 뿐이다. 현미효소는 소화기에 부담을 주지 않으면서 영양을 얻을 수 있고, 장내 환경을 개선해 쾌변을 만들어 준다. 현미효소나 발효밥을 놔두고 현미밥을 먹을 이유가 없다.

- 의사 말로 내일 죽어도 이상할 것이 없는 60대 중반 여성 간암 말기 환자가 있었다. 간 기능이 20%도 안 남았고, 커진 암 덩어리가 위장을 눌러 다른 음식은 먹을 수 없었다. 그래도 현미효소는 먹을 수 있어, 하루 2리터를 마시면서 살도 빠지지 않고, 거동도 하고, 변도 좋게 보면서 8개월 이상을 살고 계셨다. 현미효소를 만나지 못했다면 자신은 이미 죽은 목숨이라면서 필자에게 고마움을 전한다.

현미효소는 약이 아니기 때문에, 먹는 양이나 흡수력에 따라 효과를 보는 기간이나 정도가 천차만별이다.

현미효소는 쾌변, 쾌식, 쾌면을 만들어 주기 때문에 어느 한 부분만 좋아지는 것이 아니고, 건강 평균 점수를 올리기 때문에 원하지 않았던 증상까지 개선한다. 우리 몸은 유기체이기 때문에 영양을 공급하고 쾌변을 만들면 전체가 좋아진다. 그래서 버섯 캐러 갔다가 산삼 캐는 일이 생기는 것처럼, 현미효소 마시고 전혀 기대하지 않았던 고질병이 낫는 일이 생긴다.

- **양약은 병의 원인 제거가 아닌 증상만을 억제하기 때문에 결국 더 큰 부작용을 초래한다. 반면 현미효소는 자연의 음식으로 영양을 넣어주고, 쾌변을 만들어 피를 깨끗하게 하기 때문에, 아무런 부작용 없이 병의 근본 원인을 제거한다.**

⊙ 현미효소의 명현반응들

극소수이지만 불편한 증상을 겪는 사람도 있었다. 취기를 느끼는 사람, 얼굴이 화끈거리는 사람, 효소를 마시고 골치가 깨질 듯이 아픈 사람, 체기가 있는 것처럼 속이 불편한 사람, 효소를 마시고 잠이 오지 않아 밤을 꼬박 새우는 사람도 있었다. 위의 증상을 겪는 사람들은 대부분 위가 극히 약한 분들이다. 백미로 신맛이 없게 일차만 발효시켜 조금씩 적응해 나가면 된다.

일시적으로 여기저기 가려움증이 생기기도 하고, 피부병이나 아토피가 더 심해지기도 한다. 대부분은 일시적인 명현현상으로 곧 적응된다. 단식할 때 몸이 안 좋은 사람일수록 심한 명현반응을 보인다. 명현반응이란 치유의 과정에서 약한 부분이 일시적으로 고통을 호소하는 것이다. 명현반응도 효과가 있을 때 발현되는 것이다.

장기적으로 마셨을 때 암이나 고혈압, 당뇨, 중성지방, 간 기능 등 모든 병증에 어떤 영향을 미칠지 아직 미지수지만, 세포에 영양이 전달되고, 변이 좋아지면 면역력이 올라가기 때문에 대부분 질병에 효과가 있을 것이라 짐작된다.

현미효소가 안 맞는 사람도 있느냐고 물어보신다. 현미효소를 먹고 소화가 잘되고, 잠을 잘 자고, 영양이 들어가고 변이 좋아지는데 안 맞을 이유가 없다. 위장 기능이 나쁜 사람일수록 초반에 느껴지는 불편함으로 자신과 맞지 않는다고 생각할 수 있다. 생채소는 맞지 않는 사람이 있지만, 발효된 김치는 안 맞는 사람 없듯이, 발효음식은 모든 사람에게 안전한 음식이다. 발효는 독성을 제거하고 소화를 쉽게 만들기 때문이다.

소화 흡수력이 떨어진 환자들이나, 한창 자라는 아이들, 수험생, 운동선수에게 현미효소는 최고의 영양을 제공할 것이다. 치병의 목적으로 육류를 멀리하는 사람이나 비건 식단에도, 현미효소는 훌륭한 대안이 될 것이다.

현미효소나 발효밥은 치유원이나 요양병원에서도 현미밥을 대신하는 음식이 될 것이다. 자신이 효과를 보니 입소문 내기에 바쁘고 효과를 본 지인들에게 고맙다는 소리를 많이 듣는다고 전한다. 효소를 전할 때 명수식 섭생법까지 전하면 고맙다는 말을 더 많이 듣게 될 것이다. 더 빨리 더 많은 효과를 보기 때문이다.

⊙ 현미효소는 아토피나 피부병에 탁월하다

현미효소를 먹고 피가 나게 긁어대던 아토피가 별다른 명현반응 없이 2주 만에 완치된 사례도 있고, 안면홍조와 얼굴 주사염이 크게 호전되고, 30년 동안 약을 먹었던 피부 묘기증이 효소를 마신 지 6개월 만에 낫는 일도 있었다. 이렇게 별다른 고생 없이 낫는 분도 있지만, 아토피가 너무 심하거나 오랫동안 약을 먹었던 사람 중에는 효소를 마시면서 피부가 들고일어나 증상이 심해지는 경우가 종종 있었다. 몸에 축적되어 있던 독소들이 분해 배출되면서 발생한다. 증상이 심해져 참을 수가 없기도 하고, 잘못될까 봐 효소를 아예 끊어버리는 분들이 있다. 겁을 먹고 중단하지 말고 너무 심하면 효소를 잠시 끊거나 줄여서 힘든 과정을 극복해야 한다. 꼬들한 황금변이 되면서 아토피나 피부병, 습진, 여드름이 사라졌다고 이구동성으로 전한다.

⊙ 현미효소는 동물이나 작물에게도 치병의 효과가 탁월하다.

현미효소를 만들어 드시는 분의 경험담이다. 아래층에 사는 이웃의 반려견이 심장병과 췌장염에 걸려 설사를 하면서 아무것도 못 먹고 죽게 생겼었다. 효소를 주면서 먹여 보라 했다. 다른 것은 먹지 않는데 현미효소는 잘 먹었다. 일주일 만에 변이 좋아지고 기력을 찾아 다른 음식도 잘 먹게 되었다고 한다. 그 지인은 효소의 효능을 보고 깜짝 놀라 효소를 만들어 먹을 맘이 생겼다고 한다. 몇몇 분도 설사하던 반려견이 효소를 먹고 변이 좋아졌다는 말을 전하고, 다 마신 효소병을 헹궈 화초에게 주면 싱싱하게 변한다고 한다.

면역, 치병, 건강을 위해서는 세포에 충분한 영양을 공급하고, 장내 환경을 개선해 피를 깨끗하게 만들어야 한다. 현미효소와 명수식 섭생은 이를 가능케 하므로 많은 증상에 효과를 보인다. 그 외의 현미효소의 효과는 책 말미에 실린 치유 수기를 참고하시기 바랍니다.

제 2 장

현미누룩효소 만드는 법
누룩 요거트 만드는 법

현미를 발효시키면 많은 이득이 있습니다. 현미의 영양뿐만 아니라,

미생물이 추가로 만들어 내는 다양한 영양까지 얻을 수 있습니다.

현미효소는 영양/해독/쾌변을 가능케 해 가장 저렴한 비용과

수고로움으로 건강의 부를 얻게 해줍니다.

현미누룩효소(명수네효소) 만드는 법(쌀눈첨가-선택사항)

o **현미 900g(종이컵 6컵)을 불리지 않고 먹는 밥처럼 짓는다.(최종 산출물 6리터)**

　- 현미 6컵에 쌀눈(15g : 2숟가락)을 넣고 먹는 밥처럼 한다.

　- 6리터 발효기에는 6컵, 5리터 발효기는 5컵으로 한다.

o **압력솥 추가 딸랑거리면 중불로 10분간 뜸을 들인다.**

　- 10분간 뜸을 들인 후, 압이 빠지면 물 1리터를 부어 주고 뚜껑을 닫아 놓는다.

　　(4시간 이상-밥을 불리는 과정)

　- 전기밥솥은 취사가 끝나면 전원을 끄고 물 1리터를 붓고 4시간 이상 놔둔다.

o **발효기 내솥에 밥과 누룩(300그램)과 물(500ml) 잘 섞어주고 다독여 준다.**

　- 1차 발효 시작(37도 전후 12시간)(20시간까지 늘릴 수 있다)

　- 4~5시간 지났을 때 손으로 짓이기듯이 주물러주면서 섞어주고 다독여 준다.

o **1차 발효가 끝나면 물을 가득(6리터 선)까지 부어주고 저어준다.(상온수나 냉수를 쓴다)(1차 말미에 기포가 없을 때는 상온수를 쓴다)**

　- 2차 발효 시작(35도 이하 10시간)

o **발효를 마치면 공기가 통하는 용기에 담아 냉장고에 보관한다.**

　- 가스가 차는 병은 폭발 위험이 있으니 반드시 공기가 통하는 용기에 담는다.

　- 가스가 차지 않는 병은 1개월 이상 보관이 가능하다.

　- 바로 마셔도 되지만 숙성시킬수록 맛이 들고, 소화도 쉬워진다.

▶ 1차 발효 시간은 5시간 이상 늘려도 무방하지만 2차 발효 시간은 되도록 지킨다.

- 당질을 줄이고 싶을 때는 현미와 누룩의 양을 줄이고, 2차 물은 똑같이 잡는다.

- 쌀눈을 익히지 않고 발효시키면 안된다. 쌀눈을 잊고 밥을 했을 때는 생략하고 그냥 한다.

- 발아현미, 백미, 보리, 찹쌀, 흑미로만도 가능하고, 서로 섞어서 해도 된다.

- 백미는 현미보다 당질이 많기 때문에 한컵 줄여 만들어도 된다.

- 누룩을 섞을 때 소금을 10~15그램(반숟갈)을 넣고 발효시킬 수 있다.
- 발효를 돕는다고 2차 물 첨가 시 따뜻한 물을 쓰지 않는다. 상온수나 냉수를 쓴다. (한겨울은 상온수, 그 외의 계절은 냉장고의 찬물을 쓰면 좋다)

◎ 유트브에 "명수네효소" 검색하시면 만드는 영상을 보실 수 있습니다.

◎ 시간 조절하기

잠이나 외출 등 부득이한 사정으로 시간을 맞출 수 없을 때는, 시간을 좀 줄이거나 늘려도 무방하지만, 2차 발효 시간은 되도록 늘리지 않는다.

- 2차 발효 시간보다는, 1차 발효 시간을 늘려 시간을 맞춘다.
- 2차 발효시 기포가 많이 올라는 현상(과한 효모발효)이 있으면 발효 시간을 줄인다.
- 생활 형편 상 2차를 하기 어렵거나, 갑자기 일이 생겨 2차 마치는 시간을 크게 넘을 것 같을 때는 1차를 15-20시간 발효시킨 다음 상온수를 가득 부어주고 내솥 통째로 냉장고에 4일 이상 숙성시킨다.

◎ 시간에 목숨 걸지 말자. 명수네 효소는 까다롭지 않다. 몇 시간 줄이거나 늘린다고 발효가 안 되거나 상하지 않는다.

◎ 밥알이 많이 뜨고 기포가 많이 올라올수록 발효가 잘 되었다고 생각하지 말자. 그럴수록 신 막걸리 맛이 난다. 밥알이 조금 뜨고 약간의 기포가 올라올 때 풍미가 좋고, 냉장고 안에서도 가스를 만들지 않는다.

◎ 발효 시 나타나는 양태들

- 1차 발효 시 밥알이 거뭇하거나 하얀 균사가 피는 경우가 있다. 이는 누룩이 수분

과 접하면서 갈변하고 누룩 균사가 자란 현상으로 이상 없는 현상이니 저어주고 다독여 준다. 완성된 효소 맛은 새콤달콤하지만, 재료의 양, 재료의 종류, 발효 온도, 첨가한 물의 양 등에 따라 단맛이나 신맛이 달라진다.

- 2차 발효 시 기포가 올라오는 것은, 효모균이 탄산과 알코올을 만드는 현상이다. 대부분 적당히 올라오는데 기포가 많이 올라올 때도 있고, 적게 올라올 때도 있다. 밥알이 많이 떠오를 때도 있고, 전혀 안 떠오를 때도 있다. 기포나 밥알이 떠오르고 안 떠오르고는, 발효 완성도에 크게 상관없다. 현미효소는 주로 젖산발효가 일어나기 때문에 보이는 현상보다는 맛으로 판단한다.

- 밥알이 표면을 다 덮을 정도로 많이 떠오르고, 기포가 심하게 올라오는 경우는 효모발효가 과하게 일어난 것이다. 씨어빠진 막걸리 맛이라 먹기가 사납다. 평상시보다 기포가 많이 올라오면 시간을 줄여 과발효를 억제한다.

- 효소를 담아 놓았던 페트병을 어설프게 씻어 실온 상태에 두었다 효소를 담으면 가스가 생길 수 있다. 한번 쓴 페트병은 버리거나 깨끗이 씻은 다음 건조했다 쓴다.

정상적인 발효 모습

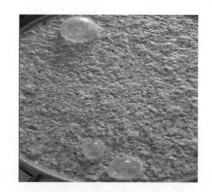
과 발효된 모습

명수네 현미누룩효소 제조 원리(쌀눈 첨가-선택 사항)

● 그동안 다양한 방식과 온도로 수백 번의 발효를 해보면서 만든 명수네효소 제조 원리입니다.

- 현미누룩효소는 막걸리처럼 현미, 누룩, 물로만 만든다.

- 쌀눈을 넣어주는 이유는 더 많은 영양을 얻기 위함이다. 안 넣어도 무방하지만, 이왕이면 다홍치마다.

- 현미효소 제조 원리는 소량의 효모발효와 충분한 젖산발효를 유도한다.

㉮ 현미를 주재료로 쓰고 당질이 있는 잡곡(귀리, 보리, 수수, 기장, 조, 율무 등)은
소량 섞어서 할 수 있다.(콩류는 추천하지 않는다)

㉯ 누룩은 고두밥에 종국을 접종해 위생적으로 만든 황국 쌀누룩을 쓴다.

㉰ 물은 수돗물, 약수, 생수, 끓인 물 상관없다. 상온수나 냉수를 쓴다.

① 현미밥 하기(모든 종류의 밥솥 가능)

- 현미를 불리지 않고 쌀눈을 넣어 밥을 한 다음 취사가 끝난 직후 물 1리터를 붓고 최소 4시간 이상 둔다.

- 현미를 불리지 않고 밥을 해 취사가 끝난 직후 물을 부어주는 이유는 현미 불리는 수고를 줄이고, 밥이 더 잘 퍼지기 때문이다.

② 발효기 내솥에 밥을 옮겨 담고, 누룩 300그램과 물을 밥과 잘 섞어 준다.

- 손에 뜨겁지 않을 정도까지 식힌 다음 누룩을 골고루 섞고 꾹꾹 다독여 준다.(소금 10~15그램을 넣고 발효시킬 수 있다)

- 누룩을 섞을 때 물 500ml을 첨가한다. 이유는 버무리기가 쉽고, 수분이 너무 없으면 누룩의 당화력이 떨어지기 때문이다.

③ 1차 발효(35~40도에서 12시간)

- 1차 발효 온도를 35~40도로 하는 이유

1차 발효는 당화가 일어나면서 효모균과 젖산균이 동시에 증식한다. 온도가 너무 낮으면 당화력이 떨어지고, 미생물 증식도 미흡해진다. 반대로 40도 이상 고온이 될 수록 미생물이 사멸하기 때문에 1차 발효는 미생물 증식에 가장 좋은 37도 전후에서 한다.

- 1차 발효를 12시간 하는 이유

1차 발효는 누룩의 효소가 현미의 영양을 분해하면서 동시에 현미나 잡곡의 외피에 있는 농약, 렉틴, 피틴산 등 몸에 해로운 성분을 제거하는 시간이다. 시간적 여유가 있다면 1차는 20시간까지 늘릴 수 있다. 길게 하면 풍미가 더 좋다. 1차를 길게 할 때는 누룩 섞을 때 물양을 줄여 200ml 정도만 첨가한다. 그래야 과발효나 신맛이 예방된다.

- 1차 발효 중간에 열어보면 거뭇한 밥알이 보이거나, 하얀 균사가 필 때가 있다. 누룩이 수분과 접하면서 갈변한 것이고, 황국 균사가 핀 것이라 문제가 없는 현상이다.

- 1차 발효 중간에 손으로 1회 짓이겨 주고, 다독여주는 이유는 당화를 도와주기 위해서다. 짓이겨 줘야 단맛이 충분해지고, 미생물 증식도 많아진다. 그래야 2차 발효 시 기포가 잘 올라온다. 자주하면 과발효가 일어날 수 있으니 1번만 한다.

④ 1차 발효가 끝나면 물을 가득 부어주고 저어준다.

- 산소가 차단되면 혐기성인 유산균들은 증식 속도가 훨씬 빨라진다. 동시에 효모균들은 증식을 멈추고, 탄산과 알코올을 만들기 시작한다. 기포가 올라오는 이유다.

⑤ 2차 발효(35도 이하에서 10시간)

2차 발효 시간은 미생물이 당질을 먹이로 증식하면서 효소, 비타민, 단쇄지방산을 만들고, 미네랄을 이온화시켜 흡수되도록 만든다. 막 담은 김치, 동치미, 막걸리는 맛이 없지만, 익으면 감칠맛이 난다. 독성이 제거되고 영양이 증강되었기 때문이다. 2차 발효는 당질이 새로운 영양으로 에너지 변환이 일어나는 시간으로 현미효소가 동치미나 막걸리처럼 맛이 익는 시간이다.

- 2차 발효를 35도 이하에서 하는 이유

김치를 저온에서 익힐 때 아삭하고, 맛이 좋고, 쉽게 물러지지 않는다. 온도가 너무 높으면 아삭한 맛이 없고 빨리 물러진다. 김치뿐만 아니라 막걸리나 빵도 저온에서 할수록 풍미가 좋아진다. 현미효소도 마찬가지다. 저온에서 발효시킬 때 맛이 싱싱하고, 보관도 오래가고, 알코올 생성도 적다. 발효를 도와준다고 따뜻한 물을 쓰면 안 된다. 상온수나 냉수를 쓴다.

- 2차 발효를 10시간 하는 이유

김치나 동치미를 적당한 시간 발효시켰을 때 가장 맛이 있다. 시간이 길어질수록 시어지고 풍미가 나빠진다. 현미효소도 적당한 발효 시간을 지킬 때 풍미가 좋다. 10시간은 젖산균이 충분히 증식하는 시간이고, 효모균은 소량의 알코올을 만드는 시간이다. 너무 길어지면 시어지고, 효모발효가 과해져 알코올이 많아지면서 풍미가 나빠진다. 그래서 2차 발효시간은 10시간이 적당하다.

⑥ 발효를 마치면 용기에 담아 바로 냉장고에 보관한다.

2차 발효 시 효모발효가 많이 일어날수록 냉장고 안에서도 가스가 찬다. 냉장고에서 냉각되는 동안 잠깐 생기는 것도 있고, 계속 가스를 만드는 것도 있다. 초반에 가스가 없다가, 보관이 길어지면서 서서히 생기는 경우도 있다. 자주 하다 보면 2차 발효 양태를 보면 냉장고에서 가스가 차는지 알 수 있다. 하지만 처음 효소를 만드는 사람들은 구분할 수 없으니 효소를 전파할 때 꼭 공기가 통하는 용기에 담아 냉장고에 보관할 것을 당부해야 한다.

▶ 현미와 누룩의 비율 그리고 최종 산출물을 6리터로 잡은 이유

- 명수네 효소 레시피는 현미 900그램, 누룩 300그램, 최종 산출물 6리터다. 산출물 1리터 당 현미 150그램, 누룩 50그램이다. 발효기 용량에 따라 비율을 조절해서 제조한다. 비율을 조금 달리해도 발효에 큰 영향은 없다.

- 지금의 비율로 만든 명수네 효소는 15브릭스의 단맛을 가지고 있다. 과일의 당도가 15브릭스일 때 가장 맛있고, 발효도 가장 잘 일어난다. 그래서 지금의 비율로 만든 명수네 효소는 풍미도 각별하고, 발효도 잘 된다.

▶ 과한 효모발효를 예방하는 방법

아주 간혹 밥알이 표면을 다 덮을 정도록 떠오르고, 기포가 심하게 올라오는 경우가 있다. 시어빠진 막걸리 맛이라 먹기가 사납고, 냉장고 안에서도 심하게 가스를 만든다.

- 과발효를 막기 위한 방편들

• 쌀 양을 정량보다 많이 할수록 과발효 가능성이 커진다. 당질 농도가 높아지기 때문이다. 쌀 양을 늘리지 않는다.

• 1차 중간에 짓이겨 주는 횟수가 많을수록 효모균 증식이 많아져 과발효가 일어날 수 있다(1회만 한다)

• 저온일수록 과발효가 억제된다. 2차 물 첨가 시 냉장고의 찬물을 쓴다.

• 5시간 정도밖에 안 지났는데 10시간 된 것처럼 기포나 밥알이 많이 올라오면 과발효된 것이니 5~6시간 안에 발효를 끝낸다.

▶ 소금을 넣어 발효시키면 가장 좋은 염분을 얻을 수 있다.

막 담은 동치미 국물은 짜고 밍밍한 맛이지만, 익으면 감칠맛이 난다. 발효균들이 분비하는 효소에 의해 입에 거슬리는 독성은 제거되고, 영양은 분해되었기 때문이다. 소금은 다양한 미네랄을 함유하고 있지만, 독성도 가지고 있다. 발효과정에서 효소에 의해 천일염의 독성은 제거되고 미네랄은 흡수 가능한 형태로 이온화된다. 그래서 효소 만들 때 소금을 넣으면 가장 좋은 염분과 미네랄을 얻을 수 있고 풍미도 증진된다. 누룩을 섞을 때 10그램 정도 넣어준다.

▶ 유산균과 온도
- 영하의 온도에서는 가사 상태로 존재
- 0~4℃에서는 생육이 정지 (냉장고 온도)
- 8℃ 이상이 되면 서서히 활동
- 37℃ 전후로 가장 활발한 활동
- 45℃가 넘어가면 생육이 억제
- 60℃ 이상에는 대부분의 유산균이 사멸한다.

명수네 효소는 김치처럼 주로 젖산발효시킨다. 그래서 냉장고 안에서도 김치가 익듯이 맛이 든다. 위나 장이 약한 사람일수록 충분히 숙성시켜 먹는다.

▶현미효소는 달다. 그래서 당뇨 환자나 암환자들은 먹기를 꺼려한다. 현미효소를 현미밥보다 저당식으로 먹는 방법과, 당도를 줄이고 알코올 없이 발효시키는 방법은 "77 페이지"를 읽어보자.

◎ 2차 발효 시 기포가 안올라오는 경우 해결책

1차에 미생물 증식이 충분해야 2차 발효가 잘 된다.

레시피 데로 하면 2차 발효 시 대부분 기포가 적당히 올라온다. 기포가 없다면 아래처럼 해보자.

① 누룩 섞을 때 물을 200ml만 넣어 좀 **빡빡하게** 시작하고, 1차 시간을 15~20시간까지 늘린다.

② 1차 3시간 지났을 때와 5시간 때 손으로 꽉꽉 주물러 짓이겨주고 다독여 준다. 그래야 1차 시 당화가 빨라지고, 미생물 증식이 잘 된다.(빵을 만들 밀가루 반죽을 잘 치대주는 원리와 같다)

③ 그래도 1차 발효 말미에 기포가 없는 경우는 냉수 말고, 상온수를 부어주고, 2차 발효 시 기포가 없다면 15시간까지 늘린다. 젖산발효를 충분히 시키기 위해서다. 기포가 없어도 냉장고에서 숙성되면 맛이 든다.

막걸리나 청국장을 집에서 만들려면 어렵다는 생각도 들고 수고스럽다. 현미누룩효소 만드는 일은 번거롭지 않고 밥하는 것처럼 쉽다. 레시피데로만 하면 처음 해도 100번을 한 사람처럼 똑같이 잘 된다. 머뭇거리지 말고 도전해보자. 한두 번만 해보면 명수네효소의 명수가 된다.

명수네효소의 우수성

◎ **명수네효소는 가장 많은 영양을 얻을 수 있다.**

쌀눈 하면 영양 덩어리라는 생각이 든다. 현미의 영양 66%가 쌀눈에 들어있기 때문이다. 쌀눈에서 벌레가 생길 때가 있는데, 쌀이나 잡곡에서 생기는 것보다 훨씬 큰 벌레가 생긴다. 쌀눈에는 지방뿐만 아니라 비타민B군, 미네랄, 칼슘, 아미노산 등이 풍부하기 때문이다.

명수네 효소 만들 때 넣는 쌀눈 두 숟갈에는 현미밥 100그릇 이상의 영양이 들어있다. 현미밥의 쌀눈은 먹어도 영양을 얻을 수 없고 대장에서 부패만 유발하지만, 발효시키면 장내 부패 없이 쌀눈의 영양을 온전히 얻을 수 있게 된다.

명수네 효소는 현미의 영양, 효모균과 젖산균의 대사산물(새로 만들어진 영양), 쌀눈 두 숟갈의 영양까지 얻을 수 있는 영양의 보고다.

그래서 명수네 효소를 먹으면 말라가는 암 환자가 살이 찌고, 아이들 키가 잘 크고, 혈색이 좋아진다.

◎ **명수네 효소는 소화가 쉽고, 장내 환경을 개선하는 탁월한 음식이다.**

아무것도 넘길 수 없는 환자도 명수네 효소는 먹는다. 입맛이 떨어진 환자도 현미효소는 들어간다. 소화가 쉽고 맛까지 있기 때문이다.

현미효소를 먹으면 변비 설사가 낫는다. 그 이유는 장내 환경을 빠르게 개선하기 때문이다. 현미효소의 미강은 발효과정을 통해 장내 유익균의 쉬운 먹이가 되어 유익균을 폭발적으로 증식시킨다. 황금색의 쾌변이 되는 이유다.

그래서 명수네 효소는 영양을 얻을 수 있고 장내 환경을 가장 빨리 개선 시켜 변비, 설사, 아토피, 자가면역, 반려견의 설사병을 낫게 하고, 아무것도 먹지 못해 말라가는 환자를 회복시킨다.

◇ 명수네 효소는 풍미가 각별하다.

명수네 효소는 35도 전후의 저온에서 발효시킨다. 시중의 쌀 요거트처럼 50도 이상에서 하고, 시간을 짧게 하면 효모균과 젖산균이 증식하지 못해 밍밍한 단맛이 난다. 많은 사람들이 현미효소의 맛에 감탄한다. 설탕맛이 아닌 잘 익은 과일처럼 감칠맛이 나기 때문이다. 영양이 많은 과일이나 야채가 맛있듯이, 발효음식도 풍미가 좋을수록 영양이 많아졌다는 뜻이다.

빵, 막걸리, 김치를 발효시킬 때 고온일수록 풍미가 나빠지고, 저온에서 할수록 깊은 풍미가 난다. 그래서 발효란 느림의 미학이다. 명수네 효소의 각별한 풍미는 저온에서 발효시키고, 미생물이 충분히 증식했기 때문이다.

◇ 명수네효소는 누구나 먹을 수 있다.

발효시킨 막걸리는 건강에 매우 좋은 술이지만 옥에 티가 알코올이다. 그래서 아이들, 환자들, 임산부, 술을 못 먹는 사람들에게 막걸리는 딴 나라 음식일 뿐이다. 막걸리와 같은 재료로 만들지만, 시간과 온도를 조절해 옥에 티인 알코올을 제거한 게 명수네효소다. 그래서 어린아이, 노약자, 암환자, 반려견까지 누구나 먹을 수 있다.

◇ 명수네 효소는 만들기가 매우 쉽다.

명수네효소는 발효기가 없어도 누룩만 있으면 만들 수 있다. 뚜껑이 있는 용기에 밥과 누룩을 섞어서 전기장판이나 따뜻한 방에 이불을 덮어 두면 된다. 1차는 손이 따뜻할 정도면 된다.

2차는 25~35도 사이면 된다. 온도가 낮을수록 시간을 길게 하면 된다. 발효기를 쓰면 명수네효소는 처음 만들어도 100번 만든 사람처럼 똑같이 잘 만들 수 있다. 위생에 크게 신경 쓰지 않아도 되고, 온도나 시간을 대충 맞춰도 다 되기 때문이다. 몇 번만 만들어보면 명수네 효소의 명수가 된다.

◎ 명수네 효소 레시피는 알코올은 억제하고, 유익균 증식은 충분하다.

40도 이하에서 하면 과한 효모발효로 알코올이 많이 생기고, 50도 이상에서 하면 알코올은 안 생기지만 고온이라 미생물 증식도 없다.

현미효소의 효능을 최대한 얻기 위해서는 알코올은 억제하고, 미생물은 충분히 증식해야 한다.

현미, 누룩, 물의 비율을 맞추고, 냉수로 과발효를 억제하고, 물 첨가 방식, 발효 온도와 발효 시간을 조절하여

40도 이하에서 알코올을 억제하면서 유익균을 최대한 양육하는 비법이 명수네 효소 레시피다.

◎ 명수네 효소는 가성비 갑이고, 보관이 오래 간다.

현미 효소는 온 가족이 먹어도 비용이 한 달에 10만원 내외다. 현미효소를 먹고 과일 생각이나 주전부리가 줄었다고 한다. 그 동안 먹던 영양제나 프리바이오틱스도 끊고, 명수식 섭생으로 잡곡 견과나 채소를 사지 않게 되었다고 한다. 그래서 현미효소와 명수식 섭생을 하게 되면 상차림이 편해지고, 생활비는 줄면서 건강은 더 좋아진다. 먹다 남은 식은밥이나, 외식할 때 남긴 밥이 있으면 가져와서 같이 발효시키자. 누룩 값이 부담되면 좀 줄여서 해도 된다.

된장, 간장, 와인, 식초 등이 오래될수록 맛있어지는 이유는 입에 거슬리는 독성은 사라지고, 영양은 더 분해되기 때문이다. 젖산발효된 현미효소는 냉장고에 두면 1개월 이상 상하지 않고, 오래될수록 풍미 좋은 와인맛으로 변한다.

현미누룩효소 먹는 법과 양

약이 아닌 발효음식이기 때문에 특별하게 정해진 양은 없다. 하루에 한두 잔 마시는 분도 있고, 1리터 이상을 마시는 분도 있다.

현미효소는 약이 아니다. 꼭 정량을 매일 먹어야 효과를 보는 것은 아니다. 변비나 설사, 아토피 등 치병 초기에는 좀 열심히 마시고, 좋아진 후에는 자신의 혈당 수치나, 질병에 따라 하루에 마시는 양을 줄여도 되고, 하루건너 마실 수도 있고, 생각날 때 가끔 마셔도 된다.

혈당 걱정이 없다면 하루에 종이컵으로 3잔 이상 마실 수도 있고. 당질이 걱정되면 소주잔으로 3잔 마실 수도 있고, 1잔만 마실 수도 있다. 조금이라도 마시면 이득이 있다.

혈당이 걱정되면, 효소 건더기를 갈아서 밥대용으로 또는 분말로 만들어 먹으면 저당식이면서, 쾌변을 만든다.

당질이 무섭다고 현미밥, 콩밥, 생채소, 견과류, 과도한 야채(섬유질)이 대안이 될 수는 없다.

현미효소를 마시면서 명수식 섭생을 실천해보자. 변을 좋게 만들어 치병에 큰 도움이 된다.

알코올이 거의 없지만 취기를 느끼는 사람도 있다. 점차 양을 늘려가면 적응된다. 5살 난 아이나 항암 부작용으로 죽조차도 못 드시는 80이 넘은 분도 드실 수 있을 정도로 소화가 잘 된다. 현미가 부담되면, 백미로 만들거나 섞어서 만든다. 위가 극히 약한 분들은 효소의 신맛이 자극이 될 수 있다. 백미로 1차만 발효해서 드시고, 양을 조금씩 늘려가면서 적응한다.

소화기가 약한 사람일수록 미지근하게 해서 마시거나, 빈속보다는 식후 마시는 게 위에 자극이 덜 된다. 노약자, 어린아이, 임산부가 먹어도 되는지 물어보시는 분들이 많다. 음식을 발효시키면 독성이 제거되고 소화가 쉬워진다. 현미효소는 어떤 음식보다 안전하지만, 너무 어린아이는 소화력이 약하다. 밥을 먹을 수 있을 때부터 백미로 만들어 조금씩 늘려간다. 효소를 마시고 변이 꼬들하게 나오면 먹어도 된다는 신호이다.

소화력이 떨어지는 사람일수록 현미보다는 백미 비중을 높여 만든다. 소화력이 천차만별이니 섭취량은 위가 불편하지 않을 정도가 자신에게 맞는 양이 된다. 소화기가 건강해질수록 양을 늘려가면 된다. 물을 많이 마셔도 속이 편한 이유는 물속에는 소화시켜야 할 유기물이나 섬유소가 없기 때문이다. 아무리 발효가 된 식품이라도 건더기가 있으면 소화기가 일을 해야 한다. 소화기가 좋지 않은 사람일수록 욕심으로 너무 많이 마시지 말고 자신의 소화력에 맞게 먹는 양을 조절하자. 위나 장이 약한 사람은 갈지 않고 보관했다가 국물은 물 대용으로, 건더기는 곱게 갈아서 밥 대용으로 먹는 게 좋다.

가공식과 탄산음료를 입에 달고 사는 성장기 아이들에게 현미효소는 최상의 음식이다. 영양을 얻을 수 있고, 장내 환경을 개선해 키도 잘 크고, 지능 발달을 돕고, 체력이 좋아져 공부도 더 잘하게 된다. 특히 청소년들의 설사나, 변비, 여드름이나 아토피에 탁월한 효능이 있다. 아이들에게 현미밥, 콩밥, 생채소, 견과류 등을 먹이는 것은 결코 현명치 못하다. 명수식 섭생과 현미효소는 아이들에게도 어렵지 않다.

현미효소 먹는 방법들 요약

▶ 현미효소 먹는 시간

① 위가 건강한 사람은 아무 때나 마실 수 있다.

② 신맛이 자극이 되는 사람은 식후 마시는 게 좋다.

▶ 현미효소 먹는 양

① 위가 좋은 분은 하루에 1~3잔이 적당하지만, 더 많이 먹어도 무방하다.

② 위가 약하신 분은 불편하지 않을 정도로 먹는다.

③ 변비나 설사, 아토피 등 치병 초기에는 열심히 마시고, 좋아지면 혈당이나 질병에 따라 적당히 조절해서 먹는다.(명수식 섭생을 지켜야 빨리 좋아진다)

▶ 현미효소 먹는 방식

① 곱게 갈아서 먹을 수 있다.(과일과 갈아서 식사 대용으로 먹을 수 있다)

② 갈지 않고 먹을 수 있다.

③ 건더기를 분리해서 국물은 물 대용으로 마시고, 건더기는 밥 대용으로 먹는다.

▶ 현미효소를 먹으면 위가 불편한 사람은

① 백미로 1차만 해서 먹는다.(위가 가장 약한 분)

② 일시적으로 장염이나 장이 너무 약해 효소를 마셔도 설사를 할 때는 국물만 끓여서 마신다.

③ 현미와 백미를 섞어서 2차까지 발효해서 먹는다.

④ 효소 건더기(미강)가 거칠면 짓이겨 당질을 빼낸 국물만 먹는다.

▶ 혈당이 걱정되는 분은

재료(쌀과 누룩) 양을 적게해 당질을 줄이거나, 국물보다는 건더기를 곱게 갈아 밥대용으로 먹거나, 건조해 분말로 먹는다.

▶ 현미효소 보관 방법

발효를 마치면 공기가 통하는 용기에 담아 바로 냉장 보관한다. 밀폐된 용기는 가스가 차는 경우가 있으니 보관에 항상 주위를 기울인다.

가스가 차지 않는 병은 냉장고에서 1달 이상 보관이 가능하다.

현미누룩효소 보관 방법

발효가 끝난 효소는 병에 담아 꼭 냉장고에 보관해야 한다. 상온에 두면 한두 시간 정도는 상관없지만, 시간이 갈수록 급격히 가스를 만들면서 빠르게 변질된다. 되도록 저온인 김치냉장고에 보관하는 게 좋다. 병에 담아 냉장고에 두면 90% 이상은 가스 (탄산)가 생기지 않는다. 가스가 생기지 않는 병은 1개월 이상 보관이 가능하다. 가스가 생기는 효소는 톡 쏘는 탄산 맛이 좋지만, 냉장고 안에서도 계속 가스를 만들고, 변질이 빠르니 되도록 빨리 먹어치운다.

발효 말미에 밥알이 많이 뜨고, 기포가 심하게 올라오는 것은, 병에 담자마자 가스가 차니 뚜껑을 열어놓는 게 좋다. 2차 발효 온도가 높을수록 가스가 생길 확률이 높다. 일단 가스가 생기기 시작하면 다 먹을 때까지 계속 생긴다. 가스가 생기는 속도는 천차만별이다. 냉장고에 넣자마자 빠르게 생기는 병도 있고, 천천히 생기는 병도 있다.

- 가장 안전한 것은 무조건 공기가 통하는 용기에 보관하는 것이다. 지인들에게 효소를 전파할 때 공기가 통하는 병에 담아 둘 것을 꼭 알려줘야 한다.
- 효소를 보관했던 페트병이나 용기를 어설프게 행군 다음 실온 상태에 두었다가 효소를 담아도 가스를 만든다.

효소 속에는 효모균들이 왕성히 살아 있어 실온에 놔두면 급격히 탄산을 만들어낸다. 그동안 몇몇 분들이 병을 실온에 두었다가 폭발하는 일이 발생했다. 뚜껑만 날아가는 게 아니고 병의 몸체가 폭발하기 때문에 매우 위험하다. 폭발음도 매우 크고 밥알이 온 방을 뒤덮을 수 있다. 전기가 끊기는 바람에 냉장고 안에서 터졌는데 냉장고 문이 열리고 냉장고 천정이 깨져 있던 사례도 있었다. 큰 사고로 이어질 수 있으니 반드시 냉장 보관해야 한다. 효소가 병에 조금만 남아 있어도 실온에 놔두면 위험하기는 마찬가지다. 외출을 위해 조그마한 페트병에 담아 가방에 가지고 다니거나 차에 놔두는 것도 폭발의 위험이 있다. 온도가 올라가는 여름일수록 보관에 더욱 주의가 필요하다. 효소를 택배로 보낼 때는 냉동해서 보내되 꼭 그다음 날 들어갈 수 있는지 확인하고 보내야 한다. 특히 여름에는 주의를 기울여 보내야 한다. 지인들에게 효소를 권할 때 냉장고에서도 가스가 생길 수 있고, 실온에 두면 특히 위험하니 보관 시 주의할 점을 꼭 알려드리기 바랍니다. 사람 살리는 효소가 사람 잡는 일이 생길 수 있으니 보관에 꼭 유념하시기 바랍니다.

가스 찬 병 뚜껑 여는 방법

냉장고 안에서 가스가 차 빵빵해진 페트병은 뚜껑을 열 때 특히 조심해야 한다. 병입구를 싱크대 배수구 쪽으로 향하게 하고 오른손으로 뚜껑을 강하게 감싸 쥐고 아주 천천히 돌려 가스가 조금씩 빠져나가게 해야 한다. 가스가 더 이상 나오지 않을 때까지 조금씩 빼야 한다. 가스가 어느 정도 빠졌다고 뚜껑을 확 돌리면 강하게 분출하면서 주변을 온통 더럽힌다. 꼭 마지막까지 조금씩 가스를 빼야 청소하는 수고로움을 하지 않는다. 부엌보다 화장실에서 여는 게 내용물이 분출했을 때 청소가 쉽다.

- 현미효소를 실온 상태에 두면 가스가 급격히 생기면서 부유물이 뜬다. 부유물에는 잡균이 쉽게 증식해 무른변이나 설사변을 만들 수 있으니 실온 상태에 오래 두었다 마시지 말자.(찬 효소를 미지근하게 하는 가장 편한 방법은 따뜻한 물을 약간 섞는 것이다)

현미누룩효소 엑기스 만들기

⊙ 현미효소 엑기스란

현미효소를 냉장고에 보관하면 건더기는 가라앉고, 윗물이 생기는 데 이것이 현미 효소 엑기스다.

냉장고에서 가스가 차지 않는 현미효소는 보관이 아주 오래간다. 현미효소는 숙성 될수록 오래된 와인처럼 깊은 풍미가 난다.

⊙ 숙성(熟成)의 사전적 뜻이다.

① 익어서 충분하게 이루어짐.

② (화학)물질을 적당한 온도로 오랜 시간 방치하면서 화학변화를 일으키게 하여 발효시키거나, 생성된 콜로이드 입자의 크기를 조절하는 일. — · 김치는 숙성 기간 을 잘 조절해야 제맛이 난다.

③ 동물체의 단백질, 지방, 글리코겐 등이 효소나 미생물의 작용으로 부패함이 없 이 분해되어 특수한 향미를 내는 일.

간장, 된장, 와인 같은 발효음식은 오래될수록 풍미가 좋아진다. 숙성시키면 왜 풍 미가 좋아지는가? 입에 거슬리는 성분들은 완전히 제거되고, 영양은 충분히 분해되 기 때문이다. 그래서 숙성은 발효음식의 효능을 최대한 끌어올리는 작업이다.

⊙ 현미효소 엑기스는 녹아 있는 영양이다.

물은 많이 마셔도 속이 편한 이유는 소화 시켜야 할 유기물이 전혀 없기 때문이다. 일단 영양이 들어있는 음식은 소화 과정이 필요하고 대사산물(노폐물)이 발생한다. 소화란 복합 분자의 영양을 최소 단위로 쪼개고 독성을 제거하는 과정이다. 소화력이 약한 사람일수록 음식을 많이 먹을 수 없다. 그럼 소화력이 약한 사람이 많이 먹는 방법은 무엇인가? 독성이 제거되고 영양이 분해되어 있어 소화가 쉬우면서도 소화 과정에서 대사산물(독성)이 적게 생기는 음식을 먹는 것이다. 즉 소화가 이미 되어 있는 음식이다. 그게 발효음식이다. 하지만 아무리 발효된 음식이라도 건더기가 있으면 소화 기능이 약한 사람에게는 부담이 된다.

현미효소가 소화는 잘 되지만, 건더기가 있어 소화력이 약한 사람일수록 많이 먹기 힘들다. 그럼 어떻게 해야 많이 먹을 수 있는가?

영양을 물에 녹아있는 형태로 만들어 액상으로 마시는 것이다. 발효과정에서 복합 분자의 영양은 분해되면서 물에 녹아있는 형태로 변하게 된다. 영양은 물에 녹아 있어야 장벽을 투과해 흡수된다. 그래서 그런 영양을 '활성화되어 있다.' '살아 있다.'라고 표현한다. 발효란 영양을 분해해 물에 녹아있는 형태로 변환시키는 과정이다. 건더기가 없는 막걸리만 마시고 12년 이상 살고 계시는 분이 있다. 발효과정에서 영양이 분해되어 물에 녹아있기 때문이다.

⊙ 물에 녹아 있는 영양들

- 약초를 오래 끓여 약성을 물에 용출시킨 것이 '한약'이다.
- 뼈를 오래 끓여 영양을 물에 용출시킨 것이 '사골 국물'이다.
- 여러 가지 야채를 끓여서 영양을 물에 용출시킨 것이 '기적의 야채수프다.'
- 멸치, 다시마, 채소 등을 끓여 영양을 물에 용출시킨 것이 구수한 '다시 국물'이다.
- 콩의 단백질이 분해되어 아미노산이 녹아있는 국물이 감칠맛 나는 '간장'이다.
- 발효과정에서 현미의 영양이 용출되어 물에 녹아있는 게 '현미누룩효소 엑기스'다.

◎ 영양을 쪼개고 물에 용출시키는 두 가지 방법이 물에 넣고 끓이는 것과 발효시키는 것이다.

열은 영양을 파괴하면서 용출시키지만, 발효는 영양을 파괴하지 않고 분해 용출시킨다. 그게 막걸리, 와인, 간장, 식초, '현미효소 엑기스'다.

◎ 숙성은 발효의 효능을 최대한 끌어올리는 작업이다.

간장, 와인, 된장 등은 오래될수록 풍미가 좋아진다. 숙성될수록 독성은 더 많이 제거되고 영양은 더 분해되기 때문이다. 현미효소를 오래 숙성시킬수록 현미의 해로운 성분은 더 많이 제거되고 영양은 충분히 분해되어 물에 녹아있는 형태로 변한다. 물은 아무리 마셔도 부담이 없다. 소화가 쉽기 때문이다. 그래서 '나를 물로 보지마'라는 말이 생겼다. 현미효소를 숙성시킨 엑기스는 영양이 많이 들어있지만, 물처럼 소화가 쉬운 음식이다. 건강한 사람은 건더기와 같이 마셔도 되지만 소화력이 약한 사람일수록 건더기를 거르고 순수한 효소 국물만 마신다. 현미효소는 발효를 마치자마자 마셔도 되지만, 오래 숙성시킬수록 약성이 증강되면서 소화기에 더 부담이 없는 음식이 된다.

◎ 링거액은 당질과 염분만을 주지만 현미효소 엑기스는 다양한 영양과 효소가 함께 들어있어 환자에게 영양을 주고, 먹은 음식의 소화도 도와주고, 해독도 시켜준다.

◎ 먹는 방법들(오래 숙성시킬 것은 갈지 않는다.)

① 가스가 차는 병은 부유물이 뜨면서 잡균이 번식할 수 있으니 오래 숙성시키지 않는다.

② 가스가 차지 않는 병은 1개월 이상 숙성시킬 수 있다. 7일 이상만 숙성시켜도 충분하지만, 오래 시킬수록 당질은 줄어들면서 풍미나 약성은 좋아진다.

③ 소화력이 약한 사람일수록 1주일 이상 숙성시켜 건더기는 밥 대용으로 먹고 국물은 물 대용으로 마신다.

④ 아무것도 넘길 수 없는 환자는, 건더기를 거르고 엑기스만 마시게 한다.

⑤ 당질이 걱정되거나, 건더기보다 엑기스를 많이 마시고 싶으면, 쌀과 누룩 양을 반으로 하고 물양은 똑같이 잡는다. 단맛이 떨어지지만 오래 숙성시키면 풍미가 좋아진다.

⑥ 단식을 자주 하는 한 여성은 죽으로 보식을 하면 기운이 없고 배고픔이 심한데, 현미효소나 엑기스로 보식을 하면 위도 편하고, 배고픔도 적고, 기력도 좋아 보식을 쉽게 마칠 수 있다고 전한다. 소화기에 부담을 주지 않으면서 많은 영양을 얻을 수 있기 때문이다.

현미누룩효소 엑기스

▶ 기능이 떨어진 장기를 회복시키는 방법은 오장육부를 쉬게 하면서 영양을 공급하고, 피를 깨끗하게 하는 것이다. 현미효소 엑기스에는 모든 영양이 물에 녹아 있어 소화기에 부담을 주지 않으면서 영양을 공급하고, 풍부한 효소는 해독을 도와 피를 깨끗하게 한다.

명수네 분말효소 만드는 법과 그 효능

⊙ **명수네 분말효소란?**

- 현미효소 건더기를 건조해 분말로 만든 음식으로 장내 유익균의 좋은 먹이가 된다.

⊙ **만드는 방법**

- 2차 발효까지 마친 현미효소의 건더기를 철망에 담아 맹물을 약간 부어주면서 손으로 주물러 단물을 뺀 다음 건조기에 바짝 말린다

- 건조된 건더기를 믹서기로 곱게 간다.

⊙ **분말효소의 장점들**

▶ 발효되어 소화나 장내발효가 쉽다.

발효란 독성을 제거하고, 영양을 분해하는 과정이다. 그래서 2차 발효를 마친 현미효소 건더기는 소화나 장내 발효가 쉽다.

▶ 분말로 만들면 장내 발효가 더 쉬워진다.

-밀로 빵(발효)을 만들 때 곱게 갈아서 만든다. 입자가 고와야 미생물이 쉽게 분해(발효)할 수 있기 때문이다.

-입자가 고울수록 열에 빨리 익고, 물에 빨리 녹고, 발효가 빨라(쉬워)진다. 그래서 분말 효소는 장내 발효가 잘되어 쾌변을 만든다.

▶ 저당식이 된다.

분말은 발효 과정에서 당질이 빠졌고, 건조하면 저항전분으로 변해 현미밥보다 더 저당식이면서 쾌변을 만든다. 혈당이나 살이 찌는 게 걱정되면 액상보다는 분말을 먹는다.

▶ 차별성 - 시중에 스틱이나 병에 담에 간편하게 먹을 수 있는 가루 제품들이 많이 있다. 스틱으로 만들어진 유산균제나, 효소들은 양이 너무 적어 미생물의 충분한 먹이가 되지 못하고, 미강, 밀싹, 청국장처럼 섬유질로만 된 제품들은 장내 발효가 어

렵다.

시중의 제품들은 특별한 영양이나 성분을 강조하지만, 변이 좋아지는 음식만이 진정 슈퍼푸드다. 왜냐하면, 변이 좋아져야 모든 것이 좋아지기 때문이다. 명수네 분말효소는 변을 가장 빨리 좋아지게 만든다.

▶ 분말 효소가 필요한 사람들

액상의 현미효소를 먹지 않는 아이들, 장이 너무 약한 사람, 장내 환경을 더 좋게 만들고 싶은 사람은 현미효소는 국물로 마시고, 건더기는 분말로 만들어 먹는다. 여행이나 외식 시 밥 대용으로 휴대가 간편하다. 액상의 당질이 걱정되는 분은 분말로 섭취하면 현미밥보다 더 저당식이 된다. 사정상 액상의 현미효소를 먹을 수 없는 사람들에게 분말 효소는 좋은 대안이다.

▶ 먹는 방법

-출출할 때 간식으로 먹거나, 식사 때 1~2순갈씩 밥에 비벼 먹는다. 밥 대용으로 더많이 먹을 수 있다. 단지 건조된 밥이라고 생각하자. 분말이라 목에 걸리니 국물에 개어 먹는다. 위가 극히 약한 사람은 죽처럼 끓여 먹는다.

-살을 빼고 싶은 사람은 분말 효소를 밥 대용으로 먹고 현미효소를 마신다.

▶ 장벽이 허술해져 핏속으로 분해되지 않은 영양소나, 독성물질이 스며들면 자가면역이나 몸에 염증을 일으켜 만병의 근원이 된다.

장벽은 성벽처럼 적군을 막아내는 최전선과 같다. 그 장벽을 튼튼하게 만드는 방법이 황금변을 만드는 것이다. 왜냐하면, 황금변은 유익균이 폭발적으로 증식할 때 만들어지기 때문이다.

그 유익균이 만들어내는 단쇄지방산이 장벽을 튼튼하게 한다. 그래서 유익균이 많을수록 장벽은 튼튼해지는 것이다. 그 장내 유익균의 가장 좋은 군량미가 바로 명수네 "분말효소"다.

누룩요거트, 그릭요거트 만드는 방법

누룩요거트 만드는 법(누룩을 넣어 만들기)

1 우유 2리터, 요거트 2개, 누룩 200그램을 준비한다.

- 우유는 무지방이나 저지방이 아닌 일반 우유를 쓴다.

- 요거트는 90g 2개를 쓴다.

- 비율대로 양을 줄이거나 늘려서 할 수 있다.

2 발효기 내솥에 3가지를 골고루 섞는다.

- 37~40에서 12~15시간 발효시킨다.

- 5시간 경과 후 끝날 때까지 2~3회 저어준다.

- 병에 담아 냉장고에 보관한다.(2주 이상 보관 가능하다)

● 누룩을 넣고 요거트를 만들면 걸쭉한 액상 상태의 요거트가 된다. 영양은 분해될 수록 물이 되기 때문이다.

● 소통을 위해 '누룩요거트' 라고 명명합니다.

● 만드는 동영상은 유트브에서 "명수네효소"로 검색하세요.

그릭요거트 만드는 법(현미누룩효소 넣어 만들기)

1 우유 2리터, 현미효소 국물 2컵(종이컵)을 준비한다.
 - 효소는 맑은 국물만 쓴다. (만든지 5일 이내된 효소 국물을 쓴다)
 - 비율대로 발효 양을 줄이거나 늘릴 수 있다.

2 발효기 내솥에 우유와 효소 국물을 골고루 섞는다.
 - 요거트 기능(42~45도)에서 10시간 발효시킨다.

3 중간에 저어주지 않는다.
 - 발효가 끝나면 내솥을 냉장고에 10시간 두었다가 응고된 건더기와 유청을 분리한다.(더 꾸덕한 요거트를 만들려면 베보자기에 짠다.)
 - 유청은 물 대용으로 마시고 건더기는 빵에 발라 먹거나 치즈 대용으로 쓴다.

• 그릭요거트는 국물과 건더기를 분리해야 하니 중간에 저어주지 않는다.

• 베보자기에 짜는 것보다 내 솥째 냉장고에 넣어 두었다가 거름망으로 건더기와 유청을 분리하면 편하다.

• 맑은 국물을 유청 단백질이라고 한다. 발효과정에서 분해된 아미노산이 녹아있기 때문이다. 물 대용으로 마신다.

• 꾸덕한 요거트는 구수한 치즈맛이 난다. 아이들도 좋아하고 통밀빵에 발라 먹으면 한끼 식사가 된다.

• 소통을 위해 "효소그릭요거트"라 명명합니다.

• 유트브에서 "명수네효소"로 검색하시면 만드는 동영상을 볼 수 있습니다

우유를 발효시켜 먹어야 하는 이유

젖은 단백질과 지방이 녹아있는 고기다. 그래서 영양이 매우 풍부하다. 옥수수 사료를 먹이고 항생제를 써서 우유가 나쁘다고 한다. 더 나쁜 이유는 가열살균했기 때문이다.

막 태어난 새끼는 이빨이 없고, 소화력이 매우 약하기 때문에 액체 형태로 먹어야 하고, 아주 쉽게 소화가 되어야 한다. 소화가 쉽다는 뜻은 아주 약한 구조물로 열에도 쉽게 파괴된다는 뜻이다. 저온살균은 65도에서 살균한다. 40도만 넘어가도 우리 뇌가 익(파괴)듯이 육류를 65도에서 살균하면 필수 아미노산, 효소, 비타민이 파괴되어 죽은 음식이 되어버린다. 그리고 소화도 어렵게 된다. 모유가 우유보다 좋은 이유는 생이기 때문이다.

◎ 우유를 발효시키면 생우유가 된다.

익힌 고두밥으로 막걸리를 담지만, 발효가 다 되면 생막걸리라고 부른다. 가열살균한 우유를 발효시키면 생막걸리처럼 생우유가 된다. 우유 속 유당을 먹어치우면서 수백억 마리의 미생물이 증식한다. 미생물이 분비하는 효소에 의해 영양은 쪼개지고, 미생물이 만들어 내는 대사산물은 날음식 영양처럼 살아 있다. 그래서 발효시킨 우유는 원물보다 영양이 많고 소화 흡수율이 높다.

◎ 발효를 시키면 해로운 성분이 제거된다.

막 담은 갓김치, 파김치는 먹을 수 없지만, 발효시키면 얼마든지 먹을 수 있다. 미생물이 분비하는 효소는 강력한 분해 해독 물질로 독소를 분해 제거한다. 우유를 발효시키면 우유 속 항생제나 해로운 물질들이 제거된다. 젖과 꿀이 흐르는 땅이라고 표현하듯이 우유에는 식물에서 얻을 수 없는 다양한 영양들이 풍부하게 들어있다. 전통적으로 목축을 하는 민족들은 야채 과일 없이도 초지 방목 생우유나 요구르트를 먹고 건강을 유지했다. 우유를 발효시키면 나쁜 성분은 제거되고, 소화가 더 잘 되고, 더 많은 영양을 얻을 수 있다.

◎ 요거트 만들 때 누룩을 넣어주면 금상첨화가 된다.

누룩의 효능이 더해지기 때문이다. 유산균만 넣고 만드는 것보다 누룩의 풍부한 효소가 더 많은 영양을 쪼개고 해로운 성분들을 더 많이 제거해 준다. 곡채식만 하면 흡수력이 낮은 사람일수록 영양실조로 체중이 너무 빠진다. 고기의 해를 줄이면서 육류의 영양을 얻을 수 있는 방법이 누룩요거트다. 요구르트 먹고 변비가 좋아졌다는 사람들이 많이 있다. 누룩요거트는 영양이 많으면서도 쾌변을 만들어 주는 프리 바이오틱스가 된다.

아침 대용 간식 대용으로 좋다. 자라나는 아이들이나 소화 흡수율이 낮은 환자에게도 좋다. 되도록 유기농 유유를 구해 발효시켜 먹자.

현미누룩효소의 단맛 고찰

혀의 앞부분에 단맛을 감지하는 미뢰가 있다. 인간의 몸은 단맛을 갈구한다. 우리 몸의 중요한 에너지원이기 때문이다.

녹말, 전분, 포도당, 과당, 유당, 올리고당 등은 탄수화물의 다른 이름들이다. 통칭해서 당질이라고 부르자. 연결된 분자 구조에 따라 단당류, 이당류, 다당류, 복합당으로 구분한다. 탄수화물 음식이 몸에 흡수되기 위해서는 소화효소에 의해 단당으로 분해되어야 한다.

과거 쌀밥과 고깃국은 서민들의 로망이었지만 작금은 찬밥 신세가 되었다. 아니 가장 먹고 싶어 하면서도 두려운 존재가 되었다. 왜 두려운 존재가 되었는가? 당질은 살을 찌우거나 혈당을 올리고, 고기는 건강과 먼 음식처럼 느껴지기 때문이다.

현미효소는 달다. 그래서 많은 사람들이 질문을 한다. 당뇨약을 먹고 있는데 또는 당뇨 전 단계인데 먹어도 되나요? 현미효소를 먹으면 혈당을 올리나요? 당분은 암의 먹이라는데 먹어도 되나요?

밥, 과일, 떡, 빵, 등 녹말 음식들은 전부 혈당을 올린다.

현미밥이 혈당을 올리듯이 현미효소도 혈당을 올린다.

현미밥은 단맛이 없지만, 현미효소는 달다. 그래서 걱정이 된다. 혈당을 더 올릴까 봐. 과일이 밥이나 고구마보다 당질이 적지만, 단 이유는 단당이기 때문이다. 우리 혀는 단당일 때 단맛으로 느끼고 쌀밥이나 고구마처럼 복합당일 때는 단맛으로 느끼지 못한다. 현미효소가 단 이유는 현미밥의 복합당이 단당이 되었기 때문이다. 현미효소는 미생물이 증식하면서 당질을 먹어치웠기 때문에 원래의 현미밥보다 당은 줄어 있다. 하지만 과일처럼 단당이기 때문에 흡수가 빨라 현미밥보다는 혈당을 빨리 올릴 수 있다.

⊙ 그럼 발효과정에서 현미의 복합당이 단당으로 분해되면서 어떤 일이 같이 일어나는가?

① 현미의 당질, 단백질, 지방, 미네랄 등 모든 영양은 흡수되기 쉬운 형태로 분해되었다.

② 현미의 당질을 소비하면서 증식한 미생물은 사람에게 영양이 되는 다양한 물질을 추가로 만들어 낸다.

③ 누룩의 효소와 미생물이 분비하는 효소는 현미 속 농약 성분이나 피틴산, 렉틴 같은 독성을 제거한다.

④ 발효과정에서 만들어지는 효소는 소화를 도와주고 몸속 독소를 제거해 준다.

⑤ 현미의 미강은 저분자화되어, 장내 미생물의 쉬운(좋은) 먹이가 되었다.

⊙ 현미효소는 발효과정을 거치면서 현미가 가지고 있는 당질을 포함 모든 영양들은 곧바로 흡수되는 형태로 변했기 때문에 흡수율이 월등히 좋아지고, 현미의 당질을 소비하면서 증식한 효모균과 젖산균은 건강이나 치병에 필요한 다양한 영양을 만들어 낸다.

현미효소의 당질은 피하면서 다른 영양소만 얻고 싶다. 그런 일은 불가능하다. 현미밥은 분해가 어려워 혈당이 적게 오른다. 당질이 적게 분해된 만큼, 다른 영양소도 분해되지 못해 흡수되지 못하고, 섬유소인 미강도 대장에서 발효되지 못한다. 현미밥은 혈당을 덜 올리는 대신 다른 영양도 얻지 못하고 쾌변을 만들지 못한다. 현미효소는 단맛이 나는만큼 다른 영양도 흡수되기 쉽게 분해되었고, 미강 또한 장내 발효가 쉬워 쾌변을 만들어 준다.

혈당을 올리지 않으려면 생현미나 생고구마를 먹으면 된다. 대신 다른 영양도 얻지 못한다. 생녹말은 강력한 저항전분이라 소화효소에 의해 조금 밖에 분해되지 못해 혈당을 적게 올린다. 그럼 당질뿐만 아니라 생녹말에 결속되어 있는 다른 영양소까지 얻지 못한다. 그래서 생식을 하면 빠르게 살이 빠진다.

⊙ 현미효소에는 당질뿐만 아니라 세포에 필요한 다양한 영양소들이 함께 있어 세포의 배고픔을 가장 빨리 채워준다. 그래서 효소를 마시면 과일이나 간식 생각이 사라지고, 아이들이 가공식품을 덜 찾는다.

현미효소는 치병이나 건강에 필요한 다양한 영양이 들어있고, 소화가 잘 되게 하고, 쾌변을 만들고, 피부가 좋아지고, 근육이 늘고, 잠을 잘 자게 만드는 다양한 효능들을 준다. 혈당을 올리는 손해보다는 얻는 게 훨씬 많기 때문에 먹을 가치가 있는 것이다.

당질도 세포 입장에선 똑같은 영양일 뿐이다. 암의 먹이가 되고 혈당을 올린다고 당질을 안 먹을 수는 없다. 현미효소는 다른 탄수화물에 비해 영양밀도가 높고 장내 환경을 개선하는 탁월한 음식이다. 혈당이 걱정되면

① 다른 탄수화물을 줄이고 현미효소를 먹는다.
② 누룩과 현미의 양을 반으로 줄이고 물은 똑같이 잡는다.(80페이지 참조)
③ 효소 건더기를 밥 대용으로 먹으면 현미밥보다 저당식, 저칼로리식이 된다.

저체중으로 갈수록 기력이 쇠하고 면역력이 떨어지게 된다. 자신의 현재 체중이나 흡수력을 고려하여 어쩔 수 없이 고기를 먹어야 하고, 혈당을 올리더라도 양질의 탄수화물을 먹어야만 한다. 당질 때문에 현미효소의 효능을 외면하는 것은 안타까운 일이다.

♣ 현미효소 먹고 혈당을 덜 올리는 방법

당뇨환자들이 하는 거꾸로 식사법이라는 게 있다. 섬유질과 단백질 음식을 먼저 먹고, 마지막에 밥을 먹으면 혈당이 덜 오르는 식사법이다. 섬유질은 주로 야채 반찬이고, 단백질 음식은 고기나 계란, 생선 등을 말한다. 왜 혈당이 적게 오를까?

우리가 배고플 때 빈속에 맥주나 소주를 마시면 금방 취한다. 하지만 음식을 먹고 마시면 천천히 취한다. 그 이유는 빈속에 먹으면 액상의 술은 혈류 속에 금방 흡수되지만, 위장에 음식을 채우고 마시면 음식이 알코올 흡수를 방해하기 때문에 천천히 취하는 것이다.

어떤 분이 현미효소가 좋긴 한데 혈당 때문에 마시기를 포기하려다가 거꾸로 식사법처럼 파프리카와 계란 1개를 먼저 먹고, 조금 있다가 현미효소를 마셔보면 혈당이 140 이하로 낮게 나온다고 한다. 부인에게도 실험해 보니 똑같이 나온다. 그래서 현미효소를 마시기로 했다고 한다.

현미효소 건더기(밥알)는 당질이 빠져나가 현미밥보다 당질이 적다. 곱게 갈아 밥 대용 또는 건조해 분말로 먹으면 저당식이면서 장내 유익균의 좋은 먹이가 된다.

당질이 무섭다고 현미, 콩, 생채소, 견과, 생식, 야채(섬유질) 등이 대안이 될 수는 없다. 영양도 얻을 수 없고, 대장에서 부패를 일으키기 때문이다.

현미효소는 영양, 해독, 면역을 얻을 수 있는 최고의 음식이다. 혈당을 올리는 손해보다는 얻는 게 훨씬 많다. 당질 때문에 현미효소를 포기하는 것은 너무 아까운 일이다. 심한 당뇨환자도 소주잔으로 1-3잔 정도는 마실 수 있고, 당질이 빠진 건더기는 현미밥보다 당질이 적으니 건더기를 밥대용 또는 건조한 분말이라도 먹자.

당질이 적은 현미효소 만드는 2가지 방법

현미효소는 설탕을 넣지 않았는데도 달다.

그래서 혈당을 올리느냐? 당질은 암의 먹이라고 들었는데 먹어도 되느냐? 많은 분들이 묻는다. 현미효소를 먹고 살이 찌는 것을 걱정하시는 분들도 있다.

그래서 당뇨 환자, 암 환자, 비만인 사람은 현미효소를 꺼리거나 조금만 먹는다. 효소 국물이 단 이유는 현미밥의 복합당이 단당으로 분해되어 국물에 녹아 나왔기 때문이다.

그럼 현미효소를 먹고 현미밥이나, 다른 당질 음식보다 혈당을 적게 올리는 방법은 무엇인가? 그것은 현미효소 건더기를 밥 대용으로 먹는 것이다.

식해의 밥알을 씹어보면 단맛이 없고 맹맹하다. 밥알의 당질이 엿질금의 효소에 삭아 국물 속에 녹아 나왔기 때문이다.

현미효소 밥알을 씹어보면 육수를 우려낸 건더기처럼 맛이 밍밍하다. 누룩의 효소에 의해 현미의 당질이 삭아 밖으로 빠져나왔기 때문이다.

막걸리, 식해, 현미효소의 밥알이 떠오르는 이유는 당질이 빠져나와 가벼워졌기 때문이다. 그래서 현미효소 건더기를 밥 대용으로 먹으면 현미밥이나 여타의 당질 음식보다 저당 음식이고, 저칼로리 음식이 된다.

물론 현미효소 국물에는 분해된 현미의 영양과 미생물이 발효과정에서 만들어 낸 영양들이 곧바로 흡수되는 형태로 들어있다. 하지만 당질 때문에 현미효소를 포기하거나, 조금만 먹을 바엔 국물의 영양을 포기하더라도, 현미효소 건더기를 많이 먹어야 할 충분한 가치가 있다. 그 이유는 현미밥보다 혈당을 적게 올리면서 쾌변을 만들어주기 때문이다.

현미효소 건더기를 밥 대용으로 먹을 때 가장 좋은 황금색의 쾌변이 된다. 즉 다른 어떤 탄수화물보다 장내 발효가 쉬운 음식이라는 뜻이다. 장내 발효가 쉽다는 뜻은 가장 많은 유익균을 증식시켜 그 유익균이 만들어 내는 다양한 영양물질을 얻을 수 있다는 뜻이다.

영양이 없어 보이는 시래기를 먹어도 영양을 얻을 수 있는 이유는 대장에서 유익균의 좋은 먹이가 되기 때문이다. 현미효소의 밥알은 국물보다 영양은 적지만 장내 유익균의 좋은 먹이가 되어 유익균을 통해 효소, 비타민, 미네랄, 단쇄지방산 등을 얻을 수 있다. 특히 발효된 현미의 미강은 단쇄지방산을 만들어 내는 프레보텔라균의 가장 좋은 먹이가 된다. 단쇄지방산은 위장벽과 장벽을 튼튼하게 만들어 위를 건강하게 만들고, 장 누수를 막는다.

현미효소의 당질이 꺼려지는 사람은 현미효소 건더기를 밥 대용으로 먹자. 현미밥보다 혈당을 적게 올리면서 장내 유익균을 양육하는 좋은 수단이 된다.

 첨언

당질이 적은 현미효소 만들기

- 현미효소 건더기를 밥 대용으로 먹으면 좋은 이유들

㉮ 장내 발효가 쉬워 황금색의 쾌변을 만든다.

㉯ 당질이 국물에 빠져나와 현미밥보다 혈당을 덜 올린다.

㉰ 액상으로 마시는 것 보다 건더기를 더 많이 먹을 수 있고, 외출이나 여행 갈 때 가지고 다니기 쉽다.

◎ 젖산발효를 충분히 시킬수록 ① 당도는 낮아지고, ② 영양은 더 많아진다.

현미효소 만들 때 2차 발효 시간을 10시간 이상 하기 힘든 이유는 시간이 길어질수록 효모균들이 알코올을 많이 만들기 때문이다. 국물에 물을 희석해서 당도를 낮추면 효모발효가 억제되기 때문에 알코올 생성을 최소화하고 시간을 더 늘려 젖산발효를 충분히 시킬 수 있다.

물을 첨가해 당도는 낮아졌고. 젖산발효를 충분히 시킬수록 영양은 증가되고 당도는 더 낮아진다. 즉 효소 국물에 물을 첨가해 젖산발효 시간을 길게 하면, 혈당은 덜 올리면서 더 많은 영양을 얻을 수 있고 알코올 없는 효소가 된다.(냉장고에서 숙성될수록 맛이든다)

당질이 적은 현미효소 만드는 2가지 방법

1 **당질이 적은 현미효소 만들기 (쌀눈첨가-선택)**

① 현미효소를 2차 발효까지 마친다.

② 건더기를 걸음망으로 건진다.

  (맹물을 약간 부어주면서 손으로 짓이겨 당질을 빼낸다)

③ 거른 국물을 내솥에 담고 냉수를 가득 부어준다.

  국물로만 3차 발효한다.(2차 발효 온도와 동일한 온도)

④ 3차 12시간 발효한다.(길어질수록 신맛이 강해진다. 시간을 줄이거나 더 늘릴 수 있다)

▶ **이렇게 발효시키면 다음과 같은 장점이 있다.**

  ㉮ 건더기는 곱게 갈아 밥 대용으로 먹는다.

  ㉯ 건더기는 현미밥보다 당질이 줄었다.

  ㉰ 당질이 적은 효소(국물)을 만들 수 있다.

2 **당질이 절반인 현미효소 만들기 (쌀눈첨가-선택)**

① 현미 절반(450그램)으로 밥을 한다.

② 밥이 뜨거울 때 물 500ml을 부어주고 4시간 이상 둔다.

③ 누룩 150그램과 물250ml를 잘 섞어서 1차 15시간 발효한다.

  (중간에 1회 짓이겨 준다)

④ 물을 가득 붓고(최종산출물 6리터) 2차 15시간 발효한다.

  신맛이나 기포를 보고 시간을 줄이거나 늘릴 수 있다.

▶ 위의 2가지 방식대로 국물만 발효시키거나, 재료 양을 절반으로 만들면 효모발효(알코올)가 억제돼 2차 발효를 길게 할 수 있다. 2차를 길게 할수록 신맛은 늘지만, 당질은 줄고 미생물이 만드는 영양은 많아진다.

현미누룩효소 탄생기

　많은 분들이 궁금해한다. 어떻게 현미누룩효소를 개발하게 되었는지? 1988년도 국회에 입사해 33년을 근무했고 정년을 2년 남겨 놓고 명퇴를 하였다. 퇴직하면 여행이나 하면서 빈둥거리며 살고 싶었다. 바램과는 반대로 현미효소 때문에 명퇴를 했고, 몇 배 더 바쁜 인생이 되었다.

　아래는 지금의 현미효소가 세상에 나오게 된 이야기다.

　살아오면서 다양한 질병을 겪었기 때문에 항상 건강서를 가까이했고 음식과 건강에 관심이 많았다. 50 초반에 심장이 심하게 탈이 나면서 건강을 찾기 위해 고기나 가공식을 멀리하고 현미밥, 생채소, 콩, 견과, 녹즙 등을 열심히 챙겨 먹었지만, 변이 물러지고 악취가 나면서 부정적인 증상들만 느꼈다.

　그러던 중 시중에 젖산 발효시켜 파는 현미김치, 보리김치라는 제품들이 있다는 걸 알고, 현미나 보리를 발효시켜 먹어야겠다는 생각을 하게 되었다. 그게 10년 전이다. 처음에는 보리나 현미를 동치미에 넣어 발효시켜 보기도 하고, 생현미가루를 발효시켜 말린 다음 먹어보기도 하였다. 발효도 미흡하고 식감도 별로여서 먹는 게 고역이었다. 그러다가 곱게 간 현미가루를 찐 다음 누룩을 이용해 발효시켜 먹었다.

　현미가루를 발효시켜 먹으면서 현미밥, 생잎사귀, 콩, 견과 등을 식단에서 제거하자 황금변을 보게 되었다. 효소에 관한 건강 서적을 읽고, 발효에 관한 정보를 찾아보면서 다양한 발효를 시도해 보았다. 그러던 중 일본에서 건강식으로 인기가 있는 야마자게(감주)가 한국에 넘어와 쌀요거트라 불리면서 일부 가정집에서 해 먹고, 인터넷을 통해 팔리고 있었다. 우리나라의 감주나 쉰다리와 비슷한 음식이다.

　인터넷에 올라온 쌀요거트 레시피는 백미밥에 누룩과 물을 섞어 8시간 발효시키는데 마땅한 발효기가 없어 일반 전기밥솥 뚜껑을 열어놓고 약 60도에서 하는 방식이다. 팔리는 쌀 요거트를 사 먹어보니 단맛이 강하고 발효된 맛은 아니었다. 수년 전에 사 놓았던 모 회사의 청국장 발효기가 집에 있었다. 막걸리를 만들기 위해 현미가루를 백설기처럼 찐 다음, 누룩과 물을 섞어 현미 발아 모드인 35도에서 발효시켜 보았다. 맛 좋은 막걸리가 되기 위해서는 알코올과 탄산이 생성될 때 생기는 기포가 왕성하게 올라와야 하는데 약간의 기포만 올라오는 모습이었다,

막걸리가 될 것 같지 않아 버리기도 아깝고 2일 만에 발효를 끝내고 병에 담아 냉장고에 두었다. 며칠 지나서 마셔보니 알코올은 없으면서 약간의 탄산 맛도 나고 새콤달콤한 맛이 먹을만 했다. 설탕 없이 충분한 단맛이 난다는 게 신기했다. 막걸리 만드는 방식으로 일본식 쌀요거트를 만들기 위해 온도, 시간, 방식을 달리해 다양한 실험을 해보면서, 낮은 온도에서도 충분한 당화, 알코올이 없으면서 탄산 맛을 더해주는 소량의 효모발효, 건강에 도움이 되는 충분한 젖산발효가 되는 레시피를 만들게 되었다. 그게 지금의 현미누룩효소다. 명수네효소는 다른 레시피 보다 가성비가 좋으면서 만들기도 쉽고 풍미가 좋으면서 건강상 효능도 뛰어나다.

현미밥, 생채소, 콩, 견과 등을 끊고, 현미효소를 마시면서 고기, 김치, 익힌 나물 정도로 단순하게 먹으면서 신기한 경험을 하게 되었다. 10년 넘게 자다가 어김없이 소변보러 일어나던 게 없어졌다. 피부도 매끄러워지고, 겨울이면 발바닥이 갈라져 피가 나던 것도 없어졌다.

근 골격 통증으로 집에 찾아오는 사람들이나 직장 동료들에게 맛을 보여주고 집에서 만들어 먹도록 권했다. 체험수기나 효능 편에 나오듯이 놀라운 효능들을 전했다. 현미효소의 효능을 보고 빈둥거리며 지내려다 마음을 바꾸었다. 대중들에게 명수네효소의 가치를 알리는 일을 해보고 싶어 앞당겨 명퇴를 했다.

발효의 효능을 이해하게 되면 건강이나 치병을 위해 현미효소를 능가하는 음식은 없다는 것을 알 수 있다. 고기를 먹을 수 없거나 식물식을 위주로 하는 사람들에게도 큰 도움이 될 것이다. 대중들이 쉽게 만들 수 있도록 정형화된 레시피를 전파하고 현미효소와 발효의 효능 그리고 명수식 섭생을 알리고 이해시키기 위해서 팔자에 없는 책도 쓰게 되었다.

지금까지 전해 들은 효능들을 보면 한국을 넘어 전 지구인이 해 먹는 음식이 될 것이라 예상한다. 대중화가 되기 위해서는 만들기 쉽고, 가성비 좋고, 효능이 뛰어나면서 맛까지 좋아야 한다. 현미누룩효소는 그런 음식이다. 명수네효소는 치병이나 건강을 위해 먹어야 할 1순위 음식이 될 것이다. 현미효소는 천연의 음식으로 영양을 얻을 수 있고, 장내 환경을 개선시킬 수 있는 가장 좋은 방편이기 때문이다. 누구는 평생 고질병을 고치는 로또가 될 것이고, 기대하지 않았던 증상이 사라지거나, 같이 먹는 가족도 효과를 보게 된다. 명수식 섭생을 지키면서 현미누룩효소를 마신다면 크든 작든 무엇이라도 건질 것이다. 절대 꽝은 없다.

소싯적 어머니들은 별미로 식은 밥이나 보리밥에 누룩을 섞어 아랫목에 하룻밤 재워, 달달하고 소화가 잘 되는 단술을 만들어 주셨다. 막걸리, 단술, 쉰다리는 누룩으로 발효시킨 우리의 전통 음식이다. 막걸리의 알코올을 제거한 현미누룩효소는 전통의 재발견이다.

우유가 한 방울도 안 들어간 발효음식이니 쌀요거트라고 부르는 것보다, 현미와 누룩으로 발효시킨 음식이니 '현미누룩효소'가 적당한 명칭이다. 지금까지 대중들에게 알려진 쌀요거트와는 다른 방식과 온도로 만들었고 그 효능이 뛰어나기 때문에, **소통을 위해 '현미누룩효소'나 '명수네효소'로 명명하고 2021년을 탄생 원년으로 삼고 출사를 고하는 바이다.**

• 현미효소의 효능(명수식 섭생을 지키면서 현미효소를 마시자)

현미효소는 어디에 좋은가요? 암에 좋은가요? 간에 좋은가요? 신장에 좋은가요? 현미효소를 이제 막 시작하는 분들이 궁금해하는 질문들이다. 누구든 자기가 가진 질병에 효과를 보고 싶기 때문이다.

병의 가짓수가 수만 가지라고 한다. 하지만 이름만 다르지 병의 원인은 하나다. 영양이 부족하거나 피의 오염이다. 현미효소는 영양을 얻을 수 있고, 장내 환경을 개선해 피를 깨끗하게 하기 때문에 다양한 질병에 효과를 보인다.

현미효소를 마시고 30년 된 치질이 없어지고, 평생 설사나 변비, 아토피, 피부병이 낫고, 죽어가던 반려견이나 항암으로 기력이 쇠해 죽기 직전의 암 환자가 기사회생한 일도 있었다. 그동안 전해 들은 효과는 너무나 다양해 일일이 열거하기 힘들다. 효과를 보는 정도나 시간은 장내 환경이나 나이, 흡수력에 따라 천차만별이다.

현미효소를 마시고, 혈색이 좋아졌다, 피부가 좋아졌다, 살이 쪘다는 말을 많이 듣는다. 혈색이 좋아졌다는 말은 피가 깨끗해졌다는 말이고, 피부가 좋아졌다는 말은 간세포, 췌장세포, 혈관세포, 뇌세포 등 다른 모든 세포도 건강해졌다는 말이고, 살이 쪘다는 말은 에너지가 생겼다는 말과 같다.

"현미효소 마시면 내 병이 낫느냐?" 묻지도 따지지도 말고 먹어야 하는 이유는 내 병이 꼭 낫는다는 보장은 없지만, 가장 많은 영양을 얻을 수 있고, 장내 환경을 개선해 건강 평균 점수를 올려주기 때문이다.

여기서 중요한 점이 있다. 현미효소가 아무리 좋아도 명수식 섭생을 지키지 않으면 효과가 제한적이다. 우리가 건강식이라고 믿고 있는 현미밥, 생채소, 콩, 견과, 생식, 항암식품, 슈퍼푸드는 대부분 흡수율이 저조해 영양도 얻지 못하고 대장에서 발효를 방해해 변을 나쁘게 만드는 음식들이기 때문이다.

현미효소의 효능을 최대한 얻기 위해서는 명수식 섭생을 지켜야 한다. 그럼 가장 적은 수고로움과 비용으로 건강을 얻을 수 있고, 평생 고질병을 고칠 수도 있다. 왜 그런지는 책장을 넘겨가면서 알아보자.

제 3 장

고정관념 뒤집기
알고 있는 섭생 상식을 버려라

3장의 글들은 지금까지 알고 있던 상식이나 믿음과 반대되는 논리들입니다.

자연식 대가들의 책을 읽고 다양한 섭생과 건강법을 실행해도

건강을 얻지 못하는 이유는 딱 한 가지입니다.

영양도 얻지 못하고 쾌변을 만들지 못했기 때문입니다.

많은 사람들이 식물들을 맹신해 대장에서 부패가 일어나게 먹고 있습니다.

잘못된 믿음을 버리고, 현미효소와 명수식 섭생으로

영양도 얻고 꼬들한 쾌변을 만드십시요.

현미밥, 생채소, 콩, 견과류, 생식은 건강의 친구인가?

병에 걸리면 뭐라도 해야 할 것 같다. 그 모범 답안이 위 음식들을 열심히 챙겨 먹는 것이다. 50년 전만 해도 가장 먹고 싶은 음식은 쌀밥과 고깃국이었다. 시대가 변해 지금은 쌀밥과 고기는 찬밥 신세가 되었다. 그 대신 과거 거들떠보지 않았던 현미밥, 생채소, 콩, 견과류, 생식은 현대인들의 믿음이 되었다.

고기는 내 몸을 오염시킬 것 같지만, 위 음식들은 고기가 가지고 있는 끈적한 지방도 없고, 콜레스테롤도 없어 내 몸을 깨끗하게 해주는 착한 음식처럼 보인다.

생식은 살아 있는 영양을 얻을 수 있고, 피를 더 깨끗하게 해줄 것 같다. '건강을 얻으려거든 고기나 가공식을 멀리하고 깨끗한 식물들을 챙겨 먹어라'. 국내외 자연식 대가들의 이구동성 외침이고 우리 상식에도 그렇게 보이니 모태 신앙처럼 일말의 의심도 없이 위 식물들을 친구로 삼는다. 그래서 어린 자녀에게도 먹기를 권하고 위 음식들을 먹지 않으면 불안한 마음까지 든다. 고기와 쌀밥이 기피 음식이 되다 보니 그 대안으로 떠오른 음식들이 위 식물들이다.

미국인들의 비만은 심각한 수준이다. 암보다도 비만으로 인한 심장병과 뇌혈관 질환 사망률이 높다. 정크푸드도 많이 먹고 고기도 많이 먹는 고열량식을 하기 때문이다. 그럼 비만과 심장병으로부터 자유로워지는 방법은 무엇인가? 가공식과 고기를 끊고 열량이 낮은 식물들을 먹는 것이다. 자연식 대가들이 이구동성 말하지 않아도 이건 너무 뻔한 이치다. 미국의 자연식 대가들이 쓴 책들을 보면 고기를 무조건 매도하고 식물식을 다이어트나 건강의 수단으로 삼으라고 권한다. 미국은 비만으로 인한 질병들이 너무 많기 때문이다.

하지만 식물들이 우리 모두를 구원해 주지는 못한다. 잘못된 식물식을 하면 오히려 대장에서 부패가 일어나 피를 오염시키고, 영양실조를 초래하기 때문이다. 식물을 무조건 맹신하지 말고 영양 흡수가 되고 장내 발효가 잘 되는 식물식을 해야 한다. 현미밥, 콩, 생채소, 견과류, 생식이 살을 빼는 효과는 있어도 영양도 얻지 못하고 장내 환경을 나쁘게 만들기 때문에 삼가라는 것이다. 깨끗해 보이는 식물들을 먹고 장내 부패를 만들면 고기 먹는 것보다 더 해롭다.

백미는 5%의 영양밖에 없으니 현미를 먹어라. 살아 있는 영양을 위해 생현미, 생채소가 좋다. 콩은 고기 대신 단백질을 얻을 수 있는 좋은 친구다. 견과류는 오메가3, 불포화지방이라 좋다. 녹즙은 엑기스만 짜서 먹으니 많은 영양을 얻을 수 있다. 현미밥, 생채소, 콩, 견과, 생식, 녹즙을 옹호하기 위한 논리들이다.

치병이나 건강을 위해 현대인들이 챙겨 먹는 위 식물들을 선조들은 왜 먹지 않았을까? 먹어도 영양도 얻을 수 없고 이익보다는 해가 많다는 걸 알았기 때문이다.

그래서 선조들은 백미를 먹었고, 생채소보다는 김치나 말린 나물로 먹었고, 콩은 발효시켜 청국장, 된장으로 먹었고, 견과류, 녹즙, 생현미를 먹지 않았다. 선조들은 위 식물들의 독성을 제거하고 소화가 잘 되게 가공해서 먹었지만, 건강 대가들은 선조들이 먹지 않았던 현미, 생잎사귀, 콩, 견과, 생식, 녹즙 등을 먹으라 종용한다.

음식의 가치는 분석보다는 몸속에서 어떤 활용 가치를 보이느냐가 더 중요하다.

① 위 식물식들은 에너지 등급이 형편없는 가전제품처럼 흡수동화율이 매우 낮아 영양을 얻지 못한다.

② 위 식물들은 대장에서 부패를 유발해 유익균 증식을 방해하고 피를 오염시킨다.

③ 생식은 소화나 장내 발효가 어려워, 영양을 얻지 못해 살을 빼는 효과 말고는 없다.

동쪽에서 떠서 서쪽으로 지는 태양을 보고 만들어진 게 천동설이다. 전체를 보지 못하고 눈에 보이는 현상만을 가지고 판단했기 때문에 잘못된 믿음이 되었다. 천동설처럼 피상적인 현상만을 보고 믿음이 된 게 위 식물들이다.

선생들의 가르침도 그렇고, 내 생각에도 위 식물들은 피를 깨끗하게 해주고, 영양을 얻을 수 있을 것 같다. 반대로 위 식물들을 열심히 먹는 사람일수록 마르고 심한 피곤함을 느끼게 된다. 영양도 얻지 못하고 대장에서 부패를 일으켜 피를 오염시키기 때문이다. 현재 위 식물들을 열심히 먹는 사람들은 방귀나 변을 살펴보라. 틀림없이 방귀를 많이 뀌고, 무르거나, 흑변, 악취변을 보고 있을 것이다. 위 식물들은 우리의 믿음처럼 건강의 친구도 아니고 착하지도 않다. 믿음이 너무 견고하다 보니 위 음식들을 먹지 말라는 범부의 주장이 허무맹랑한 소리로 들릴 수 있다.

책장을 넘겨 가면서 위 식물들이 보기와는 다르게 왜 영양을 얻을 수 없고, 쾌변을 방해하는지 필자가 섭생을 해오면서 느꼈던 점이나 식물들의 독성이나 흡수동화율, 우리 소화기의 특성, 선조들은 위 식물들의 위험을 제거하고 흡수율을 올리기 위해 어떻게 가공했는지 등을 연결고리로 이어 진실을 보여줌으로써 위 음식들과 결별하라고 귀가 닳게 종용할 것이다. 위 식물들의 이면에 숨겨진 진실을 알게 된다면 먹지 않아도 불안한 마음이 들지 않고, 식단이 간편해지고, 돈도 덜 들고, 냉장고가 비게 될 것이다. 그리고 더 좋은 쾌변과 건강을 얻게 될 것이다.

건강서를 읽고 지식을 쌓는다고 건강이 얻어지는 게 아니다. 전체를 보는 시각을 얻지 못한다면, 그 지식이 오히려 독이 될 뿐이다. 책장을 넘겨 가면서 전체적인 시각을 얻어보자.

현미 유감1

불과 50년 전만 해도 쌀밥과 고깃국은 가장 먹고 싶은 음식이었지만, 이제 백미는 을사오적처럼 오백 식품의 수괴가 되었다. 그래서 병든 현대인들을 구원하기 위해 등장한 슈퍼맨이 있다. 그게 현미다. 대부분 현미를 신봉하지만 먹지 말라는 사람들도 있다. 현미가 질병으로부터 대중을 구하는 진짜 슈퍼맨인지 아니면 이름값을 못 하는 쪼다인지 알아보자.

◎ 현미의 물리적인 특성

현미의 영양 95%가 미강과 쌀눈에 들어있다. 현미는 영양은 많은데 소화가 어렵다는 말을 많이 한다. 소화가 어려워도 현미를 먹는 게 백미 먹는 것보다 남는 장사인지, 밑지는 장사인지 알아보자.

현미가 왜 소화가 어려운지 미강과 쌀눈으로 구분해서 살펴보자.

① 섬유소인 미강이 장내 발효가 어려운 이유

섬유소는 대장에서 미생물에 의해 발효(소화)된다.

현미, 통보리, 통밀 같은 씨앗 종류는 내부는 주로 탄수화물이고 외부는 속을 보호하는 섬유소로 된 외피를 가지고 있다. 씨앗들은 습한 노지에 떨어져 얼어 죽지 않고 겨울을 나야 하고, 곰팡이나 바이러스 같은 천적을 막아 내야 한다. 동물이 삼켰을 때는 수박씨처럼 소화효소를 무력화시키고 항문을 탈출해야 한다.

씨앗인 현미는 냉동실에서도 얼어 죽지 않고, 100년이 지나도 싹을 낸다. 현미(씨앗)는 놀라운 저장성과 생명력을 가지고 있다. 이런 생존능력은 내부를 보호하는 강력한 방어막(외피) 덕이다. 이 외피는 어떤 성분으로 되어있어 그런 능력을 발휘할 수 있는가? 현미의 외피는 고분자 섬유소로 되어있다. 분자란 물질을 이루는 단위인데 분자량이 20,000 이상인 경우를 고분자 물질이라고 한다. 쉽게 말하면 고분자란 같은 면적에 조각이 더 촘촘하면서 강하게 결합되어 있다는 뜻이다. 압력밥솥 패킹은 실리콘이라는 재질로 만든다. 보기에는 고무처럼 부드러워 약한 열에도 녹을 것 같은데 300도에서도 녹지 않는다. 실리콘이 강한 내열성을 갖는 이유는 아주 고분자 물질이기 때문이다.

섬유소인 미강은 어디에서 소화(분해)되는가? 대장에 살고 있는 미생물이 소화(발효)시킨다. 현미의 외피는 통밀이나 통보리보다 쉬워 보이지만, 현미의 미강은 60,000 이상의 고분자 섬유소다. 고분자 섬유소일수록 강한 결합력을 보이기 때문에 미강은 대장에서 발효(분해)가 어렵다. 현미, 깨, 수박씨가 변으로 그대로 나와 버리는 이유는 고분자 섬유소인 외피를 장내 미생물이 조금도 분해(발효)할 수 없기 때문이다. 고분자 물질인 실리콘을 미세하게 갈아도 열에 녹지 않듯이 현미의 미강이나 곡물의 껍질은 아무리 곱게 씹어도 장내 미생물이 발효(분해)하기 어렵다.

막걸리 담을 때 현미를 쓰지 않는 이유도 섬유소인 미강이 발효를 방해하기 때문이다. 마찬가지로 현미의 미강은 장내 발효를 방해한다. 그래서 현미밥을 먹으면 황금변이 되지 못하고 어두운 변이 된다. 현미의 미강이 대장에서 발효되지 못하면 같이 결속되어 있는 다른 영양소도 흡수되지 못한다.

② 지방 덩어리인 쌀눈이 소화가 어려운 이유
쌀눈 하면 영양이라는 생각부터 떠오른다. 쌀의 영양 66%가 쌀눈에 들어있다. 그래서 바구미도 쌀눈 먼저 파먹는다. 미강유란 쌀눈에서 짠 기름이다. 지방 덩어리인 쌀눈 속의 영양이 흡수되기 위해서는 소화효소에 의해 화학적으로 분해되어야 한다. '콩과 견과류 고찰'에서 설명하겠지만, 우리 소화효소는 동물성 지방은 쉽게 분해하지만, 식물성 지방은 분해가 어렵다. 지방 덩어리인 쌀눈이 왜 분해(소화)가 어려운지 비유로 알아보자.

⊙ 고구마를 찌면 물렁 해진다. 질긴 토종닭을 오래 삶으면 연해진다. 사골을 오래 끓이면 국물이 우러나온다. 한약을 달이면 약성이 용출된다. 멸치나 다시마 야채를 넣고 끓이면 성분이 녹아 나와 감칠맛 나는 육수가 된다. 모든 음식은 종류를 가리지 않고 물에 넣고 끓이면 조직이 느슨해지거나 성분이 녹아 흘러나온다. 생선이나 돼지고기를 삶으면 기름이 쉽게 분리되어 떠오르고 국물이 구수해진다. 하지만 식물성 지방이 많은 쌀눈이나 콩, 깨, 잣을 삶아보라. 아무리 삶아도 쉽게 물러지지 않고 기름이 용출되지 않는다. 열로 분해하기 힘들다는 뜻은 그만큼 소화효소도 분해하기 힘들고, 장내 미생물도 발효(분해)하기 어렵다는 뜻이다. 소화가 어렵다는 뜻은 영양을 얻을 수 없다는 뜻이고, 대장에서 발효가 어렵다는 뜻은 부패가 일어난다는 뜻이다.

⊙ 쌀눈을 밥에 안 놓아 먹는 이유

쌀눈 하면 영양이라는 단어부터 떠오른다. 현미의 영양 66%가 쌀눈에 들어있다. 한때 쌀눈만 모아 볶아서 팔거나, 쌀눈을 밥에 놓아먹는 게 유행했다. 콩이나 잡곡을 놓아먹는 판에 영양의 최고봉인 쌀눈은 100번이라도 놓아먹으면 좋을 듯하다. 하지만 지금은 쌀눈을 찾는 사람들이 없다. 명확한 이유는 모르지만, 쌀눈을 밥에 놓아먹어도 영양도 얻지 못하면서 부정적인 요소들이 많다는 걸 경험치로 알았기 때문이다. 흑미가 색깔이 있어 더 좋아 보이지만, 잘 안 먹는 이유도 현미보다 소화가 더 어렵기 때문이다.

● 쌀눈이 소화가 어려운 한 가지 실례를 들어보자.

한 분이 현미효소를 드시고 가족들 모두 소화도 잘되고 변이 좋아졌다. 그런데 어느 날부턴가 온 가족이 방귀를 많이 뀌고 변에서 절간 냄새가 난다고 한다. 음식은 예전과 똑같이 먹고 있는데 온 가족이 그렇다는 것은 새로 받은 누룩에 문제가 있다는 것이었다. 그러면서 쌀눈 두 봉만 보내 달라고 한다. 어디에 쓰려고 필요한가 물었다. 흰밥에 놓아먹고 있어 필요하다고 했다. 당장에 끊으라고 했다. 그랬더니 3일 후부터 방귀와 악취 변이 사라졌다. 쌀눈이 소화효소에 전혀 분해되지 못하고 대장까지 내려가 부패했기 때문에 변에서 악취가 났던 것이다. 쌀눈을 조금 넣었을 뿐인데 그런 악취를 만든다는 것은 심한 부패를 일으켰다는 뜻이다. 쌀눈의 영양이 탐난다고 밥 지을 때 넣으면 절대 안 된다.

◎ 현미가 유감인 이유

인터넷에 올라와 있는 현미의 영양이나 효능을 읽어보라. 단백질과 지방, 비타민, 미네랄을 가지고 있고, 가바 같은 생리 활성 물질까지 있어 암이나 혈압, 당뇨, 심혈관 질환 등 다양한 질병에 효과가 있다고 한다. 새에게 현미와 백미를 주었더니 현미를 먼저 먹더라. 수천리를 쉬지 않고 날 수 있는 철새의 원동력이 현미에 들어있는 옥타코사놀이라는 생리활성 물질 덕이다. 유방암에 걸린 쥐에게 현미를 먹였더니 암이 억제가 되더라. 현미에는 단백질이 8%나 들어있어 고기를 먹지 않아도 충분한 단백질을 얻을 수 있다. 현미의 효능을 강조하기 위해 언급하는 내용들이다.

상남자의 화려한 스펙 같은 효능을 가진 현미를 누가 감히 외면할 수 있겠는가? 당장이라도 현미를 사러 가야 할 것 같다. 새나 쥐는 장구한 세월 동안 씨앗 종류를 먹으면서 진화해 왔기 때문에 현미의 영양이나 효능을 얻을 수 있다. 반면 인간은 장구한 세월 수렵채집을 통해 고기와 과일, 독성이 없는 녹말(뿌리) 음식을 먹으면서 진화해 왔기 때문에 인간 소화기는 식물성 지방인 현미의 눈이나 고분자 섬유소인 미강을 장내 미생물이 발효시키기 어렵다. 그래서 아무리 오래 씹어도 현미의 영양이나 효능을 얻을 수 없다.

소화가 어렵지만 그래도 현미를 먹는 남는 장사라고 생각하는가? 현미의 피틴산은 다른 영양소 흡수를 방해하고, 쌀눈과 미강은 대장에서 부패를 일으킴으로써 유익균 증식을 억제한다. 그럼 유익균이 만들어 주는 영양을 얻지 못해 오히려 백미 먹는 것보다 영양을 얻지 못하게 된다. 선조들은 영양부족에 시달렸지만, 현미나 통곡식을 먹지 않았다. 먹어도 영양을 얻을 수 없다는 걸 알았기 때문이다.

현미의 스펙은 화려하기 그지없지만, 몸속에서는 실력 발휘를 전혀 못해 백미보다 못한 쪼다가 되어버린다. 현미는 대중을 구하는 영웅이 아니라 날지 못하는 슈퍼맨일 뿐이니, 현미가 구원해 줄 거란 믿음을 버리자. 그래도 우리는 현미를 진정한 슈퍼맨으로 만들 수 있는 방편이 있다. 그게 현미를 발효시킨 현미효소다.

첨언

5%의 영양밖에 없지만, 소화가 쉬운 백미밥을 먹을 것인가? 소화가 쉽지 않고 식감도 나쁘지만 그래도 남는 장사가 되니 현미밥을 먹을 것인가? 진퇴양난이다. 현미에는 농약 성분도 많고 피틴산은 미네랄 흡수를 방해하니 백미밥이 낫다고 말하는 사람들도 있고, 사상체질을 신봉하는 사람들은 소양인이나 태양인에게 현미는 독이 되니 먹지 말라고도 한다.

현미효소는 만드는 과정에서 현미를 익히고, 불리고, 발효시킨다. 그럼 현미의 해로운 성분들이 대부분 제거된다. 그래서 단순히 익힌 현미밥은 유감이지만, 발효된 김치 안 맞는 사람 없듯이, 발효시킨 현미효소는 모든 사람에게 무감이 된다. 현미식으로 건강해진 사람들도 있다. 현미의 영양을 얻어서 건강해진 것인지, 아니면 다른 이유로 건강해진 것인지 책장을 넘겨 가면서 이치를 따져 알아보자.

• 현미를 발아시키면 소화가 쉬워지는 이유

발아란, 소화나 발효처럼 효소에 의한 생화학 반응으로 분해되는 과정이다. 발아 전까지 현미의 쌀눈과 미강은 생존을 위해 단단히 결속되어 있지만, 발아를 위해서는 분해되어야 한다.

쌀눈 - 현미를 발아시키면 쌀눈이 싹(섬유소)로 변한다. 쌀눈(식물성 단백질과 지방)은 대장에서 부패를 일으키지만, 쌀눈이 변한 싹(섬유소)은 부패를 유발하지 않는다. 이는 마치 콩이나 녹두가 콩나물이나 숙주처럼 줄기(섬유소)로 변하면 소화가 쉬워지는 것과 같다.

미강 - 현미의 외피는 내부를 보호하는 강력한 방어막으로 대장에서 발효가 어려운 고분자 섬유소다. 발아 과정에서 현미의 외피는 단순 분자로 풀어지면서 깨진다. 이는 마치 계란이 부화하면서 껍질이 깨지는 것과 같다. 그럼 미강은 대장에서 발효가 쉬운 섬유소가 된다.

현미효소를 놔두고 발아 현미를 먹을 필요는 없지만, 도저히 현미밥을 버리지 못하겠다면 현미보다 소화가 쉬운 발아 현미를 먹자.

현미 유감2

"현미유감1"에서 현미가 내부(몸속)에서 소화나 장내발효가 어려운 이유를 살펴봤다. 현미를 먹고 외부에서 일어나는 현상을 살펴봄으로써 더 많은 설득력을 부여해 보자.

⊙ 현미를 먹으면 반대 현상이 일어난다.

모든 생명체는 영양이 들어가면 어떤 현상이 일어나는지 알아보자.

소싯적 아버지들은 농사를 잘 짓기 위해서 어떻게 했는가? 온 식구들 똥이나 오줌을 모아서 거름으로 썼다. 그것도 모자라 꼴(풀)을 베다가 퇴비를 만들었다. 퇴비는 작물의 영양이다. 퇴비를 주면 작물은 줄기가 무성하고, 열매가 커지고, 수명이 길어진다. 영양을 얻은 작물은 그 에너지를 표현한다.

소화력이 약한 어린 돼지에게 쌀겨를 주면 무른변을 보고 마른다. 쌀겨를 발효시켜 주면 소화를 잘 시키고 잘 큰다. 쌀겨의 영양을 얻었기 때문이다. 충분한 영양을 얻은 작물이나 동물은 빨리 크고 살이 찐다. 소싯적 영양부족으로 젖이 안 나오는 산모나 허약한 사람에게 돼지족, 개소주, 잉어즙을 먹였다. 영양이 들어가면 젖이 잘 나오고 살이 찌기 때문이다.

"현미는 백미보다 100배 영양을 가지고 있다." "현미에는 단백질이 8%나 들어있어, 고기를 안 먹어도 된다." 현미 옹호론자들의 주장이다. 쌀눈으로 기름도 짜고, 미강이 붙어 있는 현미는 백미보다 단백질, 지방, 미네랄 함량이 훨씬 많다는 것은 사실이다.

그럼 백미밥을 먹다가 영양이 100배나 많은 현미밥을 먹으면 어떤 일이 일어나야 하는가? 살이 쪄야 되는가? 빠져야 되는가? 영양을 얻은 작물이나 가축이 살이 찌는 것처럼 사람도 똑같이 마른 사람은 살이 찌고, 피부나 혈색이 좋아지고, 성장기 아이들은 더 빨리 커야 할 것이다. 현미밥을 아무리 먹어도 그런 일이 일어나지 않는다. 오히려 반대로 살이 빠진다. 현미의 영양을 전혀 얻지 못했기 때문이다.

⊙ 몇몇 부모들에게 들은 이야기다.

아이들에게 어렸을 때부터 현미밥을 먹였다고 한다. 중학생이 되었는데, 부모 키는 작은 편이 아닌데 아이들 키가 작다고 한다. 영양이 많은 현미를 먹었다면 백미 먹는 애들보다 더 크고, 부모보다 더 컸어야 할 것이다. 현미가 영양 흡수를 방해하기 때문에 키가 덜 크는 것이다.

현미의 외피에 들어있는 피틴산은 미네랄 흡수를 방해하고, 섬유소인 미강은 소화 효소 작용을 방해해 소장에서 영양 흡수율을 떨어뜨리고, 미강은 고분자 섬유소라 대장에서 발효되지 못한다. 또한 지방 덩어리인 쌀눈은 콩이나 견과류처럼 대장에서 부패를 유발해 유익균 증식을 방해한다. 그래서 현미밥을 먹으면 오히려 백미밥보다 영양을 얻지 못해 살이 빠지는 것이다. 통밀을 발효시키지 않고 단순하게 쪄 먹은 아이들은 살이 마르고 성장이 더디다는 연구 결과가 있다. 현미를 발효시켜 먹지 않으면 똑같은 현상이 일어난다.

⊙ 정화조 청소하는 분한테 들은 이야기다.

정화조를 청소할 때 보면 그 가족이 현미밥을 먹는 집인지 알 수 있다고 한다. 현미밥을 먹는 집은 현미 밥알이 정화조 바닥에 단단하게 쌓여있다고 한다. 그래서 그분은 현미밥을 절대 안 먹는다고 한다.

⊙ 동남아인들이나 조상들은 현미를 먹지 않았다.

동남아 지역은 기후가 따뜻하고 강수량이 많아 재배하기 쉬운 쌀을 주식으로 삼아왔다. 동남아인들이나 우리 조상들은 전통적으로 백미를 먹었지 현미를 먹지 않았다. 과거 기근에 수시로 시달리고, 영양부족으로 병에 걸렸던 선조들은 생존을 위해 먹을 수 없는 것도 가공해서 음식으로 삼아야 했다. 도토리의 영양을 얻기 위해 떫은 맛을 우려내고 녹말만 추출해 묵을 쒀 도토리의 영양을 얻었고, 쑥이나 모싯잎을 떡으로 만들어 그 영양을 취했고, 소화가 어려운 콩의 영양을 얻기 위해 된장, 간장으로 가공했다. 그런 선조들의 지혜가 현미의 영양을 몰라서 먹지 않았을까? 백미 먹는 것보다 못하기 때문에 현미를 먹지 않은 것이다.

전통 식문화는 오랜 시간 시행착오와 경험으로 만들어진 것이기 때문에 손익계산을 따져 손해가 되는 것은 사라지고 이익이 되는 것은 전통이 되어 전해 내려온다. 현미의 영양과 효능은 만병통치약이지만 그냥 밥으로 먹으면 그림의 떡일 뿐이다. 얼마나 소화가 어려우면 100번씩 씹어야 하는가? 100번을 씹어도 안 되는 것은 1000번을 씹어도 마찬가지다. 100번씩 씹어서 현미의 영양을 얻었다면 오랜만에 만나는 지인한테 혈색이 좋아졌다는 인사말을 들어야 할 것이다. 현미밥 먹고 살이 빠졌다는 인사말은 들어도 그런 말은 듣지 못한다. 현미로부터 영양을 얻지 못했기 때문이다. 그래서 누가 가르쳐 준 것도 아닌데 선조들뿐만 아니라 쌀을 먹은 모든 민족들은 현미를 기피했다.

⊙ 현미가 유감인 이유

현미의 영양을 얻기 위해 100번씩 씹으라고 한다. 침 속에 아밀라아제 효소가 들어있어 씹어주면 탄수화물 소화는 도와준다. 하지만 쌀눈은 지방 덩어리고, 미강은 고분자 섬유소라 아무리 씹어도 소화에 도움이 되지 않는다.

현미가 다이어트가 되니 좋은 식품이라고 한다. 다이어트가 된다는 말은 흡수가 안 된다는 말과 같다. 살을 빼주니 좋다는 말은 본말이 전도된 평가다. 현미밥을 먹으면 혈당이 덜 오르는 이유도 소화효소에 의해 분해가 어렵기 때문이다. 혈당이 덜 오른 만큼 다른 영양도 얻지 못한다. 백미밥 먹다 현미밥을 먹으면 비만인도 살이 빠지고, 마른 사람도 빠진다. 영양을 얻지 못했기 때문이다.

현미효소를 먹으면 찐 사람 마른 사람 똑같이 살이 붙는다. 영양을 얻었기 때문이다. 현미밥으로 영양을 얻으려고 노력하지 말자. 소화기가 망가지고, 괜히 살만 잃어버리고, 아이들은 키만 안 큰다.

현미의 가치는 미강과 쌀눈에 있는데, 100번을 씹어도 몸속에서 분해가 어려워 영양을 얻지도 못하고, 오히려 대장에서 부패를 일으켜 쾌변을 방해하니 "현미 유감"일 뿐이다.

▷ 발효를 통해 현미의 영양을 얻어라.

그림의 떡인 현미의 영양을 내 것으로 만드는 방편이 발효다. 고대 서구인들이 통밀의 영양을 얻기 위해 빵(발효)으로 먹었듯이 현미의 영양을 얻기 위해서는 누룩으로 현미를 발효시켜야 한다. 발효시킨 현미효소는 현미의 영양을 고스란히 얻기 때문에 퇴비를 통해 영양을 얻은 작물처럼 살이 찌고 아이들은 발육이 좋아진다. 현미효소의 영양은 누워서 식은 죽 먹기다. 발효과정에서 현미의 독성은 제거되고, 영양은 분해되고, 미강은 장내 미생물의 좋은 먹이가 되었기 때문이다. 미생물이 초벌구이를 해 놓았으니, 나도 소화 시키기 쉽고, 장내 미생물도 발효시키기 쉬워, 현미의 영양과 쾌변을 동시에 얻게 된다.

현미 채식으로 건강해지는 원리는 무엇인가?

가공식품과 고기를 끊고 현미 채식으로 건강을 되찾은 사람들이 있다. 대부분 비만인 사람들이 효과를 본다. 피상적으로 현미의 영양을 얻어 건강해진 것처럼 보인다. 아니다. 효과를 보이는 첫 번째 이유는 가공식과 고기를 끊고 식물식을 하면 대장 환경이 좋아진다. 두 번째는 살이 빠진다는 것이다. 만약 비만인이 현미밥을 먹고 영양을 얻어 살이 찐다면 치병의 효과가 없을 것이다. 비만 자체가 병을 만드는 독소이기 때문이다. 영양을 얻을 수 없어 살을 빼는 효과로 현미밥이 비만인들에게 효과를 보이는 원리를 이해해야 한다.

이제 현미는 한국인들에게 신앙처럼 굳은 믿음이 되었고, 만병통치약이 되었다. 위장이 나빠도, 아토피가 있어도, 변비나 설사가 있어도, 말라가는 암 환자도 현미밥을 먹는다. 쌀눈과 미강을 제거한 백미밥(복합당)은, 영양은 적지만 장내 미생물에 좋은 먹이가 된다. 우리는 장내 유익균을 통해 영양을 얻어야 하는데, 현미는 영양도 주지 못하면서 유익균 증식을 방해해 백미밥 먹는 것보다 영양을 얻지 못하게 한다. 그래서 살이 빠지는 것이다.

현미나 통밀, 통곡식의 맹신을 버려야 한다. 힘만 들고 얻을 게 없을 때 "영양가 없는 짓 하지 마"라고 한다. 현미를 먹는 것은 영양가 없는 짓이고, 현미효소를 먹는 것은 "영양가 있는 일이다." 책장을 넘겨 가면서 현미의 실체를 더 알아보자.

백미의 역설(밀, 보리 고찰)

백미는 영양은 없고, 혈당만 올리고, 당질은 암의 먹이라고 들었다. 그래서 백미는 현대인들에게 오백 식품의 수괴가 되었고, 현미는 건강과 동격어가 되었다. 정말 백미는 건강에 좋은 구석이라곤 없는가?

▷ 백미밥은 소화가 쉽고, 장내 미생물의 가장 좋은(쉬운) 먹이다.

백미는 모든 단점을 덮고 남을만한 큰 장점이 하나 있다. 그게 소화나, 장내 발효가 가장 쉬운 재질의 탄수화물이라는 것이다. 그래서 백미는 몇 그릇이고 먹을 수 있고, 대충 씹어 삼켜도 변에 보이지 않는다.

우리가 배우길 장내 환경을 위해 식이섬유를 많이 먹으라고 들었지만, 우리 대장에는 탄수화물을 좋아하는 종이 가장 많이 살고 있어 백미밥을 많이 먹을 때 쾌변이 된다. 쾌변이란 장내 유익균이 폭발적으로 증식할 때만 만들어 진다.

- 막걸리나 전통주를 담을 때, 누룩을 만들 때, 현미, 보리, 밀, 잡곡보다 왜 주로 백미로 만드는가? 발효가 제일 쉽기 때문이다.

  소화력이 떨어진 환자에게 현미, 빵, 보리, 고구마, 감자, 옥수수를 주는가? 흰죽을 주는 이유는 백미가 소화가 제일 쉽기 때문이다.

  발효가 쉽다는 뜻은 소화도 쉽고, 장내 발효도 쉽다는 뜻이다. 똑같은 효소의 작용이기 때문이다.

  사람들은 백미밥이 혈당만 올린다고 생각하지, 장내 유익균의 가장 좋은 먹이라고는 생각하지 못한다. 이는 큰 장점은 보지 못하고 단점만 보는 것과 같다.

백미는 발효가 쉬워 풍미 좋은 막걸리를 만들 수 있는 것처럼, 백미밥은 소화가 쉬워 위장이 편하고, 대장에서 발효가 쉬워 어떤 탄수화물보다 쾌변을 만든다.

- 위장병, 변비 설사를 고친다고 현미, 생채소를 많이 먹고, 콩이나 견과를 먹는 것은 증상을 더욱 악화시키는 일이다.

  위장장애, 설사, 변비를 고치기 위해서는 식이섬유를 많이 먹어야 하는 게 아니고, 장내 발효가 쉬운 백미밥을 더 먹고, 섬유질 섭취를 줄여야 한다. 특히 소화나 장내 발효가 어려운 현미밥, 생채소, 콩, 견과, 생식 가루 등을 철저히 제거해야 한다.

- 백미밥이 현미밥보다 영양을 더 많이 얻을 수 있는 이유

  백미밥 먹다 현미밥을 먹으면 살이 빠진다. 백미보다 영양을 얻지 못하기 때문이다. "현미유감"에서 설명했듯이, 현미의 쌀눈은 콩이나 견과처럼 대장에서 부패를 일으키고, 섬유소인 현미의 미강도 대장에서 발효가 어려워 유익균 증식을 방해한다. 반면 백미밥은 장내 유익균 수를 크게 늘려 유익균을 통해 더 많은 영양을 얻게 된다. 그리고, 현미의 피틴산은 미네랄 흡수를 방해한다. 그래서 현미를 먹으면 백미 먹는 것보다 영양을 얻지 못해 살이 빠지는 것이다.

▶ 밀

통밀은 생으로 먹지도 않고, 밥에 놓아먹지도 않는다. 현미보다 훨씬 거칠고 소화가 어렵기 때문이다. 그래서 고대 서구인들은 밀을 단순하게 쪄 먹지 않고 수고로움을 감내하면서 발효시켜 빵으로 먹었다.

통밀 100% 빵을 먹어보면 백밀로 만든 바게트보다 변이 좋지 않다. 통밀의 껍질은 매우 거칠어 발효시켜도 소화가 어렵기 때문이다. 고대 서구인들은 장시간 충분히 발

효시킨 시큼한 통밀빵을 먹었지만, 지금의 통밀빵은 이스트로 단시간에 발효시키기 때문에, 소화나 장내 발효가 쉽지 않다. 통밀 100%를 고집하지 말고, 천연 발효종으로 장시간 발효시키고, 통밀 함량이 낮은 빵이 변에 더 좋다. 서양인들이 식사로 백밀빵을 주로 먹는 이유도 백미처럼 소화가 쉽기 때문이다. 현대인들은 귀리를 대단한 슈퍼푸드로 생각하지만, 현미보다 더 거칠어 단순히 밥에 놓아먹으면 현미밥처럼 영양을 얻기 힘들다. 발효시킨 귀리빵 소량 먹는 게 낫다.

▶ 보리

어릴 적 배고플 때 생쌀은 먹었어도 보리는 먹지 않았다. 현미보다 훨씬 거칠기 때문이다. 그래서 소싯적 어머니들은 보리를 절구통에 갈아 껍질을 제거한 하얀 보리를 한 번 쪄 놓았다가, 쌀과 섞어 밥을 했다. 우리 말에 "네가 날 두 번 죽이는구나," 말처럼 소화가 어렵기 때문에 껍질을 벗기고 불로 두 번 죽이는 것이다.

그래도 보리밥을 먹으면 방귀가 많이 나왔다. 백미보다 소화나 장내 발효가 어려운 탄수화물이기 때문이다.

보리는 쌀보다 맛이 없지만, 과거 기근에 시달렸던 서민들은 보리조차 없어 초근목피로 배를 채워야 했다. 당질은 못 먹고 섬유질 덩어리인 풀뿌리와 소나무 속껍질로 배를 채우면 변이 나올 때 힘들고 항문에 균열을 일으켜 피가 나온다. 그래서 "똥구멍 찢어지게 가난하다"라는 말이 생겼다. 변비 있다고 밥은 적게 먹고, 섬유질을 과하게 먹으면 오히려 변이 더 안 나올 수 있다.

건강을 위해 현미를 먹고, 통귀리를 밥에 놓아 먹고, 통밀 국수를 먹고, 통밀로 전을 부쳐 먹고, 외피를 제거하지 않은 잡곡을 먹는 것은, 영양도 얻지 못하면서 독성만을 얻기 때문에, 전혀 "실속 없는 일"이다.

현미는 비만인들 살을 빼고, 혈당을 조금 덜 올리는 조그마한 장점이 있지만, 소화기를 불편하게 하고, 영양도 얻지 못하고, 쾌변을 방해해 말라가는 환자를 더욱 영양실조에 걸리게 만드는 큰 단점이 있다. 반면 백미는 소화가 쉽고, 쾌변을 만드는 큰 장점이 있다.

현미를 발효시키면 현미의 영양을 온전히 얻으면서도 백미처럼 장내 발효가 쉬워 쾌변까지 얻게 된다. 그게 현미효소다.

백미는 욕을 많이 먹지만 소화가 쉽고 장내 유익균의 쉬운 먹이가 되는 착한 놈이고, 현미는 건강 대가들에게 칭찬을 많이 받지만 몸속에서는 쪼다가 되어버리는 수상한 구석이 많은 놈이고, 현미효소는 화합력(소화)도 좋고, 장내 유익균에게 좋은 친구고, 스펙(효능)도 뛰어난 상남자 중의 상남자이다.

발효로 통밀의 영양을 얻은 고대 서구인들은 기골이 크고, 반면 현미의 영양을 얻지 못한 동남인들은 왜소한 체구를 가지게 되었다.

우리의 선택은 둘 중 하나다. 현미의 맹신을 버리고 선조들처럼 소화를 위해 그냥 백미를 먹던가, 아니면 고대서구인들이 소화흡수를 위해 통밀을 빵(발효)으로 먹었던 것처럼 현미를 발효시켜 먹는 것이다. 그게 현미효소다.

현미효소로 버려지는 현미의 영양을 얻고, 우리의 쌀농사를 지키자.

'수입밀은 살충제를 뿌린다' '글루텐이 해롭다' 비난하면서도 갈수록 밥 대신, 밀가루 음식으로 배를 채운다. 그리고 백미에 비해 현미 소비량은 극히 적다. 힘들게 농사지어 쌀눈과 미강의 영양이 버려지고 있다. 현미의 영양을 얻기 위해서는 물리적으로 100번씩 씹어야 하는 게 아니고, 발효과정에서 미생물이 분비하는 효소의 힘을 빌려 화학적으로 분해해야 한다.

고대 서구인들이 발효로 통밀의 위험을 제거하고 영양을 얻은 것처럼, 우리도 발효로 현미의 위험을 제거하고 영양을 얻을 수 있다. 글루텐이 없어 빵처럼 만들 수는 없지만, 우리에게 누룩이라는 우수한 발효제가 있다.

빵은 발효시킨 다음 열로 구워 영양소가 파괴되고, 살아 있는 미생물이 없는 건조된 죽은 음식이지만, 현미효소는 익힌 다음 발효시켜 미생물이 왕성하게 살아 있고, 자연의 음식처럼 수분이 가득한 생음식이다. 그래서 현미를 발효시키면 곡물의 제왕이 된다.

대장에서 부패하게 먹기 때문에 대장암이 많고, 모든 국민이 병드는 질병 공화국이 도래하고 있다. 현미효소를 해 먹는 가정은 쌀 소비량이 3~4배 많아졌다고 한다. 현미효소를 만들어 먹는 것은 버려지는 현미의 영양을 얻고, 국민 건강을 지키고, 우리의 쌀농사를 지키는 길이다.

생잎사귀 유감

채소는 뿌리채소, 열매채소, 잎채소로 나뉜다. 한국 사람들은 생잎사귀를 유난히 많이 먹는다. 고기가 까먹는 건강을 보상받기 위해서라도 채소는 열심히 챙겨 먹어야 좋다는 맹목적인 믿음을 가지고 있다. 50년 전까지만 해도 여름 한철 백미밥에 상추 몇 번 먹었지만, 지금은 마트에 가보면 이름을 알 수 없는 다양한 잎사귀 채소들이 팔린다. 입에 쓴 게 약이 된다고 들어서, 쓰고 매운맛 나는 잎사귀일수록 더 좋아 보이고, 건강에 신경 쓰는 사람일수록 생잎사귀를 많이 먹는다. 우리 믿음처럼 생잎사귀는 영양도 많고, 건강에 좋은지 이치를 따져 알아보자.

◎ 생잎사귀는 쓴맛(독성)을 가지고 있다.

혀 앞부분에 단맛을 감지하는 미뢰가 있는 이유는 음식의 독을 감별하기 위해서다. 원시 선조들은 처음 보는 먹이가 있으면 혀에 대보고 달면 삼키고 쓰면 먹지 않았다. 단맛이 있는 것은 독이 없고, 쓴맛은 우리 몸에 독이기 때문이다. 그래서 '달면 삼키고 쓰면 뱉는다'. 라는 비유 말이 생겼다.

상추, 깻잎, 부추, 쑥갓, 겨자채 등 생잎사귀는 대부분 쓴맛이나 매운맛을 가지고 있다. 잎사귀는 왜 독이 되는 쓴맛을 가지고 있는가? 잎사귀의 천적은 곤충(해충)이다. 쓰지 않으면 천적으로부터 남아나질 못할 것이다. 잎사귀의 쓴맛은 신경을 마비시키는 독이라 곤충들이 마음데로 먹을 수 없다.

소싯적 논에는 메뚜기가 많았다. 벼가 초록색일 때는 메뚜기도 초록색을 띠다가, 벼가 누렇게 익기 시작하면 천적인 새의 눈을 피하기 위해 메뚜기도 누렇게 변한다. 과일도 익기 전에는 독이 있어 아무도 거들떠보지 않는다. 느려터진 거북이가 살아남는 방법은 무거운 등껍질을 가지고 있는 것이다. 초식동물들은 대부분 교미 시간이 짧다. 특히 천적이 많은 조류의 상징인 토끼는 교미 시간이 5초다. 독수리, 매, 늑대, 뱀 등 주변에 온통 천적들 뿐이라 오래 하다간 포식자들에게 잡혀 먹히기 때문이다. 닭이나 꿩처럼 땅에서 주로 사는 조류는 된 똥을 싸지만, 날아다니는 새는 무른 똥을 싼다. 변을 대장에 모아두는 것은 비행에 방해가 되기 때문이다.

이처럼 모든 생명체는 천적으로부터 살아남기 위해서 방어 기전을 가지고 있다. 식물들은 열악한 환경이나 천적으로부터 스스로 도망칠 수 없으니 다양한 방식의 생존전략을 가지고 있다. 생잎사귀는 천적인 곤충이 마음대로 먹지 못하도록 생화학 무기를 가지고 있다. 그게 쓴맛(독)이다. 상추나 잎사귀 채소를 많이 먹으면 졸린다. 신경을 마비시키는 독소가 있기 때문이다. 좋게 말해 진정작용이지 독소일 뿐이다.

생잎사귀를 많이 먹으면 기분 나쁜 졸림이 계속되고 무기력해진다. 필자는 생잎사귀를 맹신해, 되도록 자연 재배 채소를 구해 먹고 노지에 난 민들레 잎까지 뜯어다 먹었다. 점심에 현미밥과 생잎사귀를 먹고 나면 오후 내내 졸리고, 컨디션이 엉망이 되는 경험을 수차례 반복하고 나서 생잎사귀와 결별했다. 아는 지인은 시골에서 보내온 노지 상추를 많이 먹고 일어서는 순간 하늘이 핑 돌면서 졸도했는데, 깨어나 보니 토하고 까만 설사를 했다고 한다.

독성이 있는 생잎사귀를 먹고, 영양을 얻으려는 것은 말로 주고 되로 받는 것처럼 크게 손해 보는 일이다. 생잎사귀의 영양을 얻으려고 노력하지 말고, 김치나 말린 나물로 장내 미생물을 양육하면 더 많은 영양을 얻을 수 있다.

◎ 생잎사귀는 장내 미생물이 발효시키기 어렵다.

우리가 먹은 섬유질은 위장과 소장에서 전혀 소화되지 못하고 대장까지 내려가 미생물의 먹이가 된다. 변에서 보이지 않으니 내가 소화 시킨 줄 알지만, 우리 소화효소 중에는 섬유질을 분해하는 효소는 없다. 위장과 소장에서 전혀 소화되지 못한 섬유질은 대장까지 내려가고 누에가 뽕을 먹어치우듯이 장내 미생물이 먹어 치우기 때문에 변에 보이지 않는 것이다. 그걸 장내 발효라고 한다.

김치를 담글 때 꼭 하는 과정이 있다. 소금으로 숨을 죽인다.

"숨을 거두다." "목숨이 위태롭다." 숨이란 생명을 뜻하는데, 절이는 것을 숨을 죽인다고 표현한다. 숨을 죽이는 이유는 소금의 삼투압을 이용해 미생물에게 독이 되는 쓴맛, 즉 채소의 생(목숨)성분을 빼내야 발효가 되기 때문이다. 김치를 맛있게 담는 요령은 재료 속까지 미생물의 효소가 침투할 수 있도록 숨을 잘 죽이는 것이다.

숨을 죽이지 않은 채소는 발효가 어렵듯이, 장내 미생물도 생잎사귀는 발효시키기 어렵다.

모든 초식동물들은 초록색 풀을 먹고 갈변한 변을 본다. 누에도 푸른 뽕을 먹고, 까만 똥을 싼다. 초록색 풀이 갈변한 똥이 되는 이유는 장에서 발효되었기 때문이다. 동치미 속 무청도 발효될수록 누렇게 변한다. 생잎사귀나 녹즙을 먹으면 푸른 변이 나온다. 장내 발효가 안 되었기 때문이다. 세상 어디에도 푸른 똥을 누는 동물은 없다. 생잎사귀가 대장에서 발효되지 못하면 영양도 얻지 못하고, 독성만 얻게 된다.

고기 먹을 때는 고기만 먹던가 발효된 김치나 익힌 나물하고만 먹어보라. 방귀도 없고 변도 좋게 나온다. 고기 먹을 때 같이 먹는 생잎사귀가 위장에서 다른 음식의 소화를 방해하고, 대장에서는 발효를 방해하기 때문에 악취가 나고 풀어지는 변을 보는 것이다. 장내 미생물이 발효시키기 어려운 삼겹살과 절친이 된 생잎사귀들을 조심하자. 특히 시험 전날이나, 장거리 운전이나 육체적으로 힘든 일을 하기 전날에는 대장에서 부패를 일으키는 생잎사귀, 콩, 견과류를 삼가는 게 좋다. 심한 졸음을 유발하기 때문이다.

⊙ 생잎사귀는 모든 음식 중에 영양 밀도가 가장 낮다.

채소 중에 생잎사귀가 가장 좋게 보인다. 비타민, 효소 등 영양이 제일 많아 보이기 때문이다. 큰 착각이다. 모든 음식 중에 영양 밀도가 가장 낮은 게 잎사귀 채소들이다. 게다가 흡수율도 저조하고 독소를 가지고 있다. 그리고 생잎사귀는 장내 미생물의 취향이 아니기 때문에 먹으면 변이 나빠지는 손해만 본다. 농가에 내려와 피해를 주는 멧돼지도 열량이 있는 뿌리나 열매채소를 먹지 쓴맛을 가지고 있는 잎사귀 채소는 손대지 않는다. 우리도 쓴맛이 없는 뿌리채소나 열매채소 과일이면 충분하니 생잎사귀를 가까이하지 말자.

⊙ 잎사귀를 조상님처럼 가공해서 먹자.

- 생잎사귀를 김치로 발효시키면 미생물이 만든 영양을 얻을 수 있고, 장내 미생물의 좋은 먹이가 된다.
- 생잎사귀를 시래기나 말린 나물처럼 삶고 말리면 장내 미생물의 좋은 먹이가 되기 때문에 장내 유익균을 통해 영양을 얻을 수 있다.

  (풋내 나는 생잎사귀가 맛있는가? 발효된 김치나 말린 나물이 맛있는가? 맛있다는 것은 영양이 많아졌거나, 소화가 잘 된다는 뜻이다.)

생잎사귀는 단지 화장빨이지 영양을 얻을 수 있는 음식이 아니다.

영양밀도가 가장 낮고, 독성이 있고, 다른 음식의 소화를 방해하고, 장내 발효가 어려워 유익균을 양육하지 못하는, 생잎사귀를 가까이하는 것은 나쁜 친구를 가까이하는 것처럼 '영양가 없는 일'이다. 가공해서 독성이 사라진 김치나 시래기면 충분하다. 사람은 염소가 아니고 육식동물의 소화기를 가지고 있으니 멧돼지도 손대지 않는 생잎사귀에 집착하지 말자.

⊙ 모든 동물은 단품으로 많이 먹을 수 있고, 소화가 가능하고, 열량을 얻을 수 있고, 입에 맛있고, 포만감을 얻을 수 있는 음식만 먹는다.

생잎사귀는 어디에도 해당되지 않는 우리 소화기에 가장 먼 음식이다.

생잎사귀의 쓴맛이나 매운맛은 독이라고 말하면 이렇게 반문한다.

약은 쓰다. 쓴 게 약이 된다?

원래 약의 기원은 동서양 모두 식물(藥草)에서 유래되었다. 약초는 쓴맛이 강하고 독이 있어 반드시 법제해서 쓴다. 한약재를 말려서 중화제인 감초를 넣고 약탕기로 오래 끓인다. 그럼 독성은 최대한 제거되고 약성이 우러나온다. 약이란 일시적으로 특별한 질병이 있을 때 먹는 것이다.

어떤 동물도 입에 쓴 것을 상시 먹지 않는다. 우리 생각에 맵고 쓴 채소가 더 약성이 있어 보인다. 쓴맛과 매운맛은 독성이라 소화기를 불편하게 한다. 쓴 칙즙을 먹으면 속이 불편하고, 양파나 마늘도 마찬가지다. 익은 과일은 대부분 신맛을 가지고 있다. 신맛과 단맛은 건강에 좋지만, 쓴맛, 매운맛 나는 채소는 발효시켜서 독성을 제거하고 약성만 취하면 된다. 그게 김치다. 생잎사귀는 독성이 있고 소화가 어렵기 때문에 선조들은 삶고 말리고 발효를 통해 중화(법제)해 먹은 것이다. 그게 말린 나물, 시래기, 김치다.

콩과 견과류 유감

콩

비만이나 혈관질환이 많은 현대인들에게 고기는 공공의 적이 되었고, 콩은 현미와 더불어 건강과 동격어가 되었다. 백미밥이나 과일이 혈당을 올리니 당질이 없는 콩은 더 좋아 보인다. 그리고 콩은 고기보다 착한 단백질처럼 보인다.

견과

하루 견과는 현대인들의 필수품이 되었다. 50년 전만 해도 땅콩 한 알 먹기 힘들었는데, 지금은 슈퍼푸드라는 꼬리표를 달고 다양한 견과류가 수입되고 있다. 견과류 하면 불포화지방, 오메가3, 식물성 기름이라서 건강이라는 단어부터 떠오른다. 같은 형제(콩)인데 땅콩은 견과류라 하고 콩은 잡곡이라고 한다. 콩은 견과류에 끼워주지 않지만, 둘은 비슷한 구석이 있다. 당질이 거의 없고 지방과 단백질이 많다는 것이다. 그래서 콩과 견과류를 같은 형제로 보고 고찰해 보자.

콩과 견과류의 물리적 특성을 살펴보자.

- 당질이 주성분인 쌀, 수수, 기장 등으로는 떡, 술, 엿을 만들 수 있다. 콩이나 견과류는 단백질과 지방이 주성분이라 떡, 술, 엿을 만들 수 없다.
- 모든 생명체는 냉동실에서 얼어 죽지만 콩, 견과 등은 냉동실에서도 얼어 죽지 않는다.
- 동물성 지방은 상온에서 쉽게 굳어지지만, 식물성 기름은 극저온에서도 굳어지지 않는다.
- 고기나 생선을 끓이면 기름이 쉽게 분리되면서 국물이 고소해지지만, 콩, 깨, 잣, 호두는 아무리 끓여도 기름이 분리(용출)되지 않는다.

• 동물성 지방이 많은 고기는 쉽게 부패하지만 식물성 기름이 많은 콩과 견과는 좀 처럼 부패하지 않는다. 미생물이 식물성 단백질과 지방은 분해하기 어렵기 때문 이다.

콩과 견과류는 곡식처럼 탄수화물이 아닌 단백질과 지방이 주성분으로 극저온에 서도 얼어 죽지 않고. 굳어지지 않는 기름을 가지고 있다. 물에 넣고 아무리 오래 끓 여도 기름이 분리되지 않고, 미생물도 분해하기 어려워 쉽게 부패하지 않는 물리적 특성을 가지고 있다. 메주나 청국장 만들 콩을 삶을 때 5시간 이상 삶는다. 조직을 최 대한 물러지게 해야 미생물의 발효(분해)시킬 수 있기 때문이다. 콩과 견과는 그만큼 질긴 구석이 있다는 뜻이다.

동물성 단백질(고기)과, 식물성 단백질(콩과 견과)의 물리적인 특성을 비교해 보자

◎ 고기는 소화가 쉽고, 콩이나 견과는 소화가 어렵다.

아나콘다가 악어를 통째로 삼키고, 펠리컨이 팔뚝만 한 물고기를 통째로 삼킨다. 육식동물들은 송곳니밖에 없어 씹지 않고 삼켜도 소화를 쉽게 시킨다. 고기는 육식 동물의 소화효소에 쉽게 소화(분해)된다는 걸 알 수 있다.

인간들 유튜브 먹방을 보면 고기는 한 번에 2킬로 이상도 먹는다.

반면, 콩은 소량 밥에 놓아먹고, 견과는 더 적게 먹는다. 깨도 양념으로 소량 쓴다. 고기는 소화가 쉽고 식물성 단백질(콩)은 소화가 어렵기 때문이다. 우리가 먹는 음식 을 살펴보면 소화가 쉬운 것은 많이 먹고, 어려운 것은 조금씩 먹는다는 것과 우리 소화기에 고기는 쉽게 소화되고, 콩이나 견과는 어렵다는 걸 알 수 있다.

사골을 끓이면 영양이 우러나오고, 생선이나 육고기를 끓이면 기름이 쉽게 떠오르면서 국물이 구수해진다. 반면 깨. 잣, 호두, 땅콩, 콩 등은 아무리 오래 삶아도 기름이 전혀 떠오르지 않는다. 열로 분해하기 어렵다는 뜻은 소화도 어렵다는 뜻이다.

콩나물 대가리나 깨가 변에 그대로 나오는 이유는 소화효소나 대장에서 미생물이 조금도 삭히지(소화) 못하기 때문이다. 그래서 소싯적 어머니들은 콩나물 잡채를 만들 때 대가리를 버리고 만드셨다. 정화조 청소하시는 분 말에 의하면 소화되지 않은 채 항문을 탈출한 콩나물 대가리, 깨, 현미는 정화조 안에서도 썩지 않은 채 그대로 있다고 한다.

◎ **동물성 단백질인 고기는 소화 잔여물이 적게 남는다.**
아나콘다가 악어를 통째로 삼키고, 거대한 똥을 싼다는 말은 없다.
젓갈이 곰삭으면 형체가 사라지고 물(액젓)이 된다. 소화란 효소에 의해 삭는(분해) 과정이다. 고기는 소화효소에 의해 쉽게 분해되어 형체가 없어지면서 물이 되기 때문에 대장까지 내려가는 잔여물이 적다. 그래서 육식동물이나 사람은 먹은 고기의 양에 비해 적은 양의 똥을 싼다.

고기, 쌀밥, 과일처럼 소화가 쉬운 음식은 곱게 씹지 않고 삼켜도 변에 보이지 않는 이유는 효소에 의해 쉽게 분해되어 형체가 사라지기 때문이다. 반면 콩, 견과, 깨, 현미 같은 음식은 씹지 않으면 조금도 삭지 않고 변에 그대로 나와 버린다. 효소에 의해 분해가 어렵기 때문이다. 이런 음식은 곱게 씹어도 소화가 어렵기는 마찬가지다.

동물성 단백질은 소화효소에 의해 쉽게 분해되어 소화 잔여물이 대장까지 적게 내려가지만, 식물성 단백질인 콩이나 견과류는 분해가 어려워 소화 잔여물이 대장까지 많이 내려간다.

▷ 식물성 단백질인 콩과 견과류는 대장에서 부패를 일으킨다.

소화 잔여물이 적은 고기는 대장에서 부패를 적게 일으키지만, 콩과 견과는 위장과 소장에서 분해되지 못하고 대부분 대장까지 내려가 부패를 일으킨다. 부패를 일으키는 이유는 대장에는 당질과 섬유소를 발효시키는 종이 대부분이고, 식물성 단백질을 발효시키는 종은 없기 때문이다.

고기는 좀 많이 먹어도 가스가 적게 생기지만, 콩이나 견과, 생채소를 많이 먹어보면 훨씬 많은 방귀가 나온다. 식물은 고기보다 더 심한 부패를 일으키기 때문이다.

고기가 부패할 때보다, 콩이나 견과가 부패할 때 더 심한 독소들이 생성된다. 곡물의 껍질이나 콩, 견과류는 몸에 해로운 생화학 물질들을 가지고 있기 때문이다. 렉틴, 옥살산, 피틴산, 소화효소 저해제 같은 물질들이다. 대장에서 부패할 때 이런 독성물질이 핏속에 스며들어 장누수를 만들고, 호르몬을 교란시키고, 신경세포에 독이 된다. 그래서 콩이나 견과류를 많이 먹을수록 피곤한 몸이 된다. 대장에서 부패한 증거가 잦은 방귀, 무른변, 악취변이다.

▷ 고기는 흡수동화율이 높고 콩과 견과류는 매우 낮다.

인간은 장구한 세월 동안 육류의 단백질을 먹어오면서 진화해 왔지, 식물성 단백질을 먹지 않았다. 콩이나 씨앗을 먹고 소화 시킬 수 있는 생명체는 닭이나 꿩처럼 조류밖에 없다. 인간은 육식동물의 소화기를 가지고 있기 때문에, 고기는 흡수율이 높고, 콩과 견과는 소화 흡수율이 극히 낮아 영양을 얻기 힘들다. 소싯적 젖이 안 나오는 산모나 기력이 쇠한 병자에게 잉어즙이나 개소주를 먹였지, 콩이나 견과류를 먹이지 않았다. 흡수율이 매우 낮아 영양을 얻기 힘들기 때문이다.

콩은 밭에서 나는 소고기라고 한다. 고기를 먹지 않아 단백질 섭취가 부족했던 스님들도 된장, 간장으로 발효시켜 먹었지, 콩밥은 먹지 않았다. 발효시키지 않은 콩은 영양을 얻기 힘들기 때문이다. 고기 먹어야 힘이 난다고 말하는 이유도 고기는 그만큼 흡수 동화율이 높기 때문이다.

◎ 여러 민족들이 콩을 발효시켜 먹었다.

조상 대대로 콩은 된장이나 청국장으로 발효시켜 먹었고, 일본은 낫도, 중국은 춘장이나 취두부, 인도네시아에는 템페로 발효시켜 먹었다. 누가 가르쳐 주지 않았는데 여러 민족들이 콩을 발효시켜 먹었다. 콩을 단순하게 쪄 먹으면, 몸에 해로운 성분도 많고, 소화가 어려워 영양을 얻을 수 없다는 걸 알았기 때문이다. 콩을 두부로 만들면 소화가 좀 낫지만, 중국인들은 두부조차 발효시켜 먹었다. 그만큼 콩이란, 태생이 소화가 어려운 음식이기 때문이다. 소화가 어렵다는 뜻은 흡수 동화율이 낮다는 뜻이다.

모든 음식 중에 소화가 가장 어려운 게 콩과 견과류다. 콩이 버금이고 견과는 으뜸이다. 견과류에 식물성 단백질과 지방이 더 많기 때문이다. 쌀눈에서 기름을 짠다. 현미에 붙어 있는 쌀눈에서 영양을 얻기 힘든 이유도, 견과류처럼 식물성 기름 덩어리기 때문이다. 그래서 선조들이나 동남아인들은 콩을 발효시켜 해로운 성분을 제거하고, 소화 흡수율을 올렸다.

◎ 콩이나 견과가 소화가 어렵지만, 그래도 소화된 만큼은 남는 장사라고 생각하는가?

씹지 않고 삼킨 수박씨가 변에 그대로 나오는 것은 이익도 손해도 없다. 소화도 부패도 일어나지 않았기 때문이다. 하지만 콩이나 견과류는 조금 소화되는 대신 나머지는 대장에서 부패를 일으키기 때문에 30원을 버는 것 같지만, 결국 100원을 손해 보게 만든다.

콩이나 견과를 좀 많이 먹으며 방귀가 잦고, 변에서 악취가 난다. 방귀나 악취변은 대장에서 음식이 썩을 때 나온다. 썩었다는 뜻은 부패균이 크게 증식했다는 것이고, 부패균이 만들어 내는 독소는 유익균을 억제하고, 장내 환경을 나쁘게 만들어 피를 오염시키고, 면역을 잃게 만든다. 그리고 유익균이 만들어내는 영양을 얻지 못하게 한다. 그래서 콩이나 견과류를 먹고 대장에서 부패가 일어나면 건강상 큰 손해를 보게 된다.

◈ 견과류를 볶으면 매우 해로운 기름을 섭취하게 된다.

견과류는 생으로 먹을 수 없어 대부분 볶아 먹는다. 콩이나 깨를 찌면 고소한 맛이 없지만, 볶으면 고소한 맛이 난다. 기름이 화학적인 변성을 일으킬 때 고소해진다. 볶아 놓은 땅콩이나 튀겨놓은 감자 칩은 몇 년이 가도 상하지 않는다. 튀겨진 기름은 미생물조차 분해하기 힘들기 때문이다. 화학적인 변성을 일으킨 식물성 기름은 몸속에서 친화적으로 쓰이지 못하고 화학물질처럼 해악을 준다.

◈ 현대인들은 검은콩이 좋다고 밥에 많이 놓아먹는다. 어릴 적 어머니들은 덜 여문 풋완두콩이나 강낭콩만 넣으셨다. 식물성 단백질이 적고, 당질이 많아 비교적 소화가 쉽기 때문이다. 짜장면 위에도 완두콩만 올려놓고 서양인들도 완두콩을 요리에 많이 쓴다. 정 콩밥을 먹고 싶다면 흰밥에 완두콩이나 강낭콩 소량 놓아 먹자.

◈ 고대 서구인들이 수고스럽지만, 밀을 발효시켜 빵으로 먹었던 이유나, 조상들이 콩을 쪄 먹지 않고 발효시켜 된장, 청국장으로 먹은 이유는 소화가 어렵기 때문이다. 소화가 어렵다는 뜻은 두 가지로 해석해야 한다. 흡수율이 낮아 영양을 얻을 수 없고, 대장에서 발효가 어려워 부패를 유발한다는 뜻이다. 시간이 남아돌아서, 아니면 단순히 맛을 위해 발효시킨 것이 아니다.

선조들의 지혜로 만든 된장, 청국장을 놔두고 콩을 밥에 놓아먹을 이유가 없다. 생된장으로 나물을 무치고, 된장, 청국장찌개를 밥상에 자주 올리고, 밥에는 콩을 넣어 먹지 말자.

◇ 당질도 고기도 무섭다. 그렇다 보니 콩과 견과류는 현대인들의 믿음이 되었지만, 흡수율이 극히 저조해 영양도 얻지 못하고 대장에서 부패만 유발한다. 육식동물 소화기를 가진 인간이 콩이나 견과류에서 영양을 얻으려는 것은, 사자가 콩의 영양에 집착하는 것과 같다. 견과류는 불과 몇십 년 전만 해도 안 먹던 음식이다. 물 건너온 슈퍼푸드를 믿지 말자. 날지 못하는 슈퍼맨일 뿐이다.

◇ 콩을 밭에서 나는 소고기라고 하는 것은, 부시 대통령과 부시맨이 이름이 비슷하다고 같은 형제라고 말하는 격이다. 콩과 고기는 같은 단백질이지만, 출신 성분이 완전히 다른 별개의 음식임을 이해하자. 콩에 대한 맹신을 버리고, 조상님들이나 스님들처럼 발효된 콩만 먹자.

견과류는 콩보다 더 소화가 어렵고, 대장에서 더 심한 부패를 유발하니 "견과류 유감"일 뿐이다.

첨언

청국장이 변에 좋은 이유

청국장 만들 때 장시간 삶고, 발효를 시킨다. 그리고 먹을 때 또 끓인다. 3번의 분해 과정을 통해 콩 속 해로운 성분들은 대부분 제거되고, 소화가 어려운 콩 속 단백질은 분해되어 빠져 나온다. 그럼 영양 흡수율이 올라가고, 장내 유익균의 쉬운 먹이가 되기 때문에 변이 좋게 나온다. 혈당을 올리지 않으면서 장내 유익균의 좋은 먹이가 청국장이다.

인간은 진정 곡채식 동물인가?

사람은 고기도 먹지만 곡식과 채소나 과일도 먹는다. 그래서 우리는 우리 자신을 "곡채식 동물" 또는 "잡식 동물"이라 규정한다.

자연식 대가들이 말하길 인간은 초식동물처럼 어금니와 긴 장을 가지고 있고, 사자의 발톱이 아닌 손가락을 가지고 있기 때문에, 곡 채식 동물이 틀림없다고 주장한다. 곡 채식 동물이라 고기를 먹으면 질병에 걸리니 식물들을 친구로 삼으라 권한다. 필자가 현미밥, 생잎사귀, 콩, 견과류는 흡수 동화율이 매우 낮고 대장에서 부패를 일으키니 삼가라고 주장하는 이유 중 하나가 인간은 육식동물 소화기를 가졌기 때문이다. 현상 속에 숨어 있는 이치나 섭리를 하나의 논리로 엮어 인간이 "육식동물"임을 증명해보자.

인간이 육식동물에 가깝다는 증거들

① 아나콘다가 먹이를 통째로 삼켜 소화 시키듯이 육식동물은 고기를 한 번에 많이 먹고 쉽게 소화 시킨다. 소는 풀을, 누에는 뽕을 많이 먹고 소화 시킨다. 인간들의 고기 먹방을 보면 한 번에 2킬로도 먹어 댄다. 고기를 많이 먹고 소화가 쉬운 이유는 인간 소화기가 육식동물의 소화기이기 때문이다.

• **많이 먹고 소화가 쉬운 음식은 그 종의 먹이라는 뜻이다.**

② 누에는 뽕을 먹고, 판다는 대나무 잎사귀를 먹고, 사자는 고기를 먹고 가장 많은 열량을 얻을 수 있다. 고기 먹어야 힘 난다고 말하고, 보양식으로 고기를 먹듯이 인간은 고기를 먹을 때, 가장 큰 에너지를 얻을 수 있다.

• **흡수 동화율이 높아 가장 많은 열량을 얻을 수 있는 음식은 그 종의 먹이다.**

③ 누에 입에는 뽕이 제일 맛있고. 사자는 얼룩말 고기가 제일 맛있다. 아이들은 고기 없으면 반찬 투정을 하고, 고기를 제일 맛있어 한다. 인간들은 잔칫날 모여 고기를 먹고, 회식할 때 고기 먹고, 고기 사줘야 잘 먹었다 한다. 배고플 때 가장 먼저 생각나는 음식은 고기다. 유트브에 고기 먹방이 제일 많다. 인간들 입에 고기가 제일 맛있기 때문이다.

- **입에 제일 맛있다는 것은 그 종의 먹이라는 뜻이다.**

④ 모든 동물은 날로 먹고 쉽게 소화시킨다. 인간이 날로 먹고 소화가 쉬운 음식은 고기와 과일밖에 없다.

- **날로 먹고 소화가 쉬운 음식만이 원래 그 종의 먹이다.**

⑤ 사자는 얼룩말 고기를 쉽게 소화 시키고, 조류는 딱딱한 씨앗 종류를 소화 시킬 수 있고, 누에가 뽕을 쉽게 소화 시킬 수 있는 이유는 장구한 세월 동안 그 음식에 특화된 소화기로 진화해 왔기 때문이다. 인간은 농경이 시작되기 전 499만 년 장구한 세월 동안 수렵 채집을 통해 고기를 먹으면서 진화해 왔기 때문에, 고기를 가장 쉽게 소화 시킬 수 있는 소화기를 가지게 되었다. 지금도 고기만 먹는 민족은 있어도, 콩이나 채소만 먹는 민족은 없다.

- **장구한 세월 동안 진화해 오면서 가장 많이 먹어온 음식은 그 종의 먹이다.**

곡채식 동물이라는 증거에 대한 반론

인간이 곡 채식 동물이라는 강력한 증거 중에 하나가 초식동물처럼 어금니를 가지고 있다는 것이다. 송곳니 개수를 들어 고기는 전체 식사량에서 20%만 먹는 게 좋다고 주장한다. 피상적으로 판단하면 거부할 수 없는 논리다. 반전의 논리를 살펴보자.

⊙ 육체의 본능은 생존에 유리한 쪽을 선택한다.

우리 손이나 발을 찬찬히 살펴보라. 놀라운 구조물이다. 인간의 손처럼 정교하고 섬세한 움직임을 만들어 낼 수 있는 구조물은 없다. 가장 큰 완력을 내기 위해 엄지는 굵고 짧게, 중지는 가장 길게 만들어졌다. 손가락에 마디가 있어 세심하게 움직일 수 있고, 손톱은 손가락의 완력이나 사용가치를 더욱 높여준다. 지금의 손과 발은 우리 신체 구조상 생존에 가장 이상적인 구조다. 모든 동물의 발을 보라 생존에 가장 유리한 형태로 되어있다.

원시 선조들은 사냥을 많이 했지만, 사자나 독수리의 발톱이 아닌 지금의 손으로 진화해 온 것은 생존을 위한 선택이다. 우리 신체 능력에 사자 발톱을 준다고 사냥에 도움이 되겠는가? 지금의 손이 사냥하기에도 더 유용하고 도구를 쓰는데도 가장 적합한 형태다. 에스키모인은 육식동물처럼 육식만 하고 선조 때부터 사냥만 해 왔지만, 사자의 발톱 대신 지금의 손으로 진화해 왔다. 육체의 본능은 생존에 유리한 것을 선택한다는 것이다. 우리 몸이 한쪽 완력이 더 좋은 이유도 생존에 더 유리하기 때문이다.

원시 선조들은 육식동물처럼 고기를 주로 먹었지만, 송곳니 대신 어금니를 가지게 된 이유는, 육식동물의 발톱 대신 지금의 손을 선택한 이유와 같다. 즉 어금니가 송곳니보다 생존에 더 유리하기 때문이다.

인간은 잡식이라 소화력이 약하다. 그래서 고기든 과일이든 무엇이든 잘게 씹어 삼켜야 소화가 가능하다. 그리고 우리 신체 능력에 사자의 날카로운 송곳니를 준다고 빠르게 도망치는 얼룩말의 숨통을 물어 사냥할 수 있는가? 우리 원시 선조들은 장구한 세월 동안 사냥을 주로 하고 육식을 가장 많이 했지만, 육체는 생존을 위해 지금의 손과 어금니를 선택한 것이다. 육식을 주로 했던 구석기인들도 어금니 구조고, 조상 대대로 육식만

하는 몽고족이나 에스키모인도 우리와 똑같은 어금니 구조다.

인간이 초식동물처럼 긴 장을 가지게 된 이유도 인간은 육식도 하지만 곡식이나 채소, 과일도 먹기 때문에 발효 공간인 긴 장이 필요하기 때문이다. 하지만 초식 전용 동물들보다는 짧다. 인간이 초식동물이라는 증거로 드는 손, 어금니, 긴 장은 이면에 숨어 있는 반전의 논리에 그 힘을 잃는다.

◎ 개는 자신을 잡식동물이라 주장할 수 없다

지금은 사람처럼 식구 대접을 받고 사는 개는 무슨 동물인가? 사람이 먹는 모든 음식을 먹으니 잡식동물이라고 알고 있다. 개는 송곳니만 있고, 쥐를 잘 잡고, 고기를 가장 좋아한다. 늑대 같은 육식동물이 틀림없다. 개는 생쌀이나 생고구마를 못 먹지만, 익혀서 주면 사람이 먹는 모든 음식을 먹는다. 그렇다고 개가 자신은 육식동물이 아니고 인간과 같은 잡식동물이라고 우길 수는 없다. 개는 사람처럼 집밥(잡식)을 먹지만 여전히 육식동물의 소화기를 가지고 있기 때문에 고기를 가장 좋아한다.

인간도 생으로 못 먹는 곡식과 채소를 불로 익혀 먹을 수 있다고 우리 자신을 곡 채식 동물이라고 규정할 수는 없다. 인간은 농경 이래 곡 채식을 많이 하고 살았지만, 그 이전 훨씬 장구한 세월 동안 원시 선조들은 고기를 가장 많이 먹으면서 진화해 왔기 때문에 후손인 우리는 여전히 육식 동물의 소화기를 가지고 있어 고기가 가장 맛있고, 흡수 동화율이 높고, 많이 먹고 소화가 가능한 것이다.

인간의 위액 산도는 육식동물처럼 매우 높고 고기를 통해서만 필수 아미노산을 얻을 수 있는 것도, 인간은 고기를 먹으면서 진화해 왔기 때문이다. 인간의 뇌 용량이 폭발적으로 증가한 이유도 영양밀도가 높은 고기를 많이 먹었기 때문이다. 토끼는 토끼풀을 보면 흥분하고 개는 고기를 보면 환장하고, 사람은 고기를 보면 군침을 흘린다. 그 종의 먹이기 때문이다. 우리 입에 달고 고소하다고 한다. 원래 인간종의 먹이인

과일과 고기 맛을 표현하는 말이다. 풋내 나는 생잎사귀는 인간종의 먹이가 아니라 끌리지 않는 것이다.

- **인간은 육식동물의 소화기를 가지고 있기 때문에 고기가 가장 먹고 싶고, 고기를 통해 가장 큰 열량을 얻을 수 있고, 소화가 쉬워 가장 많이 먹을 수 있다. 이보다 더 명확한 증거가 있는가?**

육식동물의 소화기를 가진 우리가 고기를 매도하고 식물을 찬양하는 것은, 고기를 과하게 먹고 비만으로 질병에 걸린 사자가 식물들을 먹고 건강을 찾은 후 자신은 초식동물이 틀림없다면서 고기를 매도하고, 식물을 찬양하는 격이다.

우리의 소화기는 육식동물의 소화기에 가깝다는 걸 인정해야 한다. 고기를 많이 먹자고 주장하는 게 아니다. 우리 소화기의 특성을 제대로 알아야 섭생의 모범 답안을 그려낼 수 있기 때문이다. 식물식을 옹호하기 위해서 인간이 육식동물임을 부정하고 곡채식 동물이라고 주장하는 것은 개별 논리를 정당화하기 위해 대 전제를 부정하는 것과 같아 섭생을 전체적인 시각으로 볼 수 없게 만든다.

생일날 고깃국을 먹고 돌아가신 할아버지도 제사상에 고기를 많이 올려야 좋아하신다. 산 사람이나 죽은 귀신이나 고기를 가장 좋아하는 것을 보니 우리의 원래 출신 성분은 육식동물임에 틀림없다.

고기는 비만인 현대인들에게 공공의 적이 되었지만, 여전히 멀리하기엔 너무 가깝고(맛있고), 인간의 몸에 가장 친화적인(흡수율이 좋은) 음식이다. 그렇다고 고기가 섭생의 정답은 아니니 자신의 질병과 나이, 체중에 따라 적절한 양을 먹자. 제발 고기 먹을 때는 생 잎사귀와 같이 먹지 말자. 콩이나 견과, 생잎사귀, 녹즙은 육식동물 소화기에 가장 불편한 존재들이다.

남의 살을 먹는 게 영적이지 못해 곡 채식 동물이라 우기고 싶지만, 우리의 정신은 영적인지 몰라도 육체는 생존을 위한 영양 본능만을 알고 있어 고기가 끌리는 것이다. 고기 먹을 때 너무 죄의식을 갖지 말자. 육식동물의 소화기를 가진 우리 몸은 단지 영양을 갈망할 뿐이다.

첨언

인간은 물고기, 육고기, 조류, 조개, 번데기 등 온갖 육류를 먹는다. 야만인으로 지탄 받으면서까지 개고기를 먹고, 미식가들은 상어알, 곰 발바닥, 원숭이 뇌까지 먹는다. 길거리 음식점을 보면 대부분 고기를 파는 가게들이다. 우리는 고기를 가장 맛있어하고, 가장 많이 먹으면서 고기를 비난하고, 식물들을 칭송하면서 우리가 육식동물임을 부정한다.

- 어느 자연식 대가가 말했다. "천진난만한 아이의 얼굴이 어떻게 육식동물일 수가 있는가?"

이렇게 묻고 싶다.

"배고픈 아이 앞에 고기, 현미, 콩, 상추를 주면 무얼 먹겠는가?" 고기를 먹지 상추는 거들떠보지도 않을 것이다. "육식동물도 아닌데 왜 고기를 제일 맛있게 먹는단 말인가?"

식물식 옹호론자들은 인간은 곧 채식 동물이라서 고기를 먹으면 병에 걸리고, 식물식이 정답이라고 주장한다. 그래서 우리는 우리 자신을 곧 채식 동물이라 믿게 되었고, 식물은 건강에 무조건 좋다는 강력한 최면에 걸려 있다. 우리는 솔직해져야 한다. 풀(채소)은 맛이 없고, 고기가 맛있다는 걸.

▶ 인간 소화기가 육식동물의 소화기에 가깝다는 걸 이해하고 다음 페이지 "생식 유감"를 읽어보자

생식 유감1(생식으로 영양을 얻기 힘든 이유)

동물들은 날로 먹어 건강하다는 논리로 생식을 치병의 수단으로 권하는 전문가들이 있다. 우리 생각도 생식을 하면 살아 있는 영양도 얻고 피가 깨끗해질 것 같다. 필자도 한때 생식을 맹신해 생현미, 생밤, 생고구마, 생잎사귀를 먹으려고 노력했고, 녹즙기를 돌리고, 노지에 난 민들레 잎사귀까지 뜯어다가 먹곤 했다.

우리는 생식을 통해 더 많은 영양을 얻을 수 있는지 이치나 논리를 따져 알아보자. 생식은 주로 생녹말이나 생채소를 말한다. 생채소는 "생잎사귀 고찰"에서 살펴보고 여기서는 생녹말에 대해서 알아보자.

녹말(탄수화물) 음식은 어디서 소화되는가? 내 몸에서 분비하는 효소에 의해 소화되기도 하고, 대장에서 미생물에 의해 발효(소화)되기도 한다. 섬유소만 장내 미생물의 먹이인 줄 아는 사람들이 많다. 우리 대장에는 탄수화물을 좋아하는 종이 가장 많다는 걸 기억하자.

① 생녹말은 소화효소가 분해하기 힘들다.

쌀이나 고구마, 감자, 옥수수 등이 생 일 때는 단단하지만 익히면 물러진다. 조직이 물렁하다는 것은 결합조직이 느슨해져 소화효소의 작용이 쉽다는 뜻이다. "사람이 물렁해서 당하고만 산다."고 말하는 것처럼 조직이 물러지면 소화가 쉬워진다. 그래서 익히면 더 많이 먹을 수 있고, 소화력이 떨어진 환자에게는 최대한 퍼진 죽을 준다.

당뇨 환자들이 혈당을 덜 올리기 위해서 냉장밥을 먹는다. 백미밥을 냉장고에 두면 무른밥이 다시 딱딱해지면서 저항전분으로 바뀐다. 저항전분이란 소화효소가 분해하기 어려운 전분을 말한다. 그래서 냉장밥을 먹으면 분해(소화)가 어려워 혈당을 덜 올린다. 익히지 않은 단단한 생녹말(생쌀, 생고구마, 생밤)은 냉장밥 보다 훨씬 강력한 저항전분이라 소화효소가 분해하기 더욱 어렵다. 생녹말이 소화효소에 의해 분해되지 못하면 같이 결속되어 있는 다른 영양소도 흡수되지 못한다. 생쌀, 생고구마, 생채소를 먹으면 배가 고프지 않는 이유도 소화가 어려워 위장에 오래 머물기 때문이다.

개에게 생쌀, 생고구마를 주면 먹지 않지만, 익혀 주면 잘 먹는다. 생은 소화가 어렵다는 걸 본능적으로 알기 때문이다. 사람으로 치면 생녹말은 "깐깐한 놈", "단단한 놈"이고, 익힌 녹말은 "물렁한 놈"인 것이다.

② 장내 미생물도 생녹말은 발효(소화)하기 힘들다.
• 우리가 생쌀이나 생고구마를 많이 먹을 수 없는 이유는 소화효소가 분해하기 어렵기 때문이다.
• 현미효소를 만들 때나 막걸리 담을 때 생쌀로 하지 않고 익힌 현미밥이나 고두밥으로 담는다. 발효균도 익힌 것은 쉽고, 생은 어렵기 때문이다.
• 생쌀, 생밤, 생고구마는 쉽게 상하지 않지만 익혀 놓으면 금방 쉰다. 부패균도 익힌 것은 쉽고, 생은 어렵기 때문이다.
• 생고구마를 많이 먹으면 변이 뭉치지 못하고 풀어진다. 우리 장내 미생물도 생녹말은 발효가 어렵기 때문이다.

◎ 소화, 발효, 부패, 장내 발효 동일하게 효소에 의한 분해과정으로, 똑같이 생은 어렵고 익히면 쉽다는 걸 알 수 있다.

◎ 결론은 생녹말은 내 소화효소도 분해하기 힘들고, 장내 미생물도 분해하기 어려

워 양쪽에서 영양을 얻기 힘들다. 반면 익히면 소화나 장내 발효가 쉬워져 더 많은 영양을 얻을 수 있다.

⊙ 피상적인 현상을 믿지 말자.

비만인 사람이 고기, 계란, 생선, 우유, 멸치 등 모든 육류를 금하고 현미밥이나 생쌀, 채소 위주로 먹고 일주일 만에 4~5킬로가 빠지면서 혈압, 당뇨, 콜레스테롤, 고지혈, 지방간 수치가 좋아졌다. 눈에 보이는 현상만 가지고 판단하면 ① **고기는 몸에 해롭다. ② 식물 생식은 건강에 좋다.** 라는 결론을 얻을 수 있다. 그래서 건강 대가들이 고기를 매도하고, 생식을 치병의 수단으로 삼으라 권한다.

그럼 고기만 먹고 생쌀이나 생야채를 먹지 않는 에스키모인들이나 몽고인들은 다 병에 걸려야 할 것이다. 고기가 병을 만든 것도 아니고, 생식이 병을 치료해 준 것도 아니다. 과잉 칼로리로 인한 비만이 병을 만들었고, 저칼로리식(생식)으로 살을 빼니 병이 스스로 사라진 것이다.

백미밥 대신 생현미나, 현미밥, 생야채를 먹고 혈당이 떨어졌다. 현상만 가지고 보면 현미와 생채소의 효능이 혈당을 떨어뜨린 것 같다. 소화 흡수가 안되니 혈당이 안 오른 것뿐이다. 피상적인 현상에 속지 말자.

⊙ 생식이 치병의 효과를 보이는 진짜 이유

평소 고기와 가공식품을 과하게 먹고 비만인 사람이, 고기나 가공식을 삼가고 생쌀, 생식가루, 생채소 위주로 먹으면 살이 빠지면서 불편했던 증상들이 사라지고, 혈액 수치가 좋아지고, 피곤함도 개선된다. 이런 효과를 보면 생식을 만병통치약으로 생각하게 된다.

비반인은 뻥튀기만 먹고 살을 빼도 똑같이 좋아진다. 즉 생식의 영양을 얻어서가 아니고 살이 빠져 좋아진 것이다.

● 잘못된 믿음

80킬로가 넘는 비만인 여성이 전문가의 권고대로 한 끼를 생현미, 생채소, 과일, 생견과류을 먹고 8킬로가 빠지면서 혈압도 떨어지고, 무릎 통증이 줄고, 컨디션도 좋아졌다. 그래서 친구들에게 생식을 입이 마르게 권했다.

항암으로 위장기능이 나쁘고 살이 많이 빠진 친구가 며칠 해보더니 소화가 안 되고 살만 빠지니 그만둔다. 비만인 여성은 살이 빠져서 효과를 본 줄 모르고, 현미와 채소를 생으로 먹어서 자신의 무릎 통증이 좋아진 줄 알고 친구에게 권했던 것이다.

▷ 생식유감

생식의 영양을 얻어서 건강해진 줄 알고 비만과 상관없는 질병을 가진 사람들이 따라 한다. 저체중인 사람, 위장이 약한 사람, 말라가는 암 환자가 생식하는 것은 영양실조로 가는 급행열차에 올라타는 것이다. 생식은 흡수가 안 되는 다이어트 식품일 뿐이다. 비만이면서 소화력이 좋은 젊은 사람은 생식의 효과를 볼 수 있지만, 나이 들어 생식을 하게 되면 소화기가 망가지고 근육만 잃어버리게 된다.

생식이 진정 영양을 얻는 방편이었다면, 영양부족에 시달렸던 선조들은 이미 생현미를 먹고, 잎사귀를 절구통에 갈아서라도 생즙을 마셨을 것이다. 생식이 전통 음식이 되지 못한 이유는 영양을 얻는 방법이 아니기 때문이다. 작금은 비만으로 인한 질병이 많다 보니 살을 빼는 효과로 대접받고 있을 뿐이다.

역설적으로 영양을 얻을 수 없어 건강식이 되었다. 비대한 몸에는 생식이 무감이지만, 비만과 상관없는 질병을 가진 사람들에게는 "생식유감"일 뿐이다.

익힌 현미밥도 소화가 어려워 영양을 얻지 못하는데 생쌀의 영양은 "언감생심", "기대난망"이다.

장내 미생물도 생보다는 익힌 게 쉽다.

장내 미생물도 생보다는 익힌 당질과 섬유소를 더 좋아한다. 좋아한다는 말은 쉽게 발효시켜 숫적으로 크게 증식한다는 뜻이다. 아래의 실험 결과는 생음식보다는 익힌 음식이 장내 유익균을 늘리는 데 더 좋다는 결과를 보여준다.

※ 녹말이나 채소를 가열해 먹으면 장내 미생물이 풍부해진다.

미국 샌프란시스코 캘리포니아대와 하버드대 공동 연구팀은 쥐와 인간이 날음식을 먹었을 때와 가열한 음식을 먹었을 때를 비교해, 조리된 음식을 먹음으로써 장내에서 사는 미생물군이 바뀌었음을 실험으로 밝혀냈다. 이 연구 결과는 국제 학술지 "네이처 마이크로바이올로지" 2019년 9월 30일 자에 실렸다.

연구팀은 쥐를 네 그룹으로 나눠 생고기와 불로 가열한 고기, 생고구마와 불로 가열한 고구마를 먹였다. 그리고 장내 미생물군을 관찰한 결과 생고구마를 먹은 쥐에 비해 익힌 고구마를 먹은 쥐들은 장내 미생물군이 달라졌다. 조리된 음식을 먹은 쥐의 장내에서는 미생물군이 훨씬 다양했다. 이에 따라 미생물이 생산하는 대사산물도 풍부해졌다. 연구팀은 고구마 외에도 감자, 옥수수, 완두콩, 당근, 비트 등 여러 채소를 대상으로 실험해 비슷한 결과를 얻었다.

연구팀은 주로 생식만 하는 사람과, 조리된 음식만 하는 사람의 장내 미생물군을 비교한 결과 마찬가지로 조리된(익힌) 음식을 먹는 사람의 장내에서 훨씬 다양한 미생물군을 발견했다. 연구팀은 음식을 조리하면 소장에서 더 많은 영양분이 흡수될 수 있을 뿐 아니라 균들도 먹이를 충분히 먹을 수 있고, 식물에 포함된 항균물질(식물의 독성)이 익히는 과정에서 사라져 장내 균들이 살아남기 수월해지기 때문이라고 분석했다.

미생물의 다양성이 높으면 그만큼 유익한 균들이 살아남아 소화와 건강에 좋은 영향을 미칠 가능성이 높다. 연구를 이끈 피터 턴보 샌프란시스코 캘리포니아대 미생물면역학과 교수는 "채식과 육류를 각각 익혀서 먹을 때 장내 미생물이 어떻게 달라지는지 처음으로 연구한 것"이라며 "채소가 가진 화학물질(독성)이 장내 미생물에 영향을 미칠 수 있음을 알아냈다"고 설명했다.   참고 - 동아시아언스

⊙ 모든 자연식 대가들이 말하길 인간은 곡채식 동물이라고 주장한다.

개에게 생쌀을 주면 먹지 않지만, 익혀 주면 먹는다. 개는 육식동물의 소화기이기 때문에 식물들은 익혀야 소화가 가능하다.

우리가 생쌀, 생고구마는 소화가 어렵지만, 익히면 쉽다. 우리의 소화기도 육식동물에 가깝기 때문이다.

생식 유감2(날고기의 유익함)

보통 생식을 말할 때는 녹말 음식이나 채소를 말한다. 이 장에서는 육식동물과 초식동물로 구분해서 생식과 화식의 효과를 알아보자. 육식동물과 초식동물은 먹는 음식도 서로 다르고, 소화 기전이 달라 영양을 얻는 방법도 상이하다. 두 종의 먹이를 다 먹는 사람에게 음식에 따른 생식과 화식의 장단점을 알아봄으로써 자신의 섭생에 적용해 보자.

이 장에서 말하는 바를 이해하게 되면 날음식에 대한 고정관념이 바뀌고 식물 생식에 대한 미련을 버릴 수 있다.

육식동물은 화식을 하면 건강에 치명적인 해를 입는다.

생식에 관한 포텐져 박사의 유명한 고양이 실험이 있다. 생고기와 생우유를 급여한 고양이 그룹은 어떤 질병도 없이 장수하고 세대를 이어갔지만, 익힌 고기와 가열한 우유 등으로 화식을 시킨 그룹은 인간이 걸리는 많은 질병에 걸리고, 기형아를 낳고 세대를 이어가지 못하고 전멸하고 말았다.

육식동물이 화식을 하면 왜 병에 걸리는가?

육식동물들은 자신의 소화효소로 고기를 분해(소화)해 고기로부터 모든 영양을 직접 얻어야 한다. 육식동물이 야채나 과일 없이도 영양소 부족이 없는 이유는 풀의 영양이 초식동물의 몸속에 농축되어 있기 때문이다. 단 날고기로 먹을 때 그 영양이 그대로 육식동물에게 전달된다. 고기를 익히게 되면 필수 아미노산이나 비타민, 미네랄, 효소 등이 파괴되고 지방과 단백질은 변성되기 때문에 육식동물이 화식을 하면 건강에 치명적인 해를 입는다. 미국의 한 동물원에서 위생을 위해 육식동물에게 익힌 고기를 급여했는데, 많은 질병에 걸리자 다시 생고기를 급여했다고 한다.

● 다음은 고기를 고열에서 가열하면 나타나는 부정적인 반응들이다.

① 필수 아미노산의 파괴 　(라이신. 시스틴. 메싸이오닌. 트리비토판, 타이로신)
② 비타민의 파괴 　(아스코르브산, 피리독식, 타아민)
③ 단백질 소화 흡수율의 악화 　(아미노산과 당이 결합하기 때문)
④ 효소의 파괴, 미네랄 불활성화, 단백질과 지방의 변성
⑤ 소화 과정에서 날고기보다 더 많은 노폐물(대사산물)생성

우유도 녹아있는 고기라 가열하게 되면 위와 같은 부정적인 결과를 얻게 된다.

◎ 날고기와 영양의 중요성

한 요트 선수가 바다 한가운데서 조난 당해 요트를 타고 표류하게 되었다. 먹을 것이 없어 생선을 잡아 날로 먹었는데, 처음에는 살코기만 먹었다. 18일쯤 지나자 생선 눈이나 내장을 먹고 싶은 강한 충동이 일었다.

그때부터 주로 내장이나 눈을 먹었다. 74일 동안 표류하다 구조되었는데 영양이나 건강 상태가 매우 양호했다. 이 요트 선수가 채소나 과일을 전혀 먹지 않고 고기만 먹고도 건강했던 이유는, 날고기로부터 모든 영양을 얻었기 때문이다. 눈이나 내장을 먹고 싶은 충동이 일었던 이유는 비타민이나 미네랄이 살코기보다 내장에 많이 들어있기 때문이다.

사람도 고기는 육식동물처럼 내 소화효소로 분해해 영양을 직접 얻는다. 그래서 고양이 실험처럼 인간도 고기는 날로 먹을 때 많은 이득이 있다. 고기를 익히게 되면 영양이 소실되고, 소화가 어려워지고, 소화 과정에서 노폐물이 많이 생성된다. 서양인들이 스테이크를 레어로 먹고, 동양에 육회나 생선회를 날로 먹는 식문화가 있는 이유는, 영양 손실이 없고 소화가 더 잘 되기 때문이다. 소화가 어렵다면 날로 먹을 이유가 없을 것이다.

물에는 들어있는 것이 없으니, 끓여도 잃어버릴 게 없다. 고기는 모든 음식 중에 영양밀도가 가장 높다. 그래서 익히면 가진 게 많으니 잃어버리는 게 매우 많다. 생식의 진짜 효능은 곡식이나 야채가 아니고 고기에 있다.

초식동물은 화식을 해도 건강에 해가 없다.

육식동물은 고기의 영양을 직접 얻지만, 초식동물들은 모든 영양을 장내 미생물을 통해 간접적으로 얻기 때문에, 화식을 해도 건강에 해가 없다.

예를 들어보자.

소는 겨우내 낙엽같이 마른 건초나 소죽(화식)을 먹고도 영양부족이 없다. 소가 풀의 영양을 직접 얻는 게 아니고, 장내 미생물이 건초를 발효시켜 소에게 필요한 모든 영양을 만들어 주기 때문이다. 우리도 시래기의 영양을 직접 얻는 게 아니고 시래기를 먹이로 증식한 미생물이 만들어내는 살아있는 영양을 간접적으로 얻는다. 인간이 식물들을 익혀 먹어도 건강을 유지할 수 있는 이유는, 초식동물들처럼 장내 미생물이 발효과정에서 살아 있는 영양을 합성해 주기 때문이다.

⊙ 고기는 익히면 그걸로 끝이다. 미생물을 통한 반전의 기회가 없다.

소가 먹은 건초(화식)는 장내 미생물을 통해 살아있는 영양으로 부활하기 때문에 소는 화식을 해도 아무런 해를 입지 않는다. 반면 고기는 익히면 위생이 확보되지만,

영양이 파괴되기 때문에 손실이 매우 크다.

그런데 사람들은 반대로 한다. 고기는 익혀 먹는 게 당연하고 식물들은 날로 먹는 게 영양을 얻는 방법이라고 생각한다.

육회는 소화가 너무 잘 된다는 정육점 사장님 말은 믿어도, 생쌀이나 생잎사귀가 소화가 잘 된다거나 영양학적으로 좋다는 말은 믿지 말고 식물 생식에 대한 환상을 버리자.

⊙ 포텐져 박사의 고양이 실험은 육식동물인 고양이에게 고기를 가지고 한 실험이니 사람도 고기는 날로 먹는 게 좋다는 논거로 써야 한다.

육식동물 실험을 가지고 생쌀이나 생채소가 좋다는 주장은 어불성설이다. 초식동물인 소에게 생식과 화식을 시켜 보고, 사람도 식물 생식이 좋다는 주장을 해야 한다. 하지만 소는 건초를 먹든 소죽을 먹든 건강에 문제가 없다. 사람도 마찬가지다.

⊙ 고기가 해로운 이유들

생식 논리에서 말하기를, 야생동물들은 생식을 하기 때문에 병이 없다면서, 생현미, 생채소, 생곡식가루 등을 권한다. 그런데 우리는 고기도 먹고 식물도 먹는데, 왜 초식동물 흉내만 내는가? 육식동물도 날로 먹으니 고기도 날로 먹자고 주장하지 않는가? 더군다나 우리는 육식동물의 소화기를 가지고 있으면서 말이다. 고기는 익히면 위생이 확보되지만, 고양이 실험처럼 익힌 고기는 질병의 원인이 된다. 고기가 해로운 이유는 아래처럼 먹기 때문이다.

① 육식동물처럼 날로 먹지 않고 익혀 먹는다.

② 사육환경이 나쁘고 풀이 아닌 옥수수 사료를 먹이고, 항생제를 많이 쓴다.

③ 과잉 칼로리를 섭취하면서 고기까지 많이 먹기 때문이다. 더 나쁜 것은 가공해

서 햄이나 소시지로 먹고, 튀겨서 먹는 것이다.

⊙ 가공육의 해로움

고기는 쉽게 썩지만, 햄, 쏘시지, 가공육 등은 유통기간이 매우 길다. 향미나 보관을 위해 여러 가지 화학물질을 첨가한다. 각종 가공육에 들어가는 아질산나트륨은 1급 발암물질이다. 고기는 가장 농축된 영양이기 때문에 가공을 하게 되면 가장 유해한 음식이 된다. 가공육은 식용유와 더불어 모든 병의 원인 제공자임을 명심하자.

⊙ 몸에 가장 좋은 지방과 단백질

몸에 가장 좋은 지방과 단백질은 식물성 기름이 아니라, 물과 기름이 분리되지 않은 생고기의 지방이다. 쉽게 말해 날고기다. 생선회나 날고기를 보면 기름인지 물인지 알 수 없을 정도로 완벽하게 섞여 있다. 이런 기름은 몸속에서 유용하게 쓰이고, 혈관에 쌓이지 않는다. 고기만 먹는 육식동물이 영양소 부족이나 질병이 없는 이유는 열로 영양소가 파괴되지 않고, 변성되지 않은 단백질과 지방을 먹기 때문이다. 물과 섞여 있는 고기의 생지방은 상온에서 굳어지지 않는 것처럼 몸속에서도 가장 친화적이고 유용한 물질로 쓰인다.

⊙ 식물 생식은 영양을 얻는 방편이 아니다.

수십 가지 곡물과 채소, 해조류 등을 건조해 파는 생식 가루가 있다. 생식 옹호론자들의 말을 들어보면 생식을 통해 영양과 효소, 항산화 물질 등을 얻을 수 있을 것 같다.

익힌 현미밥도 소화가 어려워 살을 빼는데 생곡식 가루 등은 흡수률이 극히 저조해 살을 더 빨리 뺀다. 생식이 비만인에게는 다이어트가 되니 도움이 될 수도 있지만, 말라가는 암 환자가 왜 다이어트 식품을 먹어야 한단 말인가? 살은 에너지이기 때문에 살이 빠질수록 저항력을 잃어버리게 된다. 식물 생식은 영양도 얻지 못하고, 살을 빼고, 대장에서 발효도 어려워 쾌변을 방해하니 먹을 이유가 없다.

우리가 진정 곡채식 동물이라면, 생쌀, 생고구마, 생채소만 먹고도 얼룩말처럼 근육질의 몸을 가질 수 있어야 할 것이다. 하지만 우린 육식동물의 소화기라 마른 사람에게 생쌀, 생채소를 먹으라 권하는 것은 말라죽으라는 소리와 같다.

생식이 진짜 영양을 얻는 방편이라면, 산속에 숨어있는 약초의 효능까지 밝혀놓은 허준 선생께서 생식을 치병의 방편으로 삼으라고 동의보감에 적어 놓았을 것이다.

생식이 비만인들의 살을 빼는 효과로 건강에 도움이 되는 것이지, 영양을 얻어서가 아니니 마른 사람들은 생식의 영양을 기대하지 말아야 한다.

생식으로 비만인들이 건강해지는 진짜 이유를 알아야 생식에 대한 환상을 버릴 수 있다. 필자도 한때 인간은 곡채식 동물이기 때문에 곡식과 채소를 날로 먹을수록 건강을 얻을 것이라 믿었다. 인간 소화기가 육식동물의 소화기임을 알고서 과일 외에는 식물들을 생으로 먹지 않는다. 대신 육회나 회를 더 자주 먹는다.

곡식은 영양소가 파괴되어도 소화가 먼저기 때문에 익혀 먹는 것이고, 고기는 위생 때문에 익혀 먹지만, 고기는 날로 먹을 때 큰 이득이 있다. 고기를 많이 먹고 날로 먹자고 주장하는 게 아니다. 이치를 정확히 이해해야 남의 논리에 휘둘리지 않고, 생식을 영양을 얻는 방법이나, 만병통치약으로 생각하는 잘못된 믿음에서 벗어날 수 있다.

계란, 우유, 고기 먹는 방법

녹말 음식은 생일 때는 딱딱하지만, 익히면 물렁해져 소화가 쉬워진다. 고기는 반대로 생일 때는 물렁하지만 익히면 질겨지면서 소화가 어려워진다. 우유나 계란도 육류이기 때문에 익히면 소화가 어려워지고 영양소가 파괴되어 고기처럼 손실이 크다. 분유나 우유가 소젖이라 나쁜 게 아니고, 가열 살균했기 때문에 해로운 것이다.

전통적으로 목축을 했던 민족들은 생우유와 발효유를 먹고 건강을 유지했다.

우유는 발효시켜 먹고, 계란은 건강하게 키운 것을 구해 아주 살짝 익힌 반숙이나 수란으로 먹는 것이 영양소 파괴도 적고 소화가 잘 된다. 맥반석 계란은 오래 익히기 때문에 퍽퍽해지면서 소화가 어렵다. 그래서 맥반석 계란을 먹으면 방귀가 많이 나온다. 우유도 살균 가열해서 해롭다. 유기농 우유를 구입해 발효시키면 생우유처럼 소화도 잘되고 해로움도 제거된다.

◎ 고기를 먹을 때는 아래처럼 먹자.

고기를 태우면 매우 해롭다. 소고기는 살짝 익혀 먹는다. 생선은 튀기거나 굽는 것보다 쪄 먹는다. 고기는 양념 범벅으로 먹지 말고 수육이나 김치찌개, 소고기미역국, 생선찌개로 먹는다. 외식할 때도 단품 메뉴로 양념 없이 만든 보쌈, 순댓국, 소머리국밥, 설렁탕, 추어탕 등으로 먹자. 내장부터 썩고, 육식동물이 사냥감을 잡으면 내장부터 먹는 이유는 미네랄이 가장 많은 곳이 내장이기 때문이다. 살코기보다 내장육을 자주 먹자. 반찬으로 생부추나 겉절이 같은 잎사귀가 나오면 먹지 말고 발효된 깍두기나 김치하고 같이 먹자. 삼겹살도 생잎사귀와 같이 먹지 말자.

식물식, 생식, 소식, 단식으로 건강해지는 원리

⊙ 비대한 몸이 살이 빠지면 어떤 일이 일어나는가?

암이나 어떤 질병을 가지고 있을 때, 고기나 가공식을 끊고, 식물식, 생식 위주로 먹으면, 반드시 살이 빠진다. 살이 빠진다는 뜻은 외부에서 들어오는 에너지가 부족해지니, 안에서 끌어다 쓴다는 뜻이다. 그럼 무엇을 가져다 쓰겠는가? 간이나 뇌를 녹여서 에너지로 쓰겠는가? 제일 먼저 쓸모없는 것들을 가져다 쓴다. 그게 핏속 독소, 혈관 벽이나 장기에 붙어 있는 필요 없는 지방(노폐물)들이다. 그래서 살이 빠지면 노폐물이 배출되면서 해독의 효과를 본다.

단식을 하면 가장 빨리 살이 빠지면서 해독이 가장 빨리 된다. 들어오는 게 전혀 없으니 쓸데없는 것들을 더 많이 가져다 쓰고, 독소들을 더 많이 배출한다. 그럼 피가 깨끗해지면서 치유력이 발동된다. 모세혈관 말단까지 혈액순환이 되면서 피부도 좋아지고 피곤함도 개선되고 불편했던 많은 것들이 사라진다. 소식이 건강에 좋은 이유도 영양을 얻어서가 아니고 몸속에 독소가 적게 쌓이기 때문이다. 단식이나 소식은 영양을 적게 넣어줘서 병을 고치는 방법이다, 자연식물식이나 생식도 똑같이 영양을 적게 넣어줘서 병을 고치는 방법이다. 즉 보탬이 아니고 마이너스 건강법인 것이다.

만약 위 섭생법들이 살을 찌운다면 비만인에게 효과가 없고, 말라가는 환자들에게 더 좋은 섭생이 될 것이다. 영양을 얻을 수 없는 섭생이기 때문에 저체중인 사람이 위 섭생을 하면 영양실조에 걸려 살을 더 잃어버리게 된다.

당질을 제한하고, 고기 위주로 먹고, 살을 빼 건강을 찾은 사람들이 있다. 고기가 피를 깨끗하게 해주어 건강해진 것인가?

소식이나 단식을 통해 살이 빠지면서, 건강을 회복한 사람들이 있다. 단식이나 소식
으로 영양을 얻어서 건강해진 것인가?

식물식으로 병을 고친 후 책을 쓴 사람들이나, 현미채식, 과일식, 생식, 녹즙의 효
과를 보았다고 간증하는 사람들을 보라. 대부분은 비만이었던 사람들이다. 비만으로
몸속 노폐물이 많은 사람들은 식물식, 생식, 소식, 단식을 통해 살이 빠지면 똑같이
좋아진다. 위 섭생법들이 치유의 효과를 보이는 이유는 역설적으로 영양을 얻지 못해
살이 빠지면서 몸속 청소가 되기 때문이다. 그래서 비만인이 가장 빨리 좋아지는 방
법은 단식이나 1일 1식으로 소식을 하는 것이다.

◎ 식물식, 생식은 영양을 얻는 방편이 아니다.

살아 있는 영양과 항산화 물질을 위해 생현미나 생식가루, 생채소를 권하는 전문
가들이 있다. 익힌 현미밥도 소화가 어려운 판국에 생식의 영양을 얻는다는 것은 어
불성설이다. 위나 장을 고친다고 생식 가루나 생채소를 먹고, 살만 빠지면서 소화기
를 더 고장내는 사람들이 많다. 항산화물질이나 살아있는 영양이라는 말에 현혹되
지도 말고, 식물식이나 생식을 만병통치약식으로 권하는 사람들의 말도 믿지 말아야
한다.

식물식이나 생식으로 영양을 얻었다면 더 근육질이고, 피부가 매끈하고, 혈색이
좋아야 할 것이다. 하지만, 비건이나 생식을 주로 하는 사람들은 늙어갈수록 보통 사
람들보다 더 건조해 보이고, 더 나이 들어 보인다. 영양부족이 되기 때문이다.

◎ 많은 양의 녹즙을 마시면서 매일 관장을 하는 건강법이 있다.

자연식, 생식, 단식처럼 비만인 일수록 효과를 보는데, 살이 빠지면서 피곤함이 없

어지고, 관절염이 좋아지고, 흰머리가 까만 머리로 변하기도 한다. 피상적으로 녹즙의 영양을 얻어 효과를 본 것 같다. 물만 마시는 단식을 해도 똑같은 효과를 본다. 즉 영양을 얻어서 효과를 본 게 아니고 해독의 효과를 본 것일 뿐이다. 단맛이 있는 사과나 당근즙은 괜찮지만, 잎사귀의 쓴맛은 독성이라 소화기를 불편하게 하고 장내발효를 방해해 무른 변을 만들고 살만 뺀다. 특히 마른 사람이나, 간이 약한 사람에게 녹즙은 좋지 않다.

⊘ 섭생으로 병을 고친 건강서들이 넘쳐난다.

'나처럼 먹으면 당신도 건강해질 것이다.' 따라 하면 건강을 얻을 것 같다. 비만이었던 사람이 위 섭생들로 건강을 되찾고 쓴 책들을 너무 믿지 말자. 비만인 사람은 효과를 볼 수 있지만, 영양을 얻어 건강해진 것이 아니기 때문에 흡수력이 낮은 사람은 영양실조로 더욱 마르고, 위장 기능을 더 망가뜨릴 수 있다.

책을 쓴 사람과 당신은 체중(흡수력), 나이, 질병의 종류, 소화력이 다르다. 맥락과 맞지 않는 사람이 따라 하다가는 본전도 못 찾는다. 마른 사람은 살이 찌고, 변이 좋아지고, 소화기가 회복되는 섭생을 해야 한다. 그게 현미효소와 명수식 섭생이다.

자연의 음식을 먹고 살이 찐다는 것은 영양을 얻었다는 뜻이고 살이 빠진다는 것은 영양을 얻지 못했다는 뜻이다. 자연식, 생식은 영양을 얻어서 건강해지는 것이 아니고, 영양을 얻지 못해 건강해지는 것이니, 저체중인 사람이나, 비만과 상관없는 질병은 식물식, 생식, 소식, 단식에 큰 기대를 걸지 말자.

섭생교리 고찰1(서로 다른 섭생으로 건강해지는 이유)

　인간은 잡식동물이다 보니 섭생에 대한 의견이 분분하다. 현미채식이나 자연식물식은 자연식 대가들이 추천하는 모범답안이지만, 주장하는 내용은 각자 다르다. 생식과 녹즙 교리에서는 살아 있는 영양을 위해 생쌀, 생채소, 녹즙을 먹으라 하고, 볶은 곡식 교리는 볶은 현미를 먹고 생채소는 해로우니 말린 나물 위주로 먹으라고 한다. 어떤 교리는 고기, 계란, 생선, 우유, 멸치 등의 동물성 식품을 완전히 끊고, 현미 채식이 정답이라 주장한다.

　같은 현미 채식을 주장하면서도 한쪽에서는 녹즙을 극찬하고 다른 한쪽에서는 반대하기도 한다. 발효음식을 반대하고, 김치, 된장을 매도하는 교리도 있다. 탄수화물을 최소한 먹고 동물성 위주로 먹자는 저탄 고지도 있다. 단식이나 소식, 1일 1식을 건강의 방편으로 삼는 사람도 있고, 육식, 채식을 가리지는 않지만, 체질에 따라 모든 음식을 가려 먹자는 4상, 8상 체질 교리도 있다.

　한 교리에 몰입되면, 내 섭생 교리만이 정답 같고 다른 교리를 따르는 사람들이 어리석어 보인다. 현미밥이나 생식으로 득을 보는 사람도 있고 오히려 건강을 해치는 사람도 있다. 볶은 곡식으로 누군가는 덕을 보지만 효과가 없는 사람도 있다. 왜 서로 내용이 다른 식물식이 누군가에게는 치유의 효과를 보이고, 누군가에게는 효과가 없거나 해롭기까지 한가? 전문가마다 말이 다르니 대중은 우왕좌왕이다. 시중에 유행하는 여타의 섭생 교리가 왜 한계가 있는지 전체적인 시각에서 살펴보자.

내용이 다른 섭생법들

　A 사람은 과체중으로 고혈압, 중성지방, 지방간 등을 가지고 있었다. 즐겨 먹던 가

공식품이나 고기를 끊고, 현미밥에 생채소 위주로 먹었더니 살이 많이 빠지면서 지방간이 없어지고 혈압도 떨어져 건강이 크게 호전되었다. B 사람 역시 과체중이다. 이 사람은 현미밥 대신에 볶은 현미를 먹고 채소는 익힌 나물만 먹었다. 살이 빠지면서 혈액 수치가 좋아지고, 건강한 몸이 되었다. 과체중인 C 사람은 고기, 계란, 생선, 우유, 멸치 등 모든 육류를 끊고 현미밥이나 생 현미, 과일, 채소만 먹었다. 이 사람도 살이 많이 빠지면서 혈액 수치가 개선되면서 건강이 크게 호전되었다. D 사람은 비만으로 녹즙만 마시면서 단식을 했다. 숙변이 나오고 살이 빠지면서 건강해졌다. E 사람은 탄수화물을 적게 먹고 고기 위주로 먹었더니 살이 빠지면서 혈액 수치가 좋아졌다. 비만이었던 F 사람은 1일 1식으로 살이 빠지면서 모든 성인병이 사라지고 건강을 되찾았다.

위의 방법들이 서로 다른데 어떻게 다들 건강해진 걸까? 섭생 교주들은 건강해진 이유를 이렇게 주장한다. 현미 채식 교리는, 현미가 백미보다 영양이 훨씬 많고, 고기보다는 콩이나 채소가 건강에 좋기 때문이라고 한다. 볶은 곡식 교리에서는, 볶은 현미는 미네랄 흡수가 좋아 건강해졌다고 한다. 녹즙 교리에서는, 생채소에는 항산화물질과 영양소가 풍부한데 즙으로 짜 먹으면 훨씬 많은 영양을 얻을 수 있어 건강해진다고 주장한다. 생식 교리에서는, 살아있는 영양을 얻어 건강에 좋다고 주장한다. 저탄 고지를 주장하는 사람들은 당질은 노화를 촉진하고 살을 찌우니, 당질을 줄이고 동물성 단백질과 지방으로 식단을 채우라고 주장한다.

섭생에서 비대한 몸과 마른 몸의 차이

모두 정답이 아니다. 위의 섭생법으로 효과를 본 이유는, 그 식단을 통해서 충분한 영양을 얻어서가 아니기 때문이다. 위 섭생을 실행한 후 공통점은 살이 빠졌다는 것이다. 비만으로 생긴 질병들은 어떤 섭생을 하던 살이 빠지면 호전된다.

병의 원인이 비만이었기 때문이다. 그동안 즐겨 먹던 정크푸드나 고기를 끊고, 식물식 위주로 섭생을 하면 살이 빠지면서 몸속 노폐물이 빠져나간다. 장내 환경도 개선되기 때문에 피가 깨끗해지고 콜레스테롤, 중성지방, 혈압, 혈당, 간 수치가 좋아진다. 몸속 쓰레기를 치워 피가 깨끗해지면 많은 것들이 좋아진다. 특히 비만으로 인한 질병들은 대부분 사라진다. 비만으로 온 질병들이기 때문이다. 그래서 식물식에서 백안시하는 고기만 먹고도 살만 빠지면 똑같은 효과를 본다. 비대한 몸은 라면으로 소식하면서 살을 빼도 비슷한 효과를 볼 것이다.

TV 방송에서 대사성 질환을 가지고 있는 비만인들 몇 명에게 한 달 동안 현미 채식을 시켰다. 모두 살이 많이 빠지면서 혈압, 혈당, 콜레스테롤, 지방간 등 혈액 수치가 개선되고, 몇 가지 불편한 증상들이 없어지고, 컨디션이 좋아졌다. 생채식의 기적이라고 말한다. 생채식으로 좋아진 것은 맞는데 원인 분석이 잘못되었다. 현미 채식의 영양으로 좋아진 게 아니고, 살이 빠진 효과로 좋아진 것 일뿐이다.

'1일 1식' 건강서를 쓴 일본 의사 나구모 요시노리는 과체중으로 여러 성인병을 가지고 있었는데, 육식, 채식 가리지 않고 하루에 한 끼만 먹고 살을 빼고, 건강도 되찾고, 얼굴도 나이에 비해 훨씬 동안이 되었다. 1일 1식으로 영양을 얻어서 건강해진 것인가? 살을 빼서 건강해진 것인가?

⊙ 위 섭생법들을 만약 저체중이거나, 말라가는 암 환자, 위나 장이 안 좋은 사람이 했다면, 식물식 내용에 따라 장내 환경을 더 나쁘게 만들고, 소화기를 더 망가뜨리고, 치병의 효과도 없으면서 살만 잃어버릴 것이다.

과체중인 사람은 현미식, 자연식물식, 생식, 소식으로 살을 빼면, 효과를 볼 것이다. 하지만 장기간 하게 되면 저체중이 되면서 역효과를 보게 된다. 영양을 얻는 방법이 아니기 때문이다.

⊙ 책에서 읽었던 이야기 한 토막이 생각난다. 여러 가지 성인병을 가지고 있는 비대한 중년 남성이 고기나 가공식품을 끊고, 현미 채식을 하였다. 살이 빠지면서 혈압, 당뇨, 지방간 등 혈액 수치가 정상이 되면서 건강해졌다. 그래서 가족들에게도 권하고, 만나는 사람마다 현미 채식을 찬양했다. 욕심이 난 그는 고기를 더 멀리하고, 되도록 생현미에 생채소를 먹었다. 그런데 시간이 갈수록 체중이 너무 빠지고 혈색도 안 좋아져 만나는 사람마다 인사말이 어디 아프냐고 물어본다. 이 남성은 현미 채식으로 혈액 수치가 좋아지니, 현미와 채소의 영양을 얻어서 좋아진 줄 오해를 했던 것이다. 현미 채식, 생식은 영양을 얻는 방법이 아니기 때문에 오래 할수록 적정 체중 이하로 가게 된다.

각종 섭생 교리나 건강법들의 논리가 그럴싸하다. 따라 하면 금방이라도 구원을 받을 것 같다. 피를 빼고, 간 청소, 관장, 볶은 곡식, 녹즙, 생식, 과일식, 비건식, 죽염, 고가의 건강식품 등을 찾고, 이것도 해보고, 저것도 해보고, 수고로움을 감내하지만, 소득은 없고 살만 마른다.

우리가 여기서 배워야 할 교훈은 비만인들은 어떤 섭생을 하든 쾌변을 만들면서 살을 빼면 식물식으로부터 큰 효과를 볼 수 있다. 하지만 위 섭생법들은 영양을 얻는 방편이 아니기 때문에 저체중인 사람에게는 효과가 없거나, 살만 더 잃어버리게 만든다.

자연식물식이라고 무조건 믿지 말고 자신의 질병이나 체중을 살펴 적절한 섭생을 하는 게 좋다. 맥락에 맞지 않는 섭생은 누군가에게는 독이 될 수도 있다. 영양 흡수가 충분히 되면서 장내 환경이 개선되는 섭생법은 누구에게나 건강의 부를 줄 것이다.

섭생교리 고찰2 (고탄저지, 저탄고지)

섭생 교리 1에서는 비만으로 온 질병들은 섭생 내용이 달라도 살만 빼면 효과를 보는 이유를 살펴보았다. 이 장에서는 고탄저지(비건)와 서탄고지(육식)로 구분해서 고찰해 보자. 고기는 어떤 음식보다도 열량이 높아 살을 찌우기 때문에 현대인에게 건강의 적이 되었고, 당분이 많은 밥과 과일조차도 기피 음식이 되었다. 비만으로 인한 질병이 난무하다 보니 건강 전도사들의 외침이 비슷하다. 건강을 얻으려거든 고기를 멀리하고 식물식을 해라. 그런데 또 다른 교리는 탄수화물이야말로 비만이나 질병의 원인이니 당질을 제한하고 고기의 지방을 먹으라고 권한다. 당질 제한 식사법 또는 원시인 식사법이다.

두 교리는 서로 자신의 주장이 옳다는 걸 증명하기 위해, 인간 신체의 특성과 관련지어 여러 논거를 든다. 두 교리의 주장을 한번 들어보자.

자연식물식(고탄저지)

세계적인 명성을 가지고 있는 자연 식물식의 대가 존 맥두걸 박사는 가공식과 육식 위주의 식습관으로 비대한 몸이 되었고, 그로 인해 20살 전에 뇌졸중을 겪었다. 그 뒤로 모든 육식과 가공식을 끊고, 자연 식물식으로 체중을 빼고 건강을 되찾은 후, 동물성 단백질과 지방은 비만과 만병의 근원이고 인간은 녹말을 먹도록 설계된 동물이니 자연 식물식만이 정답이라 주장한다.

"당신이 몰랐던 지방의 진실"의 저자 콜드웰 에셀스틴 심장 전문의는 자연 식물식으로 18명의 중증 심장병 환자들을 완치시켰다. 환자들은 평소 가공식과 육식을 많이 해 비만이었고, 이로 인해 심장 혈관이 심각하게 막힌 환자들이었다. 이 의사는 동물성 지방뿐만 아니라 모든 식물성 기름까지 철저하게 제한하는 식단으로 수술 없이 심장병을 완치시켰다. 모든 환자들은 몸무게가 크게 빠지면서 막혔던 관상동맥이 뚫려 심장병으로부터 벗어날 수 있었다.

당질 제한 식사법(저탄고지)

"원시인 식사법"의 저자인 일본의 사키타나 히로유키 의사는 건강을 위해 고기를 멀리하고, 매크로바이오틱 식단을 실천하고 현미, 콩, 채소를 주로 먹는 자연식물식을 하였다. 하지만 너무 마르고 구내염에 시달리고 식곤증이 심했다. 저자는 연구를 거듭한 끝에 원시인 식사법만이 인류에게 가장 알맞은 식단이라는 것을 깨닫게 되었다. 원시인 식사법으로 식생활을 전면적으로 바꾸자, 몇 가지 지병과 식곤증이 사라지고 몸에 활력과 생기가 솟는 것을 경험하였다. 저자는 자신의 연구와 경험을 바탕으로 당질을 제한하고 육류 섭취를 늘려 환자들의 류머티즘, 아토피, 당뇨 등 다양한 질병을 치료하고 있는데, 그 치료 효과가 탁월하다고 말한다.

원시인 식사법이란 수렵과 채집을 하던 원시 선조들이 먹던 방식대로, 주로 고기를 많이 먹고, 탄수화물을 최대한 자제해 현미, 콩, 우유, 곡물을 식단에서 제한하는 섭생법이다. 당질을 제한하고 고기를 주로 먹는 비슷한 방식으로 저탄고지(저탄수화물, 고지방), 구석기 다이어트, 케톤 식사법, 카니보어 식단 등이 있다.

오랜 비건식으로 여러 건강상의 문제를 앓았던 리어 키스는 '채식의 배신'이라는 책을 통해 곡식과 채식만으로는 고기의 영양을 얻을 수 없다는 것을 강조한다. 리어 키스는 육식을 한 후 모든 건강이 회복되었다고 한다.

시중에는 자연식물식에 관한 책도 많지만, 최근에는 당질 제한 식사법을 기반으로 하는 건강서가 많이 나온다. 각자 논리를 들어보면 이 말이 맞는 거 같기도 하고, 저 말이 맞는 거 같기도 하다. 의사들은 암 환자에게 고기를 권하고, 자연식을 옹호하는 사람들은 고기를 비난한다. 우리는 누구 말을 믿어야 하는가?

가공식과 육류 섭취로 비대해진 맥두걸 박사는 고기 없는 자연 식물식으로 살이 빠지면서 건강해졌지만, 반대로 자연 식물식으로 저체중이었던 히로유키 의사는 육식을 하면서 더욱 건강해졌다. 저탄고지, 고탄저지의 서로 다른 섭생이 똑같은 효과를 보인 이유는 그 식단이 그 사람의 현재 상황과 맞아떨어졌기 때문이다.

- 비만으로 온 질병들은 고기를 끊고 식물식으로 살을 빼면 좋아진다. 칼로리 과잉으로 비만인 현대인들의 상황이다.
- 반면 흡수력이 낮아 저체중인 사람은 육식을 통해 더 많은 영양을 얻을 수 있어 건강에 도움을 받는다. 과거 영양부족에 시달렸던 선조들의 상황이다.

서로 다른 논리에 우왕좌왕하지 말고 자신의 체중이나 질병의 원인을 따져 자신에게 맞는 섭생을 찾고, 체중을 잃어버리게 만드는 섭생 교리를 조심하자. 세포에 영양을 주고, 장내 환경을 개선해 꼬들한 황금변을 만드는 섭생은 체중에 상관없이 모든 질병에 가장 효율적인 섭생이 된다. 이 책은 그런 섭생에 대한 안내서다.

고기의 누명과 식물의 잘못된 믿음

고기는 병을 만들 것 같고 식물은 내 몸을 깨끗하게 해줄 것 같다. 왜 고기는 건강의 적이 되었고, 식물은 친구가 되었을까? 우리는 고기를 멀리하고 식물로부터 충분한 영양을 얻을 수 있는지? 고기와 식물의 영양밀도와 흡수율을 알아보고 고기의 누명을 벗기고 식물에 대한 과도한 맹신을 버리자.

◇ 고기는 영양밀도가 높고 흡수율이 좋아 많은 영양을 얻을 수 있다.

사람들의 터무니없는 생각이, 고기보다 야채에 비타민, 미네랄, 효소가 많다고 생각하는 것이다. 고기는 식물들보다 훨씬 많은 비타민, 미네랄, 효소 등을 가지고 있다. 초식동물은 하루 종일 풀을 뜯지만, 육식동물은 가끔 먹는다. 야채, 과일, 곡식이 썩을 때는 구더기가 생기지 않지만, 쥐가 썩을 때는 큰 구더기가 생긴다.

식물은 영양밀도가 낮고, 고기는 영양밀도가 높은 음식이기 때문이다. 소고기 1kg은 수십 kg의 풀이 농축되어 만들어진 것이다. 그래서 고기는 식물보다 영양밀도가 훨씬 높다. 고기 먹어야 힘이 난다는 말은 고기는 흡수율이 좋다는 말과 같다. 유트브 먹방을 보면 고기를 한 번에 2kg도 먹는다. 소화가 쉽기 때문이다. 고기는 영양도 풍부하고 많이 먹을 수 있으니 많은 영양을 얻을 수 있다.

◇ 채소는 영양밀도가 낮고, 현미, 콩, 견과는 소화흡수율이 저조해 영양을 얻기 힘들다.

고기는 썩을 때, 악취를 풍기고, 큰 구더기가 생긴다. 식물은 썩을 때 냄새도 적고, 쉽게 썩지 않고, 구더기도 생기지 않는다. 그래서 고기는 더럽게 느껴지고, 식물들은 깨끗해 보인다. 피는 물보다 더럽게 느껴진다. 더럽다는 뜻은 유기물(영양)이 많다는 것이고, 깨끗해 보인다는 말은 영양이 적다는 뜻이다. 생선이 적색육보다 깨끗해 보이는 이유도 영양이 적기 때문이다. 채소는 영양밀도가 매우 낮고, 현미 콩, 견과는 흡수율도 저조하고, 소화가 어려워 많이 먹을 수 없다. 그래서 식물로부터 충분한 영양을 얻기 힘들다.

방을 데우기 위해서는 많은 양의 낙엽이 필요하고, 장작을 태우면 적은 양이 필요하다. 연탄은 밤새 탄다. 야채(풀)는 낙엽이고, 곡식은 장작이고, 고기는 석탄이다. 에너지 밀도가 높을수록 큰 에너지를 낸다. 고기는 가장 농축된 에너지(영양)라는 걸 알 수 있다. 그리고 우리 소화기는 육식동물의 소화기에 가깝기 때문에 육류를 먹었을 때 흡수 동화율이 가장 높다.

⊙ 고기의 누명과 식물의 잘못된 믿음

• 고기의 누명

과잉 열량섭취로 최악의 비만국이 된 미국은 심장병이나 뇌혈관 질환으로 사망하는 사람들이 많다 보니, 고기는 최고의 악당이 되었다. 가공식과 고기를 과하게 먹고 살이 쪄, 질병에 걸린 사람이 모든 육류를 끊고 식물식으로 병이 사라졌다. 결과만 보면 고기는 병을 만들고, 식물은 병을 낫게 한 것처럼 보인다. 그래서 그 죄를 고기에 뒤집어씌우고 식물을 칭송한다.

식물이 병을 낫게 해주었다면 육식만 하는 민족들은 다 병이 들어야 할 것이다. 육식을 주로 하는 마사이족, 몽고족, 에스키모인에게 현대병이 없는 이유는, 오염되지 않은 고기를 가공하지 않고, 적당히 먹기 때문이다. 가공식과 고기를 과하게 먹고 병에 걸린 후 고기에 그 죄를 뒤집어씌우는 것은 칼을 잘못 사용해 살을 베이고서 칼에게 그 죄를 뒤집어씌우는 격이다. 칼은 잘만 쓰면 아주 유용한 도구가 되는 것처럼, 고기는 영양밀도가 높고 흡수율이 좋기 때문에, 영양이 부족한 사람에게는 유용한 도구가 될 수 있다.

오염된 사육환경, 옥수수 사료 급여, 항생제 사용 등으로 고기가 해로운 것은 또 다른 문제이다. 친환경으로 키운 고기를 단순하게 조리해서 적당히 먹자.

● 식물의 잘못된 믿음

식물식이나 생식으로 건강이 좋아지는 이유는, 생식의 살아 있는 영양을 얻어서도 아니고, 식물이 피를 깨끗하게 해주어서도 아니다. 영양이 적게 들어오니 비만으로 온 질병들은 살이 빠지면서 스스로 사라지는 것이다. 비만도 하나의 독소로 몸에 가지고 있는 필요없는 쓰레기일 뿐이다. 쓰레기를 치우니 깨끗한 방이 된 것이다.

과자, 라면, 피자 등 가공 탄수화물을 많이 먹고 살이 쪄 병이 생겼다. 가공식을 끊고, 당질은 적게 먹으면서 고기 위주로 먹었더니(저탄 고지) 살이 빠지면서 병이 사라졌다. 고기가 병을 낫게 해주었는가? 원인을 제거하니 몸은 스스로 정상이 된 것이다.

물만 마시면서 단식을 해도 식물식이나 생식과 같은 효과를 본다. 건강해진 이유가 물의 영양을 얻어서도 아니고, 물이 몸을 깨끗하게 해주어서도 아니다. 아무것도 들어오지 않으니 몸속 독소가 배출되면서 병이 스스로 사라지는 것이다.

식물식이나 생식이 치병의 효과를 보이는 진짜 이유, 식물들의 영양밀도와 흡수율, 그리고 현미밥, 생잎사귀, 콩, 견과류, 생식으로 영양을 얻을 수 없는 이유 등을 명확히 이해해야 식물에 대한 맹목적인 믿음을 버릴 수 있다.

비만으로 인한 질병이나 몸속 독소가 많은 사람은 고기를 끊고 식물식을 치병의 수단으로 삼는 것은 좋은 일이다. 하지만 위 식물들은 영양을 얻을 수 없어 살을 빼는 효과로 비만인에게만 치병의 효과를 보이기 때문에 저체중인 사람이 식물 위주로 먹게 되면 영양실조로 더욱 마르게 된다. 고기를 건강의 적으로 매도하고 식물식이나 생식으로 충분한 영양을 얻기 힘들다는 걸 알아야 한다.

- 음식을 치병의 수단으로 삼으라는 히포크라테스의 말을 고기는 병을 만드니 식물들만 먹으라는 말로 해석하지 말자. 우린 육식동물의 소화기라 식물들만 먹고 충분한 영양을 얻기 힘들다.

- 고기가 병을 만드는 것도 아니고, 식물들이 병을 고쳐주는 것도 아니니, 고기를 무조건 매도하지도 말고, 식물들을 맹신하지도 말자.

고기는 영양밀도가 가장 높다.

⊙ 육식을 주로 하는 마사이족 평균 키가 178cm이고, 육식을 주로 했던 북유럽 사람들 키가 가장 크다. 일본인들의 키가 우리보다 작고 치열이 고르지 못한 이유는, 불교 신자였던 덴무왕이 육고기를 금해 불과 100년 전까지, 1200년 동안 생선과 조개만 먹었기 때문이다.

많은 사람들이 식물 위주로 먹고서 손톱이 가늘어지거나 갈라지고 입술이 트고, 피부가 푸석해졌다고 전한다. 식물들은 영양밀도가 낮거나 흡수율이 저조해 살을 빼는 효과는 있어도 치병에 필요한 충분한 영양을 얻기 힘들다는 걸 알아야 한다.

우리는 왜 식물들을 맹신하게 되었는가?

먼 옛날 사자들의 원시 선조들은, 까마득히 장구한 세월 동안 사냥을 해 고기를 주식으로 먹었다. 따뜻한 지역은 과일이 좀 있었지만, 추운 지방일수록 먹을 게 고기 밖에 없었다. 사자들은 숫자가 늘면서 마을을 이루고 농사를 짓기 시작했다. 곡식은 소출도 많고 저장성이 좋아 사자 수를 크게 늘리고 점점 고기를 대신해 주식이 되었다.

곡식과 채소는 원래 사자들의 먹이가 아니기 때문에 날로 먹을 수 없어 불로 익히고, 익혀도 소화가 어려운 부분은 제거하고, 또는 발효시켜야만 했다. 즉 독성을 제거하고 소화가 쉽도록 가공해야 먹을 수 있었다.

사자 수가 크게 늘면서 고기는 점점 먹기 어려운 음식이 되자 대부분 곡물로 배를 채웠다. 곡식조차 부족해 굶주릴 때가 많아, 고기와 쌀밥을 배부르게 먹어보는게 사자들의 소원이 되었다. 곡식만 주로 먹을 때는 다들 말랐었고, 이때는 영양부족으로 병에 걸렸기 때문에 병든 사자에게는 고기를 먹였다.

사자들 숫자는 기하급수적으로 늘었고 농사만 짓던 사자들은 가축을 기르기 시작했다. 점차 기계 문명의 발달로 풍족해지면서 누구나 고기를 맘껏 먹을 수 있게 되었다. 선조 사자들은 건강하게 키운 고기를 가공하지 않고 단순하게 먹었는데, 후손들은 옥수수 사료를 먹이고, 항생제를 투여한 고기를 혀의 쾌락을 위해 양념 범벅으로 먹고, 소시지, 햄처럼 가공해서 먹고, 밀가루에 묻혀 식물성 기름에 튀겨 먹는다.

거기다가 가공한 탄수화물도 과하게 먹고, 물 대신 탄산음료도 마신다. 과거 선조들은 배고플 때만 먹었는데, 이제 간식, 야식 끊임없이 먹어댄다. 그러다 보니 점점 뚱뚱한 사자들이 생기면서 비만으로 인한 고혈압, 당뇨, 지방간, 심장병 같은 질병이 생기고, 환경과 먹거리 오염으로 몸속 독소가 가득 차서 암, 아토피, 자가면역, 위장장애, 설사, 변비 등 불과 50년 전에만도 없던 온갖 질병들이 창궐한다.

그러자 선생들이 나타나 외친다. 고기를 먹지 말고 식물들을 먹어라. 고기는 만병의 근원이고 식물들만이 우리를 구원해 준다. 혼란의 시대는 혹세무민하는 종교들이 난무하듯이, 질병이 난무하다 보니 온갖 섭생교리들과 건강법들이 넘쳐 난다.

뚱뚱한 사자들이 가공식이나 고기를 끊고 식물들만 먹고 살을 빼니 혈압도 떨어지고, 지방간도 좋아지면서 건강을 되찾는 사례가 많아졌다. 그러다 보니 사자들은 점차 식물들을 믿기 시작했다.

어떤 선생들은 심지어 이렇게 외친다. 우리 사자는 곡채식 동물이라서 고기를 먹으면 병에 걸린다. 식물을 먹을 바엔 영양을 위해 현미를 먹고, 채소를 많이 먹고, 고기 대신 콩이나 견과류를 먹어라. 더 좋은 것은 현미를 생으로 씹고, 채소도 날로 먹고, 즙까지 짜 먹어라. 그래야 질병에서 더 빨리 벗어날 수 있다.

식물들을 먹고 건강을 되찾은 사자들이 쓴 섭생 지침서나, 명망 있는 선생들이 이구동성으로 식물들을 치병의 방편으로 삼으라고 한다.

그러자 이제 비만과 상관없는 병을 가진 사자들도 식물을 만병통치약으로 생각하기 시작했다. 위장이 나쁘거나 설사를 하는 사자도 현미를 먹고, 관절염, 피부병에 걸려도, 변비가 있어도, 암에 걸려 말라가는 사자도 식물들만 먹기 시작했다. 왜냐하면 고기는 피를 탁하게 하고, 식물들은 피를 깨끗하게 해주는 음식이라고 선생들한테 들었기 때문이다.

어떤 사자들은 식물들만 먹고 영양실조에 걸려 너무 마르고, 위장을 더 망가뜨리고, 장내 환경을 나쁘게 만들지만, 믿음이 너무 강해 추호도 의심할 수 없다. 명망 있는 선생들의 외침이고 모든 사자들이 그렇게 믿고 있으니 어찌 의심할 수 있겠는가? 그냥 좋다니 먹을 뿐이다.

이제 건강한 사자도 질병을 예방하기 위해 통곡식을 먹고, 콩을 많이 먹고, 고기 먹을 때는 더 많은 생채소를 곁들이고 어린 사자에게도 채소를 먹이려고 노력한다. 채소는 고기가 까먹는 건강을 보상해 주고, 막힌 혈관을 뚫어주고, 몸을 깨끗하게 해주는 음식이라 믿게 되었기 때문이다.

시간이 갈수록 병든 사자들이 많아진다. 어린 사자도 허리가 아프고 목이 아프다. 치과, 안과, 피부과, 정형외과, 개인병원, 종합병원, 약국, 한의원까지 병든 사자들로 문전성시다. 머지않아 절반의 사자가 병든 절반의 사자를 케어하는 일에 종사하게 될 것이다.

이제 식물은 종교처럼 믿음이 되었고, 온 나라의 사자들은 본인이 육식동물임을 잊어버리고, 곡채식 동물이라고 믿게 되었다. 식물은 질병이 난무할수록 더 굳은 신앙이 될 것이다.

그런데 이상한 일이다.

어린 사자들은 고기 없으면 반찬 투정을 하고, 고기 파는 가게가 가장 많고, 잔칫날 모여서 고기를 먹고, 돌아가신 할아버지 제사상에도 고기를 많이 올린다. 사자들은 고기를 비난하면서도 고기를 가장 맛있어하고 여전히 많이 먹는다. 왜냐하면, 농경이 시작되기 전 아주 장구한 세월 동안 고기를 주로 먹었던 원시 선조 사자들의 후손들이기 때문이다.

사자는 우리의 현실이다. 우리의 원래 출신 성분은 육식동물이지만, 잘못된 방식으로 고기를 먹고, 과잉 열량 섭취로 비만한 사자가 되었을 뿐이다. 잘못된 섭생으로 병에 걸린 후, 육식동물임을 스스로 부정하면서 고기를 비난하고 식물들을 맹신하게 되었다.

식물이나 생식이 비만인에게는 치병의 효과가 있을 수 있지만 절대 만병통치약으로 생각하면 안 된다. 우리는 육식동물의 소화기라 식물에서 충분한 영양을 얻기 힘들고, 잘못된 식물식은 대장에서 부패를 일으켜 피를 오염시키기 때문이다. 고기가 병을 만드는 것도 아니고, 식물이 병을 치유해 주는 것도 아니다. 잘못된 섭생이 병을 만들 뿐이다. 잘못된 섭생이란 가공식, 과도한 육식, 식물을 먹고 장내 부패를 일으키는 것이다.

원시 우리 선조들은 고기를 가장 많이 먹었고, 우리 자신도 육식동물의 소화기임이 인정하고, 식물들을 만병통치약으로 믿는 신흥종교를 버려야 한다. 우리를 구원해주는 것은, 식물들이 아니고, 꼬들한 황금변이다. 왜냐하면, 우리 신체는 장내 발효가 잘 될 때, 건강할 수 있도록 설계된 신의 피조물이기 때문이다.

• 가축의 설사병을 예방하는 방법

소고깃값이 좋다 보니 한우를 키우는 농가들이 많다. 소득을 줄이는 한 요인이 막 태어난 새끼가 설사병에 걸려 죽는 것이다. 고향에서 소를 키우는 형님이 설사병으로 잃어버리는 송아지 숫자가 한 해에 10마리가 넘는데, 돈으로 따지면 5천만 원에 가깝다고 한다.

설사병에 걸리는 주 요인이 축사 바닥이나 구조물들이 분뇨로 심하게 오염되어 유해균이 득실거리기 때문이다. 그래서 오래된 축사일수록 설사병에 많이 걸린다. 관상조를 키우는 형님도 새가 바닥에서 놀면 설사병에 걸리기 때문에, 횃대를 설치해 바닥에 앉지 못하게 한다고 한다.

설사병을 막기 위해서는 축사 바닥의 청결을 유지해야 한다. 바닥의 흙을 자주 갈아주거나, 발효시킨 톱밥이나 왕겨, 또는 소금을 깔아주면 유해균의 발호를 막아 설사병을 예방할 수 있다.

설사병에 걸린 가축에게 음식(우유)를 강제로 먹이면 죽을 수 있다. 음식이 위장에서 부패하기 때문이다. 아무것도 먹을 수 없는 사람이나, 반려견도 현미효소는 소화 시킬 수 있었다. 기르는 가축이 병에 걸려 먹지 못할 때 현미효소 국물을 먹여보자.

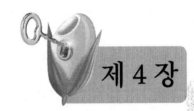

제 4 장

현미효소와 명수식 섭생, 공복을 치병의 방편으로 삼자.

우리는 영양을 갈망하고 황금변을 찬양하면서도,

식물들과 맹목적인 사랑에 빠져

대장에서 부패하게 먹고 피를 오염시킵니다.

현미효소와 발효식을 기반으로 한 명수식 섭생은

영양과 쾌변(해독)을 위한 최강의 섭생법입니다.

그리고 공복으로 해독을 얻고, 세포의 생명력을 깨우십시요.

자연식물식은 정답인가?

현미채식 그리고 자연식물식이란?

고기나 가공식품은 건강에 해로우니 가공하지 않은 식물 위주로 먹자는 섭생이다. 자연식 대가들이 이구동성으로 권하는 현미, 통밀, 잡곡, 콩, 생채소, 견과, 생식, 녹즙 등은 건강을 위해 챙겨 먹어야 하는 식물들이다. 자연식물식이 무조건 정답인지 알아보자.

홍성에 사는 한 남성은 6년 전(당시 56세) 동맥류 파열로 출근길에 쓰러졌다. 심장이 20분간 정지되어 심폐소생술을 받고 의식을 회복한 후 분당 서울대 병원에서 수술을 받고서 기적적으로 회복되었다. 동맥이 파열되면 사망 확률이 95%라고 한다. 의사 말이 너무나 심각한 동맥류 파열이라 살아난 게 기적이라고 하였다. 극히 위험한 병인지라 그때부터 온 가족이 비상이 걸렸다. 식단을 식물식 위주로 바꾸었다. 부인은 알고 있는 상식대로 현미 잡곡밥, 콩, 생채소 등으로 식단을 차렸다. 특히 생잎사귀는 매끼 수북이 싸놓고 먹었다.

남편은 배고픔을 느끼지 못하고 속이 항상 불편해했다. 독한 방귀를 하루 종일 뀌고, 무른변을 보고, 주말이면 피곤해 종일 자는 게 일이었다. 운전 중 심한 졸림으로 큰 사고가 나기도 했고, 치매 걸린 것처럼 두뇌가 멍한 상태가 되기도 했다. 혈색도 좋지 않고, 몸무게도 빠지고, 건강은 점점 나빠져 갔다. 그 당시 남편이 입에 달고 사는 말이 있었다. '속이 불편하고 때가 되어도 배가 고프지 않다.'고

속이 왜 불편하고, 독한 방귀가 왜 그렇게 많이 나오는지도 모르고, 좋다는 것들을 집어 넣는데만 신경 썼다. 1년 전에 지인을 통해 현미누룩효소를 알게 되었고, 필자와

상담 후 식단을 현미효소와 명수식 섭생으로 싹 바꾸었다. 점차 황금변이 되면서 소화가 잘돼 배고픔도 느끼고, 방귀가 없어지고, 피곤함이 사라졌다. 주말에 성당에 가면 교인들이 어떻게 그렇게 혈색이 좋아졌느냐고 물어본단다.

남편은 현미효소를 생명줄로 생각하고, 만들어 주는 데로 지극정성 챙겨 먹는다고 한다. 현미밥, 콩, 견과류, 생잎사귀와는 완전히 결별했다. 지금은 백미밥, 김치, 시래기, 된장국 위주로 단순하게 먹는다고 한다.

몸에 큰 병이 있는 사람일수록 건강을 위해 챙겨 먹는 1순위 음식들이 현미밥, 콩, 생채소, 견과류, 생식이다.

방귀를 많이 뿜어내고 있다면 위 음식들을 많이 먹고 있을 확률이 크다. 위 음식들은 나무로 말하면 젖은 장작이다. 아궁이에 불을 때는데, 젖은 장작을 몽땅 집어넣으면 어떻게 되겠는가? 잘 타지 않으면서 매연이 잔뜩 날 것이다. 잘 타지 않으니 화력(영양)도 얻을 수 없고, 매운 매연(독)이 공기를 탁하게 하듯이 피를 오염시킨다.

◉ 자연식물식처럼 가공식을 피하고 자연이 준 음식을 먹자는 의도는 좋다. 하지만 전술이 좋아야 승리할 수 있다. 동맥류 파열 후 건강을 찾기 위해 현미밥, 생채소, 콩, 견과류 등을 열심히 챙겨 먹고 악취 나는 방귀나 변을 만든 것은, 배가 산으로 가는 잘못된 전술이었다. 위 식물들을 식단에서 제거하고, 현미효소와 발효식, 그리고 명수식 섭생이라는 전술로 방귀가 사라지고, 황금변이 되면서 건강이라는 전략을 완수할 수 있었다.

◉ 암 요양병원에서 제공되는 식단을 보면 현미 잡곡밥, 생채소, 콩 등의 식물식 위주다. 대부분 독한 방귀를 많이 뀌고, 풀어지는 변을 보고, 살이 계속 빠진다고 한다.

영양도 얻지 못하고, 대장에서 부패가 일어나는 식단이기 때문이다.

한 대장암 환자는 수술 후 요양병원 밥을 먹으면서 그런 지독한 방귀와 변은 첨 보았다고 한다. 필자의 권고대로 현미효소를 마시면서 위 식물들을 식단에서 제거하자, 꼬들한 황금변을 보게 되었다. 그러면서 살이 붙고, 기력이 좋아지고, 종양 수치가 크게 호전되었다. 영양을 얻고, 장내 환경이 좋아졌기 때문이다.

"식물은 깨끗한 음식이고, 고기는 피를 오염시킨다." 현대인들의 믿음이다.

본질은 고기냐? 식물식이냐? 가 아니다. 핵심은 장내 발효다. 고기를 먹는다고 피가 탁해지는 것도 아니고, 식물들을 먹는다고 피가 깨끗해지는 것도 아니다. 식물들을 먹고 장내 부패를 일으키는 사람들이 부지기수다. 나름 건강식을 해도 소득이 없이 살만 빠지는 것은 영양도 얻지 못하고, 대장에서 부패하게 섭생을 하기 때문이다.

식물들을 맹목적으로 믿지 말고 장내 발효가 잘 되는 식물식을 하자. 장내 부패 없이 영양을 얻을 수 있는 방편이 현미효소와 발효식을 기반으로 한 명수식 섭생이다.

쾌변을 만드는 자연식물식 하기

우리는 건강을 얻기 위해, 명망 있는 의사나 자연식 대가들의 말에 귀 기울이고, 음식으로 병을 고친 사람들이 쓴 건강 지침서들을 구해 읽는다. 내용들이 비슷하다. 건강을 얻으려거든 고기나 가공식품을 멀리하고 식물식을 하고, 살아 있는 영양을 위해 날로 먹어라. 우리 생각에도 식물들과 생식은 내 몸을 정화 시켜줄 것 같다. 식물식으로 건강해지는 사람도 있지만, 오히려 건강을 까먹기도 한다. 어떤 차이인가?

결과부터 말하자면 식물식으로 과거보다 쾌변을 만들면 건강해지고, 변을 나쁘게 만들면 건강을 까먹게 된다. 깨끗해 보이는 식물식을 열심히 해도 나는 왜 건강해지지 않는지 필자의 사례로 알아보자.

▷ **다음 내용은 필자의 경험이다.**

① **30대 중반**

30대 중반 소화는 잘 되었지만, 변이 가늘고, 툭하면 설사를 했다. 핏속에 독소가 많아서 엉덩이에 뾰루지가 많이 올라왔다. 건강검진에는 이상 없었지만, 피곤함에 절어서 시간만 나면 잠을 자야 했다. 추위에도 약했고 감기몸살이 오면 매우 심하게 앓았다. 건강을 구원받기 위해 고기와 가공식을 끊고 식물들 위주로 먹었다.

식단은 현미밥과 생채소 위주로 점심과 저녁 두 끼만 먹고, 가공식과 고기를 일절 금했다. 살이 10kg 가까이 빠지고, 점차 쾌변이 되면서 6개월 만에 놀랍도록 건강해졌다. 현미채식으로 목숨을 구제받았기 때문에 현미, 생식, 자연식은 필자의 굳은 신앙이 되었다.

② 50대 초반

30대 중반 현미채식으로 건강을 되찾은 후 보통 건강체로 살다가 51살에 심장이 크게 탈이 났다. 심장을 고치기 위해 현미잡곡밥을 먹고, 생잎사귀, 콩, 견과류를 열심히 챙겨 먹었다. 녹즙까지 짜 먹고 되도록 생식하기 위해 노력했다. 좋다는 온갖 것들을 구해 먹고 해독을 위해 부황, 간 청소, 관장 등을 하였지만, 30대 중반처럼 건강이 호전되지 않았다. 좋았던 변이 물러지고 악취가 나면서 피곤함을 더 느끼는 등 부정적인 증상들만 느꼈다,

30대 중반에는 식물식으로 변이 좋아지면서 놀라운 건강을 맛보았는데, 50대 초반에는 식물식을 더 열심히 하고, 해독요법을 하고, 몸에 좋은 것까지 챙겨 먹었는데, 효과는커녕 부정적인 증상들만 느꼈다. 어떤 차이인가? 답은 변이 나빠졌다는 것이다. 변이 나빠졌다는 말은 대장에서 발효보다는 부패가 많이 일어났다는 뜻이다.

30대 중반 식물식 내용은 현미콩밥, 생채소, 김치, 나물 정도였다. 견과류는 먹지 않았고 생잎사귀도 많이 먹지 않았다. 젊어 소화력이 좋았고, 운동을 많이 했고, 점심 저녁 두 끼만 먹었다. 고기와 가공식을 엄격히 금했고, 간식이나 야식도 일절 하지 않았기 때문에, 위 식물식을 충분히 소화 시킬 수 있었다. 체중이 빠지면서 몸속 독소도 빠지고 장내 환경이 좋아져 쾌변이 되었기 때문에, 자연식물식으로 건강체가 될 수 있었다.

반면 50대 초반은 나이도 들고 활동량이 적어 소화력은 젊었을 때보다 훨씬 약해졌는데, 30대 중반보다 소화가 어려운 식물들을 더 많이 먹었다. 생식 비중을 늘리고 견과류나 생잎사귀를 더 많이 먹었기 때문에 무르고 악취 나는 변을 보았다. 깨끗해 보이는 식물을 먹었지만, 장내 부패를 일으켰기 때문에 부정적인 증상들만 느꼈던 것이다. 식물식으로 건강해진 후 책을 쓴 사람들은 30대 중반 필자의 상황과 비슷한

경우다. 고기나 가공식을 철저하게 끊고 살이 빠지면서 해독도 되고 변이 좋아지면서 건강을 얻은 경우다.

하지만 대부분의 사람들이 식물식으로 건강을 얻지 못한다. 그 이유는 50대 초반의 필자처럼 장내 부패가 일어나게 먹기 때문이다.

① 대부분 사람들은 일반식을 하면서 현미, 콩밥, 생잎사귀, 견과류를 챙겨 먹는다. 그럼 살이 안 빠지니, 독소 제거도 안 되고, 장내 부패가 일어나 오히려 변이 나빠진다.

② 항암이나 다른 질병으로 이미 저체중인데, 장내 발효가 어려운 식물식 위주로 먹고, 악취 변을 보면서 살이 더 빠진다.

③ 위장이 나쁘거나 변비 설사를 하는 사람이 소화와 장내 발효가 어려운 위 식물들을 먹고 위장을 망가뜨리고, 변비나 설사를 악화시킨다.

고기나 가공식품을 독극물 보듯이 하면서 모든 자연식 대가들이 추천하는 음식이고 우리 생각에도 식물들은 착하고 깨끗해 보이니 아무 생각 없이 집어넣기만 할 뿐이다.

첨언

식단에 현미밥, 콩, 생채소, 견과류 비중이 높은 사람들일수록 변이 풀어지고, 방귀를 많이 뀌고, 피곤함을 느끼고 산다. 전주에 사는 60대 여성은 10년 넘게 콩을 잔뜩 넣은 현미밥을 먹고, 생잎사귀와 견과류를 열심히 챙겨 먹으면서 살았다. 항상 풀어지는 변을 보았고 피곤하다는 말을 입에 달고 살았다. 그리고 운전 중 심한 졸림으로 사고가 날뻔한 적이 많았다. 위 식물들을 많이 먹는 사람일수록 피곤함을 많이 느끼고 운전 중 심한 졸음을 경험한다. 친구들한테서 '너는 좋은 것만 먹는 데 왜 피곤하느냐'는 말을 듣고 살았다. 위 식물들을 식단에서 완전히 제거하고, 현미효소와 명수식 섭생으로 변이 뭉쳐지고 피곤함이 훨씬 줄었다. 그분 왈 식물들은 몸에 좋다니 열심히 먹으면 건강에 좋은 줄 알았고, 왜 변이 풀어지고 몸이 피곤한지, 꿈에도 생각해 본 적이 없다고 했다. 현미효소와 명수식 섭생을 몰랐다면 현미, 콩밥, 생잎사귀, 견과류 열심히 먹으면서 피곤한 몸으로 평생 살 뻔했다. 지금 이 책을 읽는 당신의 이야기일 수 있다.

⊙ 양념 범벅은 장내발효를 방해하고 피를 오염시킨다.

맵고 짠 양념을 눈 밑이나 피부에 발라보라 얼마나 매운지, 소화기의 내부도 똑같은 피부다. 맵고 짠 음식은 소화기 점막에 큰 자극을 준다,

양념 범벅 아귀찜 요리를 먹고 변을 보면 항문이 얼얼하다. 이 말은 건강한 사람에게도 양념 범벅은 좋지 않다는 뜻이다. 변비나 설사 소화기 내의 다양한 질병들은 식단에서 양념을 제거해야 한다.

짜고 매운 양념은 장내 유익균의 먹이가 아니다. 즉 부패를 유발한다는 뜻이다.

나물은 된장이나, 간장 단품으로 짜지 않게 무쳐 먹는 게 좋다. 양념 범벅 고기도 좋지 않다. 국은 맑은 지리로 끓여 먹는다. 양념 범벅 김치 종류도 좋지 않다. 백김치나, 물김치처럼 양념을 최소화해서 담아 먹자. 서양식 피클도 좋다. 양념을 끊어보니 변이 더 좋다.

한국인이 위암 대장암이 많은 이유 중 하나가 맵고 짜게 먹기 때문이다.

어떤 동물도 양념 범벅으로 먹지 않는다. 양념 없이 먹는 게 원래 자연스러운 것이다.

영양을 얻는 자연식물식 하기(무기물 영양을 얻는 방편)

약수물이 왜 약이 되는가? 미네랄이 풍부하기 때문이다. 동물은 미네랄이 부족해지면 이상한 행동을 한다. 염소는 미네랄을 얻기 위해 위험한 절벽을 타고, 기린은 동물의 뼈를 씹고, 소나 말은 돌멩이를 핥거나, 여물통을 씹는다.

우리가 질병에 걸리는 이유는 두 가지다. 영양 부족과 피의 오염이다. 여기서 영양 부족은 단백질, 지방, 탄수화물 같은 유기물 영양이 아니고, 무기물 영양이다.

무기물 영양이란 열량은 없지만, 면역과 건강 몸의 생리에 꼭 필요한 효소, 비타민, 미네랄 같은 물질이다.

자연식물식이나, 현미채식을 옹호하는 사람들은 영양을 위해 통곡식, 생채소, 콩, 견과, 녹즙, 생식가루 등을 먹으라 권한다. 책 전반에 걸쳐 위 음식들은 결코 영양을 얻을 수 있는 음식도 아니고, 대장에서 부패를 일으켜 피를 오염시킨다고 했다. 그럼 어떤 식물식을 할 때 장내 부패 없이 무기물 영양을 가장 많이 얻을 수 있는가?

⊙ 발효 음식을 많이 먹는 것이다.

과일도 야채도 고기도 없다. 먹을 것이라곤 백미밖에 없다.

백미만 먹고도 과일이나 야채가 가지고 있는 효소나 ,비타민을 얻을 수 있는 방법은 무엇인가? 그건 막걸리처럼 백미를 발효시키는 것이다. 발효 과정에서 증식한 미생물은 효소를 생성하고, 비타민을 합성하고, 미네랄을 이온화시켜 흡수되도록 만들고, 건강에 유익한 단쇄지방산이나 항암, 항염 물질들을 만들어 낸다. 그래서 한 방송에 나온 사연처럼 오로지 막걸리만 먹고도 12년을 살 수 있는 것이다.

백미밥에서는 당질(칼로리)밖에 얻을 수 없지만, 발효란 에너지 변환으로 막걸리는 백미에 없는 다양한 무기물 영양을 얻게 해준다. 풋내 나는 배추가 맛 좋은 김치가 되는 이유도 발효를 통해 영양이 많아졌기 때문이다. 무기물 영양을 얻기 위해서는 흡수율이 극히 저조하고, 대장에서 발효를 방해하는 현미, 콩밥, 생잎사귀, 견과, 생식을 제거하고 다양한 발효음식으로 식단을 채워야 한다.

• 현미효소에서 가장 많은 무기물 영양소를 얻을 수 있다.

이유는 현미는 영양의 보고로 다양한 미네랄과 비타민을 가지고 있는데 발효 과정에서 현미의 영양은 활성화 되어 온전히 흡수되고, 당질을 먹이로 증식한 미생물은 원물에 없는 또 다른 영양소를 만들어 낸다. 또한 미강은 장내 유익균의 쉬운 먹이가 되어 유익균을 통해서도 영양을 얻게 해준다. 그래서 현미효소는 가장 많은 효소, 비타민, 미네랄 등을 얻을 수 있어 아무것도 먹을 수 없어 죽을 날만 기다리던 암 환자들이 현미효소만 드시면서 오랫동안 생존하신 사례가 여럿 있었다. 그리고 비건식이나 건강상 목적으로 고기를 조금만 먹는 사람들에게도 현미효소는 최고의 대안이 된다.

◇ 무기물 영양을 얻는 또 한 가지는 대장에서 유익균을 최대한 양육하는 것이다.

음식을 발효시킬 때 다양한 영양이 생성되듯이 장내 발효과정에서 유익균은 건강과 치병에 필요한 다양한 무기물 영양을 만들어 주고, 미네랄이 흡수되도록 활성화 시킨다. 장내 유익균을 통해 가장 많은 영양을 얻기 위해서는 장내 발효가 쉬운 음식으로 유익균 증식을 최대한 도와야 한다. 하지만 많은 사람들이 잘못된 자연식물식으로 유익균 증식을 방해하는 섭생을 한다.

◇ 영양을 얻고, 장내 발효가 쉬운 자연식물식 하기

먹는다고 다 내 영양이 된다면 슈퍼푸드가 지천인 세상에 누가 영양 부족에 시달리겠는가? 슈퍼푸드를 먹어야 영양을 얻는 게 아니고, 꼬들변을 만들어야 진짜 영양을 얻게 된다. 우리가 알고 있는 대부분의 슈퍼푸드는 흡수력율이 저조하고, 변을 나쁘게 만들어 오히려 영양실조를 만든다. 영양이 없어 보이지만, 백미밥과 말린 나물을 먹고도 영양을 얻을 수 있는 이유는 장내 미생물의 좋은 먹이가 되기 때문이다.

현미밥, 콩, 견과, 생식, 생잎사귀는 날지 못하는 슈퍼푸드이니 우리를 구원해 줄 거란 기대를 버려야 한다. 더 큰 손해를 보기 전에 파는 것을 "손절"이라 한다. 평판은 슈퍼푸드지만 몸속에서는 쪼다가 되어버리는 음식들을 지금이라도 손절하고, 발효음식과 명수식 섭생으로 갈아타는 게 건강을 얻는 지름길이다. 그동안 많은 사람들이 잘못된 식물식을 버리고 현미효소와 명수식 섭생으로 건강의 부를 얻었다.

영양은 에너지를 만든다.

현미밥, 생채소, 콩, 견과, 녹즙, 생식 등을 열심히 먹는 사람일수록 살이 빠지면서 주름이 많아지고, 피부도 건조해진다. 영양이 부족해지기 때문이다.

50 후반의 몇몇 여성들에게 들은 이야기다. 명수식 섭생을 하면서 현미효소를 마시고 변이 좋아지자, 피부가 부드러워지고 생리량이 늘거나 생리혈이 깨끗해지고, 건조했던 질 속이 촉촉해졌고, 회춘한 것처럼 성적인 욕구도 생겼다고 한다. 현미효소와 명수식 섭생으로 충분한 영양을 얻은 세포는 에너지를 만들기 때문이다.

명수식 섭생법 탄생기

30대 중반에 정상 생활이 어려울 정도로 피로감이 극심했다. 변이 시원하게 나오지 않았고, 툭하면 설사변을 보았다. 안현필 선생이 쓰신 책을 보고 현미 자연식을 통해 변이 좋아지면서 건강을 회복하게 되었다. 그런 계기로 현미 자연식은 건강식이라는 굳은 믿음을 가지고 살았다.

지금은 사람들에게 과거에 열렬히 사랑했던 생식, 현미밥, 생채소, 콩, 견과 등과 이혼을 권하는 변절자가 되었다. 그 이유와 명수식 섭생법이 탄생하게 된 사연이다.

◎ 51살에 심장이 크게 탈이 나면서 현미밥과 콩, 견과류, 생채소를 더욱 열심히 챙겨 먹었다. 되도록 생식을 하려고 노력했고, 좋은 소금, 좋은 기름을 구해 먹고, 녹즙기도 돌렸다. 국내외 자연식 대가들의 책을 탐독하고 녹즙, 단식, 간 청소, 커피 관장, 쑥뜸, 부황을 하고 몸에 좋다는 자연 재배나 유기농을 찾아 먹고, 화학물질을 피하기 위해 유리나 스탠을 쓰고, 면으로 된 옷을 구해 입고, 샴푸도 쓰지 않았다. 어싱 패드를 깔고 자고, 맨발 걷기, 야외 수면 등 "건강만 다오 무엇이라도 할 각오가 되어 있다" 고행하는 수도승처럼 건강에 좋다는 온갖 것을 실천했다.

고기가 맛은 있지만, 남의 살을 먹는 게 영적이지 못하다는 생각도 들고, 식물들이나 생식은 몸을 깨끗이 해줄 것 같다는 생각, 완전 생식에 대한 막연한 동경심까지 있었다. 해탈를 얻기 위해서는 힘든 계율을 지켜야 하는 것처럼 노력할수록 건강을 얻을 것이라 믿어 의심치 않았다.

그런데 좋다는 음식을 챙겨 먹을수록 아래와 같은 부정적인 증상들을 자주 느꼈다. 현미잡곡밥과 생채소, 도시락을 싸 들고 이른 새벽에 출근해 테니스나 근력운동을 하는 게 오래된 습관이었다.

① 똑같은 시간을 자고 아침 운동을 하는 데 어떤 날은 평소와 달리 계속 더 자고 싶고, 힘쓰기 싫은 날이 있었다.

② 점심을 먹고 잠깐 자고 나면 개운한 날이 있는가 하면, 기분 나쁜 졸림이 이어지면서 계속 자고 싶은 날이 있었다.

③ 생채소나 콩, 견과를 많이 먹은 날일수록 방귀가 많이 나오고, 변을 보면 물러지면서 악취가 심했다.

④ 식물들을 열심히 챙겨 먹었지만, 피로감도 쉽게 느끼고, 피부가 가렵고, 조금만 운전해도 눈이 침침하고, 자다가 더 자주 일어났다.

몸에 좋다는 온갖 것을 챙겨 먹어도 좋아지는 것은 없고, 부정적인 증상들을 반복적으로 느끼면서 점차 의심이 들기 시작했다.

◑ 고기와 가공식을 멀리하고 몸을 깨끗하게 해줄 것 같은 식물식이나 생식을 하고, 몸에 좋다는 온갖 것을 구해 먹고, 온갖 건강법을 실천했는데 좋아지기는커녕 왜 나쁜 증상들만 느꼈는가?

답은 본질을 제껴 두고 엉뚱한 노력만 했기 때문이다. 본질은 장내 발효가 잘 될 때 만들어지는 쾌변을 만드는 일이다. 식물은 깨끗해 보이니 무조건 넣어주면 건강에 도움이 되고, 식물들을 먹어야 변이 좋아지는 줄로만 알았다. 여러분의 지금 생각도 같을 것이다.

장내 부패를 유발하는 식물들이 현미, 생채소, 콩, 견과, 생식 등이다. 위 식물들을 많이 챙겨 먹을수록 방귀가 많이 나오고, 무르고 악취 나는 변을 보게 된다. 지금 여러분의 상황일 수도 있다.

위 음식들이 피상적으로는 영양이 많고 깨끗해 보일지라도 흡수율이 형편없어 영양도 얻을 수 없고, 장내 환경도 개선할 수 없다는 걸 깨닫게 되었다. 오히려 장내 부패를 유발해 쾌변을 방해하고 피를 오염시킨다는 걸 알게 되었다.

음식의 가치는 영양분석표가 아니라 영양밀도, 흡수동화율, 독성, 그리고 대장에서 발효가 얼마나 쉬운가 등 전체적인 관점에서 평가되어야 한다. 피상적인 현상 뒤에 숨어있는 반전의 논리를 이해하고 단편 단편 알고 있던 지식들이 연결고리로 이어지면서 우리가 건강식이라 굳게 믿고 있는 음식들이 전체 맥락 속에서는 전혀 다른 모습으로 보이기 시작했다.

진실을 알게 되면서 대중들에게도 같이 변절자가 되자고 종용하게 되었고 지금까지 들어본 적이 없는 현미효소와 발효식을 기반으로 한 명수식 섭생법을 만들게 되었다. 현미밥, 생잎사귀, 콩, 견과류, 녹즙 등은 50년 전만 해도 안 먹던 음식들이다. 김치, 동치미, 깍두기, 시래기, 말린 나물, 된장, 청국장, 장아찌 등은 조상 대대로 먹던 조강지처 같은 음식들이다.

조강지처 같은 음식으로 돌아가자는 것은 변절자가 되는 것이 아니고, 화장빨(영양논리. 생식논리)에 속아 순간 애첩에게 눈이 멀었으니 정신 차리고 조강지처에게 돌아가자는 것이다.

사람들에게 현미밥, 생채소, 견과류, 콩 등을 먹지 말라고 하면 '무얼 먹으란 말이냐?'고 반문한다. 진짜 먹을 게 없다는 말이기 보다는, 위 음식들은 건강을 위해 챙겨 먹어야 하는 1순위인데 무얼 먹으란 말이냐? 는 뜻일 것이다.

위 음식들을 먹지 말라면 계율을 지킬 필요가 없다는 소리로 들린다. 계율을 지키지 않고 어떻게 구원(건강)을 얻을 수 있단 말인가? 우리는 건강 대가들이 말하는 계율에 얽매여 진실을 보지 못하고 있을 뿐이다. 내가 지금 하는 섭생에 대해 좋은 소리만 듣고 싶은 게 인지상정이다. 자신의 섭생과 반대되는 필자의 주장에 기분이 상할 수도 있지만, 우리는 지금까지 잘못된 진실을 믿고 살았는지 모를 일이다. 자연식 대가들의 권하는 음식들이고, 우리 상식에도 건강을 위해 챙겨 먹어야 할 음식들을 삼가라는 필자의 주장이 허무맹랑한 소리로 들릴 수 있다.

체험만이 진실임을 알려준다. 그동안 많은 사람들이 현미효소를 마시면서 위 식물들을 식단에서 제거함으로써 건강의 부를 얻었다. 위 식물들을 먹었을 때 변이나 컨디션이 어떻게 변하는지 체험해 보고 진실을 가리기 바란다.

시중에 수많은 섭생 논리가 있다. 전문가마다 말이 틀리니 이것도 해보고 저것도 해보고 우왕좌왕하면서 돈 낭비, 시간 낭비다. 가공식품이 나쁘다는 것은 누구나 알기 때문에 피할 수 있다. 하지만 식물들은 착해 보이기 때문에 믿다가 발등을 찍힐 수 있다. 부분이 아닌 전체를 볼 때 통찰을 얻을 수 있고, 통찰은 진실을 가려준다. 명수식 섭생은 살아오면서 다양한 질병에 걸렸고 이를 극복하기 위한 치열한 숙고와 다양한 임상을 통해 전체를 보는 시각으로 만들어졌다. 치병을 위한 가장 중요한 요소 두 가지는 ① 세포에 충분한 영양을 전달하고 ② 장내 유익균을 늘려 쾌변을 만드는 것이다.

현미효소와 발효식 그리고 장내 미생물에 초점을 맞춘 섭생법이 이를 가능케 한다. 소통을 위해 "명수식 섭생"이라 명명하자.

영양과 장내 미생물을 위한 새로운 섭생법 제안

명수식 섭생법 요약

주식		▶ **현미밥은 먹지 않는다.** ● 현미효소 건더기를 갈아 백미밥고 같이 먹는다. ● 백미밥이나 백미 나물밥을 먹는다.(도정된 잡곡1~2가지 넣을 수 있다) ● 국산 밀에 소금만 넣고 만든 빵 종류를 먹는다. ● 쑥인절미, 모싯잎송편, 고구마, 밤 같은 천연 녹말음식을 간식이나 밥 대용으로 먹을 수 있다.
부식	**섬유질**	▶ **생잎사귀는 먹지 않는다.** ● 소화기가 건강한 사람은 뿌리채소, 열매채소 독성이 없는 배추, 양배추, 양상치 정도는 날로 먹어도 무방하다. 그래도 되도록 장아찌나 피클로 먹는다. ● 발효된 모든 김치류를 먹을 수 있다. ● 익힌 나물, 시래기 같은 말린 나물을 먹는다. ● 해조류, 버섯류 등 모든 섬유질은 되도록 부드럽게 조리한다. ● 장이 안 좋은 사람일수록 뿌리나 열매채소를 먹는다.
	※ (주의)	● 과한 섬유질 반찬은 장내 발효를 방해한다. 장이 약한 사람일수록 탄수화물을 늘리고 섬유질 가짓수와 양을 줄이고 최대한 부드럽게 조리한다.
	콩과 견과	▶ **콩이나 견과류를 먹지 않는다.** ● 발효된 콩만 먹는다. 생청국장이나 낫도도 소화가 어려우니 소량씩 먹는다. ● 완두콩, 강낭콩, 팥은 소량 밥에 놓아 먹을 수 있다.
	과일	● 과일은 특별히 가리는 게 없다. 장이 나쁜 사람일수록 바나나, 감, 복숭아, 멜론 같이 녹말이 많은 과일이 좋다. 껍질이나 씨는 먹지 않는다.
	육류	● 유기농 우유를 구해 발효시켜 먹는다. ● 방목 유정란을 수란이나 반숙으로 먹는다. ● 건강한 사람은 위생을 고려해 회, 육회 등을 먹으면 좋다. ● 모든 육류는 양념 범벅으로 먹지 않고 단순하게 굽거나 쪄서 먹는다. ● 외식할 때는 순댓국, 소머리국밥, 설렁탕, 보쌈, 지리처럼 담백하게 요리된 고기를 먹는다. ● 고기 먹을 때는 생채소와 같이 먹지 말고 단품으로 먹던가, 발효된 김치나 깍두기, 익힌 나물 하고 먹는다.

◎ **삼가할 음식** – 현미밥, 생잎사귀, 콩, 견과류, 생식, 모든 가공식품, 튀긴 음식들, 양념 범벅 음식, 식물성기름, 후라이팬 요리, 과도한 섬유질

◎ **총론**

초식동물을 보면 하루 종일 먹지만, 육식동물은 며칠에 한 번씩 먹는다. 풀이 썩을 때는 구더기가 생기지 않지만, 쥐가 썩을 때는 구더기가 생긴다. 풀(야채)은 영양이 가장 적고, 고기는 영양밀도가 가장 높은 음식이기 때문이다.

고기를 먹지 않고 탄수화물이나 야채 위주로 먹게 되면, 흡수력이 낮은 사람은 영양 결핍으로 너무 마른다. 고기는 날로 먹을 때 매우 큰 이득이 있다. 하지만 위생 때문에 어려운 일이다. 대안이 있다면 우유를 발효시켜 먹고, 건강하게 키운 계란을 수란으로 먹는 것이다. 흡수력이 낮은 사람은 육류를 먹어야 체중이 빠지는 걸 막을 수 있다.

그리고 한식은 섬유질 반찬이 너무 많다. 장내 발효는 당질이 가장 쉽고 그 다음이 부드러운 섬유소다. 건강식을 해도 변이 좋아지지 않으면 당질을 늘리고 섬유질 가짓 수와 양을 줄이고 최대한 부드럽게 조리한다. 어떤 음식을 먹어도 설사변을 본다면, 고슬한 백미밥에 간장이나 새우젓 하고만 먹는다.

여기까지 읽어 왔다면 필자가 주장하는 섭생법을 이해하고도 남을 것이다. 너무나 간단하기 때문이다. 챙겨 먹어야 할 장황한 음식 목록표가 있는 것도 아니고, 특별한 음식을 먹으라는 것도 아니기 때문이다. 조상 대대로 먹어오던 흔한 음식들이다. 우리가 가장 친한 친구라고 믿고 있는 음식 몇 가지만 제거하면 된다. 그게 장내 발효가 어려운 현미밥, 콩, 생잎사귀, 견과류 등이다. 중한 병에 걸린 사람일수록 위 식물 위주로 식단을 채운다. 그럼 더 빨리 체중을 잃어버리고 장내 환경을 무너트려 면역을

잃게 된다. 위가 나쁜 사람은 소화기가 더 망가질 수 있다.

명수식 섭생법은 고기는 해롭고 식물은 깨끗하다고 이분법적으로 구별하지 않는다. 명수식 섭생법의 핵심은 고기든 식물이든 장내 부패 없이 먹는 것이다. 먹는 방법에 따라 장내 부패 없이 고기를 먹을 수도 있고, 식물들만 먹고도 심한 부패를 만들수 있기 때문이다. 그리고 우리는 육식동물의 소화기를 가지고 있기 때문에 식물식으로 충분한 영양을 얻기 힘들다. 고기는 식물보다 영양밀도가 높고 흡수율이 좋은 장점이 있다. 체중이나 소화 흡수력에 따라 적절하게 섭취하길 권한다. 명수식 섭생은 돈이 덜 들고 상차림이 번거롭지 않으면서도 황금변을 찾아 준다. 필요한 것은 지금까지 알고 있던 상식을 버리는 것이다. 한국인이 대장암 1위고, 유방암 증가율이 1위다. 가장 큰 이유는 대장에서 부패하게 먹기 때문이고, 우리 식단에 문제가 있는 것이 틀림없다.

첨언

한국식 음식은 짜고, 맵고 너무 자극적이다. 매운 양념을 눈 밑에 발라보라. 얼마나 매운지, 양념 범벅 요리를 먹고 변을 보면 항문이 얼얼하다. 자극적인 양념은 위벽과 장벽을 자극하고, 장내부패를 유발한다.

설탕, 기름, 간장, 고추장, 고춧가루 등 양념 범벅으로 만드는 육류 조리는 특히 건강에 좋지 않다. 익히는 과정에서 고기와 양념이 서로 화학반응을 일으키면서 많은 독소을 만들어 낸다. 고기는 서구인들처럼 단순하게 구워 먹거나 삶아 먹자. 너무 짜고 매운 한국식 찌개도 좋지 않다. 지리나 맑은 국물로 끓여 먹자.

명수식 섭생법은 영양과 해독(쾌변)을 가능케 한다.

책 말미에 현미효소와 명수식 섭생법으로 병을 고친 사람들의 이야기가 실려 있다.

- 대장암 말기의 한 여성은 수술 후 요양병원에서 현미잡곡밥, 생채소를 먹으면서 그렇게 악취 나는 변과 방귀는 생전 처음 보았다고 한다.

- 취업을 준비 중인 한 여성은 심한 변비를 고치기 위해서 현미밥과 생채소 위주로 먹고 온갖 유산균제를 먹었지만, 재취업이 불가능할 정도로 방귀가 많이 나오고, 악취 나는 변을 보고 있었다.

- 설사 때문에 어릴 때부터 차를 타기 위해서는 밥을 굶어야 했던 40대 남성은 30년 된 설사를 고치기 위해서 그동안 안 해본 게 없었다. 고기를 금하고, 다양한 방식의 식물식을 해보기도 하고, 양방, 한방, 녹즙, 온갖 보조제를 먹어 보았지만 요지부동이었다.

- 동맥류 파열로 죽을 뻔했던 50 후반의 남성은 식단을 현미콩밥, 생채소, 견과류 등으로 바꿨다. 특히 생잎사귀와 생부추는 혈관에 좋다고 매끼 챙겨 먹었다. 수없이 방귀를 뀌면서 악취변을 보고, 주말이면 피곤해 자는 게 일이었다.

- 위장 기능이 극히 약해 6년 동안 흰죽과 곰국만 먹고 살았던 50이 된 한 여성은 불면증도 극심했고, 온 뼈마디가 아팠다. 그동안 양방, 한방 등 들인 돈만 1억이 넘는다고 했다.

- 30이 된 한 젊은이는 유전적으로 가지고 있는 몇 가지 질병을 고치기 위해 식물

식과 녹즙을 집중적으로 하다가 죽음의 문턱까지 갔고, 또 한 젊은이는 현미와 생채소로 생식을 하다가 살이 너무 빠져 걷기조차 힘들었다.

체험 수기의 주인공들은 가공식품이나 고기를 먹고 악취 나는 변이나 잦은방귀를 만든 게 아니다. 우리가 착하다고 믿고 있는 식물 위주로 먹고 악취변을 만들었다. 우리 생각에 방귀는 고기가 만든다고 생각하지만, 고기는 좀 많이 먹어도 생각보다 가스가 많이 생기지 않는다. 반면 콩이나 견과, 생채소 등은 조금만 많이 먹어도 악취도 심하고, 방귀가 많이 나온다. 고기보다 더 심한 부패를 일으키기 때문이다.

사람들의 어처구니없는 오해가 식물은 피를 깨끗하게 해주는 음식이니 몸속에서 부패한다는 생각조차 없고, 식물을 먹고 뀌는 방귀는 해롭지 않다고 생각한다.

식물식으로 병을 고친 사람들이 쓴 섭생지침서나, 건강 대가들의 목소리가 비슷하다. 건강을 원하거든 고기를 멀리하고, 식물들을 친구로 삼아라. 영양을 위해 현미(통곡식)을 먹고, 생채소, 녹즙을 먹어라. 심지어 생현미까지 먹으라 권한다. 그래서 우리는 식물이나 생식은 무조건 건강에 좋다는 맹목적인 믿음을 가지고 있다.

식물식이나, 생식을 모든 사람에게 만병통치약 식으로 권하는 것은 적도 모르고 나도 모르고, 무기도 없으면서 전쟁에서 승리하겠다는 알맹이 없는 전술일 뿐이다. 체험수기의 사례처럼 많은 사람들이 건강을 위해 식물들 위주로 먹고 대장에서 심한 부패를 일으키면서, 건강을 까먹는 어처구니없는 노력을 하고 있다.

현미밥을 먹고 식물 위주로 건강식을 해도 아무거나 먹는 사람보다 별반 나을 게 없는 이유는 장내 부패하게 먹기 때문이다.

장내 부패를 유발하는 식물들을 식단에서 제거하고, 현미효소와 명수식 섭생으로 변이 좋아지면서 30년 된 설사, 극심한 위장장애와 변비가 나았고, 녹즙과 생식으로 곤경에 처했던 두 젊은이도 2~3개월 만에, 살면서 최고로 건강체가 되었다. 그동안 온갖 노력을 기울여도, 찾지 못했던 건강을 이렇게 쉽게 빨리 얻었다는 게 허망할 정도라고 두 젊은이는 말했다.

● 60이 된 한 여성은 위장 기능이 약해 항상 속이 불편하고, 잘 먹지 못해 기력이 없었다. 현미효소를 마시면서 효소 건더기와 백미밥을 주식으로 먹고, 약간의 고기와 섬유질 반찬을 먹으면서 황금변이 되었다. 위 불편함이 사라지고, 체중도 늘고, 체력이 놀랍도록 좋아졌다. 오전에 조깅을 하고, 오후에 헬스장에 다녀도 피곤함이 없는 몸이 되었다.

이 여성 입장에서는 지금의 상황이 말이 안 된다. 건강을 얻기 위해서는 자연식 대가들이 권하는데로 고기는 멀리하고 현미잡곡밥, 생채소나 견과를 먹고, 녹즙기도 돌리고, 해독을 위해 커피관장이라도 해야 되는데 이런 노력을 전혀 하지 않고도 너무나 쉽게 건강을 찾았기 때문이다. 지인들이 왜 그렇게 얼굴빛이 좋아졌느냐고 먼저 물어본다고 한다. 이 여성은 현미밥, 생채소, 콩 등을 끊고 현미효소와 명수식 섭생을 실천했을 뿐이다.

나이를 먹어서 젊을 때보다 피곤하고 기력이 없는 것이 아니다. 황금변만 찾는다면 늙어가면서도 맑은 머리, 피곤함이 없는 몸으로 살 수 있다.

▶ **현미효소를 마시면서 명수식 섭생을 지키지 안으면 효과가 제한적이다.**

● 한 부부는 3년 동안 현미효소를 마셨는데 좋아지는 게 하나도 없었다고 한다. 현미밥, 생채소, 콩, 견과 등을 먹고 장내 부패를 일으켰기 때문이다.

• 60이된 한 여성은 2년 동안 현미효소를 먹고 건강이 많이 좋아졌지만, 필자의 설명을 듣고도 미련을 버리지 못해 여전히 콩, 낫도, 과도한 섬유질 반찬을 먹고 있었다. 다른 사람들의 사례를 듣고 끊었더니 변이 더 좋아지면서 체력이 30~40대보다 더 좋아졌다고 한다.

오랜 전통을 이어오면서 수많은 사람들의 경험치로 형성된 선조들의 가공법이야말로 건강을 위한 가장 과학적이고 합리적인 선택이라고 할 수 있다. 그래서 전통음식을 먹으면 소화가 쉬워 속이 편하고, 쾌변을 만들어 준다. 명수식 섭생법은 섭생법이라고 할 것도 없다. 조상 대대로 먹던 음식을 먹고, 선조들의 가공법을 따르자는 것이다.

현미효소와 발효식을 기반으로 한 명수식 섭생은 체중, 나이, 질병의 종류에 상관없이 모든 사람에게 안전하면서도 효과가 빠르다. 왜냐하면, 장내부패 없이 영양을 얻을 수 있는 현미효소가 있고, 쾌변을 만드는 선조들의 경험치로 만든 디테일한 전술을 가지고 있기 때문이다.

현미효소와 명수식 섭생으로 건강을 찾은 사람들은 과거의 섭생으로 돌아가지도 않았고, 또 다른 섭생을 찾아 방황하지 않게 되었다. 왜냐하면, 영양과 해독(쾌변)을 얻어 건강을 찾았기 때문이다.

공복은 해독과 생명력을 높이는 가장 좋은 수단이다.

현대인들은 과식, 오염된 먹거리, 약물, 대장에서 부패하게 먹고 피가 오염되어 질병에 걸린다. 만병 일독이라 영양보다 해독이 먼저다. 그래서 치병의 근본은 해독이다. 해독에는 두 가지 방법이 있다. 그게 화학적 해독과, 물리적 해독이다.

⊙ 명수식 섭생은 화학적 해독을 가능케 한다.

효소 세제가 때를 분해하고, 간에서 만들어지는 효소가 알코올을 제거하고, 동치미 국물 속 효소가 농약이나 연탄가스를 분해 제거하는 게 화학적 해독이다.

우리는 식단을 통해 충분한 효소를 섭취할 때 몸속 독소를 화학적으로 제거할 수 있다. 그럼 몸속 독소를 제거하는 충분한 효소는 어떻게 얻을 수 있는가? 그것은 ① **발효음식을 많이 먹고, ②대장에서 최대한 발효가 잘 일어나게 먹는 것이다.** 발효과정에서 미생물이 만들어 내는 효소는 강력한 해독물질이기 때문이다.

식물 위주로 먹는다고 피가 깨끗해지는 게 아니고, 대장에서 발효가 잘되게 먹을 때 피가 깨끗해진다. 현미, 콩. 생채소, 견과, 생식 등은 대장에서 부패를 유발해 유익균이 만들어내는 효소 생성을 방해하고, 부패하면서 나오는 독소가 피를 오염시킨다.

대장에서 유익균을 양육하지 못해 효소를 얻을 수 없고 피를 오염시키는 위 식물들을 식단에서 제거하고 발효음식인 현미효소나 발효음식을 많이 먹고, 명수식 섭생으로 대장에서 발효가 잘 일어나게 먹으면 효소에 의한 해독의 효과를 극대화할 수 있다.

⊙ 공복(단식)은 물리적인 해독이다

단식, 소식의 효과는 무엇인가? 바로 해독이다. 음식이 들어오지 않을 때 오장육부는 휴식을 취할 수 있고, 청소를 시작한다. 돈이 떨어지면 집안의 물건을 팔아 쓰듯이 우리 몸은 배고플 때 남아도는 살을 에너지로 쓰고. 독소 배출력을 높인다.

필자는 30대 중반에 안현필 선생의 건강서를 읽고, 하루 점심 저녁 두 끼만 먹는 자연식을 실행했다. 지금으로 말하면 간헐적 단식을 한 것이다.

6개월 만에 극심한 피곤함과 온갖 불편한 증상이 사라지고 건강체가 되었다. 머리는 수정처럼 맑았고, 놀라운 지구력, 정신적인 집중력이 생겼다. 30대 초반부터 염색을 하던 흰머리가 없어져 50초반까지 염색을 하지 않고 살았다.

저녁을 먹은 뒤 그다음 날 점심까지 물 외에는 아무것도 먹지 않고 정오에 1시간 이상 운동을 하고 밥을 먹었다. 18시간 공복을 유지했다.

그 당시는 단순히 가공식을 끊고 현미 채식으로 건강해진 줄로만 알았다. 지금 생각해보면 변이 좋아졌고 간헐적 단식으로 해독이 극대화되었기 때문에 건강해진 것이다.

물리적인 해독이란 쓰레기를 집 밖으로 내다 버리듯이 독소를 몸 밖으로 버리는 것이다. 단식이나, 관장을 하거나, 부황으로 피를 빼는 방법들이다. 가장 좋은 방법은 몸 스스로 하게 하는 것이다. 그게 굶주리는 것이다.

단식이나 간헐적 단식으로 공복을 유지하면 몸은 자가포식으로 남아도는 살을 태우고, 소변이나 변, 땀으로 독소를 배출하기 시작한다. 과거의 필자처럼 공복일 때 땀을 흘리며 운동을 해주면 해독의 효과가 배가 된다.

젊고 비대한 사람은 단식이 가장 빠른 방법이지만, 노약자, 저체중인 사람은 간헐적 단식이 좋다. 매일 두 끼 식사만 하면서 공복을 길게 유지해도 좋고, 일주일에 한두 번 한 끼만 먹는 방법도 좋다. 자신의 체중이나 상황에 맞추어 실행한다.

매끼 소식을 하는 것은 힘들다. 먹을 때 포만감 있게 먹고 한 끼 굶는 게 쉽기도 하고 해독의 효과가 더 크다.

일본의사 "아오키 아츠시"는 공복으로 혈압, 당뇨, 비만 등 대사성 질환을 낫게 한다. 그가 쓴 "공복, 최고의 약" 일독을 권한다.

⊙ 배고픔(공복)은 생명력을 높인다.

콩나물처럼 물이 부족할 때 작물은 뿌리를 깊게 내린다. 가물고 햇볕을 많이 받은 작물은 섬유질이 거칠고 향이 진하다.

모든 생명체는 배부르면 게을러지고, 배고플 때나, 열악한 환경이 되면 살려는 의지가 강해진다. 우리 세포들도 배고픔을 느끼거나 자극을 받을 때 생명력이 강해지고 치유력을 발동한다.

그게 적당한 스트레스나 자극을 주면 강해진다는 호메시스 원리다. 소식이 장수식이고, 쥐나 원숭이에게 칼로리를 제한하면 수명이 길어지는 이유도 몸속 독소가 적게 쌓이고, 생명력이 강해지기 때문이다.

공복은 해독에도 좋지만, 세포의 생명력을 강하게 한다. 공복으로 해독과 생명력을 높여 치병에 이용하자.

환경오염과 오염된 먹거리, 과식으로 끊임없이 들어오는 몸속 독소는 일시적인 방법보다는 평소 식단을 통해 배출되어야 한다. 특히 암 환자들은 수술, 항암, 약물 등의 몸속 독소를 배출해야 한다.

⊙ 그게 현미효소와 발효음식을 많이 먹고, 대장에서 발효가 잘되는 명수식 섭생을 하면서, 간헐적 단식을 실천하는 것이다. 그럼 치병을 위한 해독과 영양을 얻을 수 있고 세포의 생명력을 발동시켜 모든 질병에 대한 치유력을 얻을 수 있다.

암 환자를 위한 영양과 해독(비만의 역설)

미국 최고의 암 전문병원 MD 앤더슨 암 센터의 종신교수인 김의신 박사는 "한국인들은 암 때문에 죽는 게 아니고, 체중이 너무 빠져 치료를 견디지 못해 죽게 된다." 라고 하면서 한 사례를 들었다.

한국에서 온 두 명의 암 환자가 있었다. 항암치료를 하다가 기운이 너무 떨어져 2~3개월간 쉬라고 했다. 한 사람은 하와이에서 한국인이 운영하는 '건강 숙소'에 가서 채식만 하고 왔는데 얼굴이 반쪽이 되어서 왔다. 다른 한 사람은 한국에 가서 개고기를 먹고 체력을 보충하고 왔다. 항암 이후 두 번째 사람이 예후가 훨씬 좋았다.

의사들은 고기를 먹으라 하고, 자연식 대가들은 고기를 먹지 말라고 한다. 채식만 하던 암 환자가 고깃국을 먹고 하루 만에 죽었다는 말까지 있다. 서로 다른 주장에 우리는 누구 말을 따라야 하는가?
김의신 교수의 말대로 항암 과정에서 체중이 적정 이하로 빠지는 것은 확실히 좋지 않다.

음식을 조금 먹어도 살이 찌는 체질이 있고, 아무리 먹어도 안 찌는 체질이 있다. 일단 비만인 사람은 흡수력이 좋다고 보면 된다. 현재의 체중에 따라 섭생의 효과가 달라지듯이 병의 예후도 달라진다.

⊙ 유방암에 걸린, 키가 비슷한 두 여성이 있다고 가정해 보자. 암 진단을 받을 당시 한 명은 70kg으로 과체중이고, 한 명은 50kg으로 적정 체중이었다. 항암 과정에서 소화력이 떨어지고, 장내 환경이 나빠져 무른변을 보면서 살이 빠지는 경우가 대부분

이다. 과체중인 여성은 55kg 체중이 되었다. 컨디션도 괜찮고 기력도 크게 떨어지지 않았다. 반면 체중이 50kg 이었던 여성은 40kg까지 빠지면서 기력이 너무 약해져 항암을 더 이상 받지 못하는 상황까지 몰린다.

조사 결과 저체중 위암 환자 5년 생존율은 69.1%, 정상 체중은 74.2%, 과체중은 84.7%였다. 65세 이상 고령인은 살이 찔수록, 뇌졸중이 나타나도 회복력도 빨랐다.

우리는 비만을 나쁘게 보지만 일단 병에 걸리면 과체중은 살이 빠질 여유가 있고, 흡수력이 좋아 체중 회복도 빠르기 때문에 예후가 좋다. 반면 저체중은 살도 쉽게 빠지고 체중 회복이 느린 만큼 병의 회복도 느리다.

굵은 장작이 더 오래 타는 것처럼, 체중은 에너지고, 견디는 힘이다. 그래서 비만일수록 단식도 오래 할 수 있다. 마른 암 환자일수록 생채식, 현미식, 설사나 무른변을 유발하는 한약, 녹즙 등을 조심해야 한다. 살을 빼기 때문이다.

⊙ 암 환자들은

• 영양을 공급해 체중이 빠지는 걸 막아야 한다.

• 또 다른 암을 만드는 항암제의 독성을 제거해야 한다.

• 약물 복용으로 나빠져 가는 위장과 대장 기능을 살려야 한다.

⊙ 암 환자들이 현미효소와 발효식품을 먹어야 하는 이유

막 담은 동치미 국물은 짜고 맛이 밍밍한데 익으면 왜 감칠맛이 나는가? 미생물이 분비하는 효소에 의해 독성은 제거되고, 영양은 분해되었기 때문이다. 모든 발효음식은 발효과정에서 아래처럼 변한다.

• 미생물이 분비하는 효소는 음식의 독성을 제거하고, 영양을 분해해 장내 부패 없이 영양을 얻게 해준다.(발효음식은 소화가 잘 되고, 쾌변을 돕는다)

- 발효과정에서 증식한 미생물과 그 미생물의 대사산물은 원재료에 없는 물질로 추가로 만들어지는 영양이다, 그게 효소, 비타민, 단쇄지방산, 생리활성물질 등이다.(발효시키면 영양이 증강된다)
- 고구마 먹을 때 동치미 국물을 마시고, 돼지고기에 새우젓을 곁들이면 소화가 잘 된다.(발효음식은 소화제다)
- 농약 중독에 동치미 국물을 먹이고, 벌레 물린데 된장을 바르는 이유는 발효음식 속 효소는 해독을 시켜주기 때문이다.(발효음식은 해독제다)

건강과 치병을 위해서는 김치, 동치미, 된장, 간장, 식초, 장아찌 등 우리의 전통 발효음식을 많이 먹어야 한다.

⊙ 현미효소는 항암에 가장 좋은 도구다.

암 환자들이 지금의 식단으로 충분한 영양을 얻기 힘들어 흡수력이 낮은 사람일수록 심하게 마른다. 현미효소는 모든 식물 음식 중에 가장 많은 영양을 얻을 수 있어 살이 빠지는 걸 막아 주고, 풍부한 효소는 항암제의 독성을 제거해주고, 장내 환경을 개선해 면역도 높여주고, 소화기를 건강하게 만든다. 현미효소는 영양, 해독, 면역을 얻을 수 있어 항암을 위한 가장 좋은 도구가 된다.

① 췌장암 말기로 아무것도 넘길 수 없어 1개 월밖에 못 살거란 의사 말을 들은 85세가 된 어르신은 현미효소만 하루에 4~5잔 마시면서 거동도 하시고 1년 넘게 살아계신다.

② 60 중반의 한 여성은 암으로 직장을 제거한 후 화장실에 붙어 있어야 할 정도로 설사변을 보면서 몸무게가 37킬로까지 빠졌다. 지인의 소개로 효소를 마시면서 점차 변이 좋아지고, 체중이 47킬로까지 늘었다면서 효소의 고마움을 전한다.

③ 또 한 여성은 간암 말기로 간 기능이 떨어지고, 커진 종양 덩어리가 위장을 눌러 음식 먹기가 힘들었다. 체중이 38킬로가 되어 죽을 날만 기다릴 정도로 심각한 상황이었지만, 지인의 소개로 알게 된 현미효소는 넘어갔다. 하루에 2리터 가까이 효소만 마시면서 10개월 이상 큰 불편함 없이 거동도 하면서 지내시는데, 다른 음식을 먹으면 살이 빠지지만, 효소만 마실 때 체중이 유지된다고 한다.

④ 요양병원에 있던 한 여성은 암 말기로 힘든 상황인데, 음식을 먹으면 속이 뒤집어지니 살만 빠지고, 기력이 없어 말하는 것조차 힘들었다. 죽을 때 죽더라도 위라도 편하게 음식을 먹는 게 소원이었다. 지인의 소개로 효소를 마시면서 바로 위가 편해지고, 기력이 좋아지면서 목소리에 힘이 생겼다. 그 병원 원장님으로부터 그게 무슨 음식인지 궁금하다면서 필자에게 연락이 왔다.

그동안 아무것도 넘기지 못하는 사람도 현미효소를 마시고 위가 편해지면서 기력이 붙고, 설사가 멈추고, 체중이 느는 사례가 많았다. 현미효소는 소화기를 불편하게 하지 않으면서 영양을 얻게 해주기 때문이다.

▶ 현미효소는 작물에 비유하면 가장 양질의 퇴비다. 미생물이 발효 과정에서 독성을 제거하고, 영양은 흡수되기 쉽게 완전히 분해시켜놓은 게 양질의 퇴비다. 현미효소는 그런 음식이라서 음식을 먹기 힘든 암 환자들에게 가장 유용한 도구가 된다.

⊙ 다른 탄수화물을 줄이고 현미효소를 많이 먹자.
우리는 탄수화물 음식을 많이 먹는다. 밥, 빵, 떡, 밀가루 음식, 고구마, 감자, 옥수수, 과일 등이다. 현미효소도 탄수화물 음식이다. 고기를 적게 먹는 사람일수록 탄수화물 음식을 많이 먹는다. 그럼 건강과 치병, 면역을 위해서는 어떤 탄수화물 음식을 많이 먹여야 좋은가?

고구마가 썩을 때는 벌레가 생기지 않지만, 현미에서는 바구미가 생긴다. 현미는 영양의 보고이기 때문이다. 하지만 현미밥은 소화가 어려워 영양도 얻지 못하고 대장에서 발효를 방해한다. 밀가루 음식, 백미, 고구마, 감자, 밤 등은 현미보다 영양이 적고, 발효음식이 아니니 효소도 없고, 살아 있는 미생물이 없는 죽은 음식이다. 현미를 발효시키면 장내 부패 없이 현미의 영양을 온전히 얻을 수 있고, 발효과정에서 미생물이 만들어 내는 영양까지 얻게 된다.

현미효소는 영양뿐만 아니라 장내 환경을 개선해 면역을 높여주고, 항암제의 독소를 제거해 피를 맑게 해준다. 그리고 생막걸리, 생된장처럼 미생물이 살아 있는 생음식이다. 그래서 체험수기에 나와 있는 것처럼 현미효소는 다양한 질병에 치유의 효과를 보인다. 밥, 빵, 떡, 고구마에 그런 효능이 있는가? 이왕 먹어야 한다면 어떤 탄수화물 음식을 먹어야 하겠는가?

- 재발 가능성이 크다는 말을 들은 대장암 말기의 한 여성은 수술 후 요양병원에서 현미밥, 생채소를 먹으면서 그렇게 악취가 심한 변은 처음 보았다고 한다. 한 카페에 올린 필자의 글을 보고 연락이 되었고, 위 식물들을 식단에서 제거하고 현미효소를 마시자 방귀가 사라지고 쾌변이 되면서 기력을 빠르게 회복하였다. 하지만 이 여성은 당질은 암의 먹이라는 말을 들었기 때문에 효소를 맘껏 먹지 못했다. 이래 죽으나 저래 죽으나 마찬가지이니 효소를 더 많이 먹도록 권했다. 식사량의 80%를 현미효소로 먹었다. 매월 검사 때마다 종양 수치가 크게 개선되었고, 지금은 완치 판정에 체력은 20대 때보다 좋아졌다고 한다. 이 여성은 생리혈

이란 원래 죽은 피처럼 어두운 색깔인 줄로만 알았는데 현미효소와 명수식 섭생 후 생전 처음 선홍색의 생리혈을 보았다고 한다. 현미효소를 마신다고 암이 다 낫는 것은 아니지만, 현미효소는 영양을 공급하고, 대장 환경을 개선해 면역을 높여주기 때문에 어떤 음식보다 치병에 도움을 준다.

영양과 해독, 장내 면역을 얻는데 이만한 음식은 어디에도 없다. 치병을 위해서는 다른 탄수화물을 줄이고 현미효소를 많이 먹자.
당질이 걱정되면 액상은 조금만 마시고, 효소 건더기를 곱게 갈아 밥대용으로 먹거나, 건조해 분말로 먹으면 현미밥보다 저당식이면서 유익균의 쉬운 먹이라 장내 환경을 빠르게 개선한다.

⊙ 장내 부패를 유발하는 식물들을 식단에서 제거하자.

방귀를 자주 뀌고, 무른변은 대장에서 음식이 썩을 때 나온다. 대부분의 암 환자들이 식물들은 무조건 깨끗한 음식이라 믿고, 영양과 항산화 물질을 위해 집어넣기에 바쁘다. 그러다 보니 식물들만 먹고도 대장에서 심한 부패를 일으켜 악취 나는 변을 보고, 방귀를 많이 뀐다.

고기보다 식물이 대장에서 썩을 때 더 해롭다는 것을 알아야 한다. 고기는 단순히 악취만 나지만, 식물들이 가진 생화학 물질들이 부패과정에서 혈류에 스며들면 건강에 매우 해롭기 때문이다. 유난히 피곤한 날은 식물들이 대장에서 부패를 일으켰을 때다. 앞으로 먹은 음식과 컨디션을 잘 살펴본다면 진실을 금방 알 수 있다.
암의 성장이나 재발을 억제하는 면역을 얻기 위해서는 살이 빠지면 안 되고 반드시 장내 발효가 잘될 때 나오는 꼬들한 변을 만들어야 한다. 그러기 위해서는 장내 부패를 유발하는 식물들을 식단에서 제거해야 한다.

⊚ 과한 섬유질은 장내 발효를 방해한다.

암 환자들은 고기도 무섭고, 당질도 무섭다. 그래서 건강에 좋아 보이는 섬유질(김치, 야채, 나물, 버섯, 해조류, 과일)로 배를 채운다. 우리 대장에는 탄수화물을 좋아하는 종(유산균)들이 가장 많기 때문에, 과한 섬유질은 대장에서 부패를 일으킨다. 장내 발효가 어려운 현미밥, 콩, 견과에 섬유질까지 과하게 먹으면 하루 종일 방귀를 뀌고 악취변을 보면서 살이 빠진다. 현미효소를 마시면서 명수식 섭생을 지키는데도 변비나 설사가 낫지 않는 사람은 대부분 과한 섬유질을 먹고 있다. 채소나 식이섬유는 많이 먹을수록 좋다는 잘못된 상식을 버려야 한다.

⊚ 현미밥의 맹신을 버려라.

명망 있는 대가들조차 현미를 권하는 사회고, 암 환자들은 하나같이 현미밥을 먹는다. "현미 유감"에서 설명했듯이 현미밥은 영양을 얻을 수 있는 음식이 아니다. 막걸리 담을 때 현미를 쓰지 않는 이유는 발효가 어렵기 때문이다. 우리 대장에서도 현미는 발효를 방해해 미생물로부터 영양을 얻지 못하게 해 살을 빠지게 한다. 백미밥이 좋다고 할 수는 없지만, 그렇다고 현미가 대안이 될 수는 없다. 선조들이나 동남아인들 모두 현미를 기피했다는 걸 기억하자. 장내 부패 없이 현미의 영양을 온전히 얻는 방법이 발효(현미효소)다.

⊚ 식물에서 충분한 영양을 얻기 힘들다.

소는 풀만 먹고도 근육을 만든다면서, 사람도 식물들만 먹고도 단백질을 얻을 수 있다는 말은, 누에는 뽕만 먹고도 실크를 만드니, 사람도 뽕을 먹고 단백질을 얻을 수 있다는 억지 논리일 뿐이다. 우리 대장에는 소처럼 단백질을 합성해 주는 미생물이 없다. 음식으로 못 고치는 병은 약으로도 못 고친다는 히포크라테스의 말을, 고기를 먹지 말고 채식 위주로 먹으란 말로 해석하지 말자. 오염된 고기를 잘못된 방식으로 먹어 고기가 나쁜 것이지, 자연이 만든 음식은 다 좋다. 흡수력이 낮은 사람일수록 고기를 먹되 대장에서 부패하지 않게 먹어야 한다. 그 방법이 현미밥이나 콩, 생잎사귀, 과한 섬유질과 같이 먹지 않는 것이다.

◇ 암뿐만 아니라, 모든 질병에 면역을 얻는 길은 영양을 넣어주고 꼬들한 황금변을 만드는 것이다. 영양도 얻지 못하면서 체중만 빼고 장내 부패를 일으키는 식물들을 식단에서 제거하고, 영양과 해독을 동시에 얻을 수 있고, 위장과 대장 기능을 살려 살이 빠지는 걸 막아주는 명수식 섭생과 현미효소와 발효식을 치병의 방편으로 삼자.

● 현미효소와 명수식 섭생으로 기사회생하다.

항암으로 기력이 너무 쇠해 죽음의 문턱까지 갔다가 현미효소로 기사회생한 분들이 여럿 있었다. 아래 글은 한 분이 톡으로 보내온 사연이다.

선생님 안녕하세요^^! 현미효소를 먹고 있는 43살 암환자랍니다^^ 효소 효과가 너무 좋아서 후기를 써봤어요. 단톡방에 올리자니 지인분들이 많아서(부끄러워서리) 개인 톡으로 감사의 마음을 전해드립니다.

안녕하세요 선생님,

현미효소를 먹은 지 한 달 조금 넘은 난소암(난관암) 3기 환자랍니다. 2월에 수술하고 3주 후 시작된 표준 항암이 이제 6차에 접어들었는데 현미효소의 신기한 효력에 감사한 마음이 들어서 이렇게 메시지를 드립니다. 병실에 함께 입원했던 환우분의 강추로 현미효소를 접하게 되었는데 처음엔 제가 많은 장기를 절제한 수술 후유증도 있고 항암 부작용이 심해서 효소를 먹지 않으려고 했어요.

수술 때 난소, 자궁, 나팔관, 대망, 맹장, 대장 일부를 절제했고, 횡격막과 복막은 지졌다 하시고, 대형병원에서 8시간 동안 수술을 받았으니 너무 기운이 없어서 송장처럼 지내고 있었어요. 선생님께는 죄송한 말씀이지만 제가 의심이 많은 성격인지라 이 효소가 의학적으로 검증된 것도 아니고 효소를 만드신 분이 저명한 박사님도 아니기에 처음엔 크게 신뢰하지를 않았죠.

그런데 저에게 효소를 소개해 주셨던 환우분은 처음 6개월 전에 병실에서 만났을 때 물조차도 삼키기 힘드실 정도로 비쩍 마르셔서 다 죽어가던 분이 2달 만에 봤을 때 완전히 다른 사람처럼 기력이 솟아 있으셨고, 혈색이 좋아지셔서 비결을 여쭈니 효소 드시고 효과가 좋았다 하시기에 저도 먹어봤어요. 물론 명수 선생님께서 쓰신 책도 구매해서 읽어본 후 더욱 확신이 생겼고요.^^

저는 매 항암 때마다 호중구 수치가 떨어지거나 칼륨 수치가 치솟아 주사 또는 약을 처방받거나 혈소판 수치 부족으로 항암이 두 주나 밀리거나, 아니면 항암 부작용으로 극심한 복통이 찾아와서 응급실 통해서 입원하거나, 엄청난 다리 통증으로 요양병원에 실려가서 모르핀을 맞아야 진정되거나..,,, 저는 정말 항암 부작용이 말로 표현할 수 없을 정도로 심각했답니다.

하지만 저에겐 5살 11살 어린아이들이 있고 저를 위해 고생하시는 양가 부모님들이 계셔서 꼭 살아야겠단 생각만 가득했어요. 그러다 현미효소를 먹기 시작했던 5차 항암부터 항암 부작용을 크게 겪지 않고 잘 넘어갔고 6차 항암도 밀리지 않고 잘하게 되었답니다. 신기하게 효소를 먹은 지 열흘 정도 뒤부터 황금변을 봤고, 밤에 잠도 잘 잤고, 기력이 생겨서 아이를 데리고 놀이터도 가고, 아이들 옷 사주러

쇼핑을 가고, 유치원 등원을 시켜주고, 친구와 밥을 먹게 되는 등.. 제가 일상을 살 힘이 생겼답니다.

정말 효소 먹기 전에는 꿈도 못 꾸던 일상을 사는 일이 생기기 시작했어요. 수술 후 늘 기운이 없어서 누워 있거나, 숨이 차서 말도 오래 못하거나 간신히 조금 걷던 저였는데 수술 후 5개월이 지났고 마지막 항암을 하게 되는 지금 피검사 수치도 다 정상이네요. 콜레스테롤 수치는 늘 정상이었지만 효소 먹은 뒤로 20 정도 더 떨어졌어요. 이렇게 기력이 생긴 게 다 효소 덕분이라고 생각합니다. 그래서 저도 주변 분들에게 현미효소를 마구 전파하고 있어요^^;;

장을 절제하는 수술 때문에 그동안 설사 때문에 화장실도 자주 갔는데 요즘은 효소 먹으면서 약간 변비끼가 생기긴 했지만 골드 키위랑 따뜻한 물 많이 마시니 괜찮아졌어요. 손발 저림도 조금 덜하고 일상을 살게끔 된 지금 이 순간이 너무 감사합니다. 그리고 아토피가 심했던 큰아이에게는 바나나랑 효소를 갈아서 먹이니 맛도 좋아 잘 먹고 아토피가 많이 괜찮아졌어요. 주의력이 산만하고 핑퐁 대화가 잘 안되던 아이가 상황에 맞는 말을 하고 집중력도 좋아졌어요.

제가 효소를 먹은 뒤로 너무나 쌩쌩하게 잘 돌아다니니, 시어머니께서는 효소가 항암제의 독성을 완전히 해독시켜 버려서 혹시라도 항암효과를 떨어뜨리는 건 아닌지도 걱정하실 정도네요^^.

저 역시 암에 걸리기 전에 누구보다 열심히 건강 챙기며 살았는데 (새벽 걷기 1~2 시간 매일 하고, 둘째 임신 때 임신성 당뇨 그 후로 당이 걱정되어서 귀리밥, 녹색 채소 위주로 먹었답니다. 근데 선생님 말씀대로 많은 이들에게 알려진 건강 음식들은 똥을 더 안 좋게 만들 뿐이었어요^^) 명수 샘 책 보면서 얼마나 공감이 많이 되던지요~ 현미효소 먹으면서 섭생법 잘 지키니 컨디션이 너무나 좋아요^^!

어쨌거나 저쨋거나 저는 이렇게 앉아서 폰을 들고 글을 쓰는 것도 감사할 뿐입니다. 선생님, 효소를 개발해 주셔서 너무나 감사드리고 건강에 유익한 정보 있으시면 또 많이 많이 공유해 주세요~^^!

최고의 항암제는 황금변이다.

제주도에 사는 췌장암 말기의 70이 넘은 한 남성은 항암 후 심한 설사로 체중이 너무 빠져 거동이 힘들었다. 지인의 소개로 현미효소를 마신 지 1년 반이 지난 지금 살이 찌고, 기력이 좋아져 정상 생활을 하고 있다. 현미효소로 영양을 공급하고, 변이 좋아졌기 때문에 가능한 일이었다.

기르는 가축도 설사병을 고치지 못하면 마르면서 종국에는 목숨을 잃고 만다. 암을 이기기 위해서는 반드시 변을 좋게 만들어 체중이 빠지는 걸 막아야 한다. 암환자들이 살이 빠지는 요인은 두 가지다. 위장장애로 맘대로 먹지 못하거나, 설사를 하기 때문이다.

하지만 대부분의 암환자들이 위장과 변을 나쁘게 만들고, 살이 빠지는 섭생을 한다. 건강 대가들이 이구동성 추천하는 현미밥, 생채소, 콩, 견과, 생식, 과도한 섬유질(야채) 위주로 먹기 때문이다. 지금 위장과 변이 좋지 않다면 잘못된 믿음을 버려야 할 때다. 췌장암은 90%가 1년 안에 사망한다고 한다. 하지만 영양을 공급하고, 변을 좋게 만든다면 우리에게 더 많은 희망이 있다.

우리가 믿을 건 항암식품이나 식물들이 아니고, 황금변이다. 황금변은 영양, 해독, 면역의 척도이기 때문이다. 이 황금변을 가장 빨리 찾는 방법이 현미효소와 명수식 섭생이다.

장내 미생물을 위한 섭생법

황금변을 찾는 방편들

우리는 이렇게 들었다. 야채를 많이 먹어라.

야채는 영양소도 많고 피를 깨끗하게 해주는 음식이다.

영양을 위해 해조류, 버섯류까지 골고루 먹고 밥보다는 반찬을 많이 먹어라. 5장

에서는 우리가 맹신하는 야채(섬유질)가

어떻게 쾌변을 방해하는지 알아보고 쾌변을 만드는 전술들을 살펴보자.

황금변 만들기1(장내 발효가 쉬운 음식 먹기)

책 제목이 황금변을 찾는 여행이다. 치병이나 면역을 위해서 최우선시 해야 되는 일은 황금변을 찾는 일이다. 어떤 날은 쾌변을 보기도 하지만, 악취 나면서 풀어지는 변을 보기도 한다. 우리는 단순하게 이렇게 알고 있다. 가공식품이나 고기를 먹으면 변이 안 좋고, 채소를 많이 먹으면 변이 좋다. 우리는 식물들만 먹고도 얼마든지 부패한 변을 볼 수 있다. 좀 더 쾌변을 만들고, 장이 안 좋은 사람을 위해 더 디테일한 전술들을 알아보자.

입에 들어간 모든 음식은 위장과 소장을 거쳐 대장에 모인다. 대장에 모인 소화 잔여물은 발효되면서 변의 형태를 갖추게 된다. 고기와 탄수화물은 내 소화효소로 소화 시키고, 탄수화물과 섬유소는 대장에서 미생물이 소화(발효) 시킨다. 탄수화물은 양쪽에서 소화된다. 이 부분을 먼저 이해하고 넘어가자.

"장이 좋다." "변이 좋다."라는 뜻은 대장에서 발효가 잘 일어난다는 뜻이다. 막걸리 발효가 잘 되었다는 말은 어떤 뜻인가? 미생물이 가장 많이 증식했다는 말과 같다. 대장에서 발효가 잘 되었다는 말은 유익균이 가장 많이 증식했다는 말과 같다. 장내 발효가 잘된 증거가 꼬들한 황금변이다.

극미의 존재인 미생물은 수명이 극히 짧은 대신, 온도, 습도 먹이에 따라 증식 속도에 큰 차이를 보인다. 대장은 이미 온도와 습도가 최적화된 발효조다. 여기서 우리가 풀어가야 할 이야기는 미생물의 먹이에 관한 이야기다. 소화나 발효 똑같이 효소를 분비해 분해하는 과정이다. 소화가 쉽다는 뜻은 효소의 작용이 쉽다는 뜻이다. 대장에서 발효가 쉽다는 말은 장내 미생물이 분비하는 효소에 의해 쉽게 분해(발효)된다는 뜻이다.

- 소화나 장내 발효 똑같이 화학적 분해로 원래의 형태나 성질이 전혀 다른 물질이 되는 것이다.

◎ 장내 발효가 어려운 음식부터 제거해 보자

여기서 좋아한다는 뜻은 발효(분해)가 쉽다는 뜻이고, 싫어한다는 뜻은 발효가 어렵다는 뜻이다.

① 자연의 창조물인 미생물은 가공하지 않은 자연의 음식을 좋아한다. 튀긴 음식과 설탕이나 기름을 첨가한 패스트푸드 등은 장내 발효가 어렵다. 쌀밥, 빵, 고구마, 감자 같은 천연 녹말 음식을 좋아한다.

② 장내 미생물은 생녹말이나 생잎사귀는 싫어한다.
개에게 생쌀이나 생고구마를 주면 먹지 않지만, 익혀 주면 잘 먹는다. 사람도 생쌀, 생고구마, 생밤 같은 생녹말은 소화가 어렵고, 익히면 쉽다. 막걸리 담을 때 익힌 고두밥으로 담고 청국장이나 된장 만들 콩을 푹 삶는 이유는, 미생물도 익힌 게 발효가 쉽기 때문이다. 장내 미생물도 생녹말이나 생잎사귀는 발효시키기 어렵고, 익히면 쉽다.

③ 익혀도 장내 발효가 어려운 섬유소들이 있다.
녹말은 익히면 물러지면서 소화나 장내 발효가 쉬워지지만, 섬유소는 익혀도 발효가 쉽지 않은 것들이 있다. 그게 곡물의 껍질인 현미, 통밀, 통보리, 들깨, 녹두, 귀리의 겉을 싸고 있는 외피 들이다. 그래서 조상들은 모든 곡물의 외피를 제거해 먹었고, 서구인들은 통밀이나 귀리를 발효(빵)시켜 소화가 어려운 문제를 해

결했다. 통 곡식의 영양을 얻는 방법은 발효밖에 없다.

④ 대장에는 탄수화물과 섬유질을 좋아하는 종이 대부분이라 식물성 단백질과 지방이 많은 쌀눈, 깨, 콩이나 견과류는 대장에서 발효가 어려워 부패를 유발한다.

◎ 결국, 반복되는 이야기지만 현미밥, 생식가루, 생녹말, 생잎사귀, 콩, 견과류는 자연의 음식이지만, 먹지 말아야 할 이유는 흡수율이 저조하고, 대장에서 발효가 어렵기 때문이다. 발효가 어렵다는 말은 부패가 일어난다는 뜻이다.

◎ 장내 미생물은 부드러운 섬유소를 좋아한다.

섬유질은 위장과 소장에서 전혀 소화되지 않고 대장까지 내려가 분해되어 변에 보이지 않게 된다. 과거 관장을 연달아 해보면 대장 안쪽에 있는 음식이 나오는 데, 단감이나 오렌지 알맹이가 입에서 씹은 형태 그대로 나온다.

우리가 먹는 음식 중에 단백질, 탄수화물을 빼면 다 섬유질이다. 장내 미생물의 먹이가 되는 섬유질은 우리가 먹는 형태에 따라 곡물의 껍질부터 과일, 김치, 나물, 해조류, 버섯류까지 다양하지만, 미생물 입장에서는 똑같은 섬유질일 뿐이다. 소화력이 떨어진 환자에게는 퍼진 죽을 준다. 소화가 쉽기 때문이다. 그럼 장이 안 좋은 사람일수록 장내 발효가 쉬운 섬유질을 먹어야 한다는 뜻이다.

◎ 그럼 어떤 섬유질이 부드러운 섬유질인가?

생잎사귀는 거칠고 독소가 있어 장내 발효가 어렵다. 부드럽다는 뜻은 장내 발효가 더 쉽고, 질기다는 뜻은 좀 어렵다는 뜻이다. 배추, 열무, 쪽파, 갓 같이 김치를 담는 잎사귀들은 질긴 섬유질이다. 장이 약한 사람은 김치도 버겁다. 특히 무청이나 갓

김치, 파김치, 열무가 질기다. 깍두기는 뿌리채소라 소화가 쉽다. 짜지 않게 담아서 국물까지 먹으면 소화를 도와주고 변도 좋다. 묵은김치를 씻은 다음 된장국이나 김치찌개로 끓이면 더 부드러운 섬유소가 된다.

잎사귀보다는 섬유질이 짧고, 탄수화물이 있는 줄기, 열매, 뿌리 채소 등이 부드럽다. 잎사귀도 끓이면 더 부드러워진다. 아욱국, 근대국, 얼갈이 된장국 등이다. 콩나물대가리는 되도록 먹지 않는다. 각종 말린 나물도 최대한 부드럽게 조리해서 먹는다. 살짝 데친 시금치, 취나물, 브로콜리 같은 것은 장내 발효가 어렵다. 해조류는 질기니 최대한 부드럽게 해서 먹는다. 김도 생으로 먹으면 질기다. 조미김은 좋지 않다. 기름 없이 구워 먹자.

◎ 장내 미생물이 가장 좋아하는 탄수화물은 백미밥이다.

장내 환경을 위해 야채를 많이 먹으라는 소리는 들어 봤어도, 밥을 많이 먹으라는 말은 들어본 적이 없다. 그래서 우리는 백미밥이 혈당만 올리다고 생각했지, 장내 미생물의 가장 좋은(쉬운)먹이가 된다는 생각은 해 본 적이 없다.

보리는 한번 쪄 놓았다가 밥에 놓아먹어도 방귀가 많이 나오는 이유는 대장에서 발효가 어렵기 때문이다. 현미, 잡곡밥, 옥수수, 고구마, 감자도 같은 탄수화물이지만, 백미밥보다는 장내 발효가 어렵다. 소화력이 떨어지는 사람일수록 백미밥이 좋다. 빵도 통밀 100%빵 보다는 백밀 바게트를 먹을 때 변이 더 좋다는 걸 알 수 있다.

현대인들은 백미밥을 건강의 적으로 매도하고, 현미를 맹신하지만 백미밥은 대장에서 다른 탄수화물보다 발효가 쉬워 쾌변을 만들고, 백미 자체는 영양이 적지만, 유익균을 양육해 간접적으로 다른 탄수화물보다 더 많은 영양을 얻게 해 준다. 장내 미생물 입장에서는 백미밥이 가장 좋은 먹이니, 백미밥을 무조건 매도하지도 말고, 채소는 많이 먹을수록 좋다는 생각도 버리자.

◈ 사람의 대장에 살고 있는 미생물은 발효력이 매우 약하다.

소나 누에는 초식 전용이라, 거친 섬유질을 발효시켜 단백질까지 합성해 주는 능력이 있다. 하지만 인간의 장내 미생물은, 잘 익은 과일 정도의 부드러운 섬유질만 쉽게 발효시킬 수 있다. 소화력이 약한 사람 일수로 푹 퍼진 밥을 주듯이, 설사를 자주 하고, 항암이나 약으로 장내 환경이 나쁜 사람일수록, 부드러운 섬유질을 먹어 발효를 최대한 도와줘야 한다. 현대인들의 소화력이나 장내 환경은 과거 어느 때보다 약해져 있다는 걸 알아야 한다. 한국식 반찬은 양념범벅으로 짜고 맵고 너무 자극적이다. 위벽과 장벽을 자극해 암을 만들고, 변을 나쁘게 만드는 양념범벅 요리를 삼가자.

◈ 우리는 피상적으로 이렇게 알고 있다. 고기를 먹으면 변이 안 좋고 야채를 많이 먹어야 변이 좋다. 아니다. 고기를 먹고도 얼마든지 좋은 변을 볼 수 있다. 고기만 먹던가 발효된 깍두기나 김치하고 단순하게 먹으면 변이 좋다. 야채는 많이 먹을수록 무른변이나 변비를 만들 수 있다.

◈ 장이 건강한 사람은 현미밥, 콩, 생잎사귀, 견과류만 식단에서 제거해도 훨씬 좋은 변을 볼 수 있다. 하지만 현재 장이 안 좋은 사람일수록 장내 발효를 위해 디테일한 전술이 필요하다. 우리 상식에 야채는 많이 먹을수록 좋다는 믿음을 가지고 있다. 야채는 많이 먹을수록 좋은지 다음 장에서 다루자.

황금변 만들기2(과한 섬유질을 경계하자)

우리가 듣고 배우길 변비를 위해 식이섬유를 많이 섭취해라. 밥보다 나물 반찬을 많이 먹어라. 그래서 우리는 '채소는 건강에 좋다.' 라는 강력한 최면에 걸려 있다. 우리가 맹신하는 섬유질이 어떻게 쾌변을 방해하는지 알아보자.

◈ 우리 대장에는 섬유질보다 탄수화물을 좋아하는 종이 훨씬 많다.

초식동물들은 장구한 세월 동안 풀(섬유질)만 먹으면서 진화해 왔기 때문에, 장에 풀(섬유질)을 좋아하는 미생물 종만 산다. 반면 인간은 곡식(탄수화물)과 과일이나 채소(섬유질)를 같이 먹어오면서 진화해 왔기 때문에, 우리 대장에는 탄수화물을 좋아하는 종과, 섬유질을 좋아하는 종이 같이 살고 있다. 그런데 섬유질보다는 당질을 좋아하는 종(유산균)이 훨씬 많다. 그래서 당질을 적게 먹고 섬유질을 과하게 먹으면 장내 발효가 어렵게 된다.

모유 속에는 위장과 소장에서 흡수가 안 되는 당질의 일종인 올리고당이 들어있다. 소화가 안 되는데 모유 속에 들어있는 이유는 장내 미생물의 먹이가 되기 때문이다. 당질을 좋아하는 종이 많다는 뜻이기도 하다.

◈ 한식은 섬유질 반찬 투성이다.

우리가 먹는 음식은 단백질과 탄수화물을 제외하면 전부 섬유질이다. 고기와 쌀밥을 제외하면 전부 섬유질 반찬이라는 이야기다. 우리 밥상을 보라. 김치도 여러 가지, 각종 나물, 버섯, 미역, 김 등 반찬 가짓수도 많고, 접시에 담는 양도 많다. 과일도 섬유질이고, 현미나 통밀의 껍질도 섬유질이다. 된장국도 섬유질 재료로 끓인다. 김치나 시래기 말린 나물은 더욱 농축된 섬유질이다. 상추나 다양한 쌈 채소들은 삼겹살과 절친이 되어 일 년 내내 식탁에 오른다. 영양을 위해 골고루 먹고, 밥보다는 반찬(섬유질)을 많이 먹어라 배웠다. 우리는 이미 너무 많은 종류를 먹고 있다.

현대인들은 과거 어느 때보다 약한 소화력을 가지고 있는데, 과거보다 더 많은 가짓수를 먹는다. 골고루 먹을수록 소화가 어렵고, 장내 부패를 일으킨다. 누에는 뽕 한 가지만 먹고도 모든 영양을 얻듯이, 몇 가지만 넣어줘도 장내 미생물들은 다양한 영양을 만들어 준다. 잡다하게 먹고 장내 부패를 일으켜 유익균 증식을 방해하는 것은 영양학적으로 크게 손해 보는 일이다.

한식은 섬유질 반찬이 세계 1등이다. 섬유질은 대장까지 고스란히 내려가지만, 탄수화물은 위장과 소장에서 빼앗기기 때문에 섬유질을 과하게 먹게 되면 당질과 섬유질의 비율이 맞지 않아 장내 발효가 어렵게 된다.

⊘ 외국인들은 우리처럼 섬유질을 많이 먹지 않는다.
빵을 주식으로 먹는 서양인들은, 반찬이란 게 샐러드나 피클 정도다. 샐러드 재료는 수분이 많은 양상추나 양배추 정도다. 생채소는 부피만 크지 섬유질 양은 적다. 일본인들 밥상을 보면 반찬 가짓수도 적고 접시도 작다. 육식만 하는 몽고족이나 에스키모인들이 채소를 못 먹어서 변비가 많다는 말은 들어본 적이 없다.
섬유질을 많이 먹어야 변이 좋은 것은 아니다. 한국인은 어느 나라보다 많은 섬유질을 먹고 있지만, 변비 설사가 매우 많고 대장암이 세계 1위다.

⊘ 당질과 섬유소 비율이 적절할 때 장내 발효가 잘된다.
쑥 인절미를 만들 때 쑥만 가지고는 뭉쳐지는 떡을 만들 수 없는 것처럼, 당질이 있어야 쾌변이 만들어진다. 통밀빵, 현미효소에는 탄수화물과 섬유질이 이미 적절한 비율로 들어있다. 소싯적 먹던 고봉밥에 시래기 김치면 적절한 비율이다. 쑥인절미, 모싯잎송편을 먹으면 변이 좋은 이유도, 비율이 적절하기 때문이다. 바나나가 다른 과일보다 변에 좋은 이유는 단당 보다 복합당인 녹말이 많은 과일이기 때문이다.

◉ **과한 섬유질 섭취가 쾌변을 방해하는 사례를 알아보자.**
① **몇 분한테 전해 들은 이야기다.**

유럽 여행을 갔을 때 먹을 만한 음식이 없어서, 소금만 넣고 만든 빵을 매끼 먹었더니 한국에 있을 때보다 쾌변을 보았다고 한다.

② **황금똥빵 체인점을 만든 분의 사연이다.**

자연 생태학자였던 사장님은 연구차 미국에 있는 친구 집에 머무르게 되었다. 밥 대신 소금만 넣어 만든 통밀빵을 주식으로 먹으면서 놀라운 경험을 했다. 한국에서 밥과 섬유질 반찬을 많이 먹을 때는 무르고 흑변을 보고 살았는데, 3일 만에 황금변을 보게 되었다. 밀가루란 안 좋은 음식인 줄로만 알았는데, 황금변을 보고 소금만 넣고 발효시킨 통밀빵은 밥보다 더 좋은 음식이라는 걸 깨닫게 되었다. 그런 계기로 우리 통밀과 소금으로만 만든 황금똥빵을 만드는 빵 장수가 되었다.

③ **몇몇 분이 전하길**

집에서 야채 위주로 먹은 날은 변이 풀어지는데, 외식으로 고기 먹은 다음 날 오히려 변이 좋더라고 전한다. 필자도 순댓국 먹을 때, 깍두기 하고만 먹으면 변이 좋고, 집에서 시래기, 김치, 나물 같은 섬유질을 많이 먹은 날은 변이 좋지 않은 경험을 여러 번 했다.

아이들은 채소를 그렇게 많이 먹지 않아도 굵은 변을 본다. 우거지나 시래기, 호박, 양파, 버섯 등을 넣고 끓인 된장국 하나면 한 끼 충분한 섬유질 섭취가 된다. 현미효소를 먹는데도 변이 좋아지지 않는 분들에게, 섬유질 가짓수와 양을 줄이게 하면 대부분 변이 좋아졌다고 전한다. 우리는 식물과 사랑에 빠져 채소는 많이 먹을수록 좋은 줄 알고 있지마, 변을 진짜 나쁘게 하는 것은 고기보다 식물들이다. 그게 현미밥, 콩, 견과, 생채소, 과도한 섬유질이다.

과거 가공식이 없던 시절, 한식 밥상은 어땠는가? 고기는 가끔 먹고 백미나 보리밥에 김치, 나물 위주로 먹었다. 특히 밥을 많이 먹었다. 그래서 고봉밥이다. 과거 문헌을 보면 외국인들이 깜짝 놀랄 정도로 한국인들은 밥을 많이 먹었다고 한다. 밥이 살을 찌우고 혈당을 올리기 때문에 찬밥 신세가 되었지만, 우리 대장에는 탄수화물을 좋아하는 종이 가장 많이 산다. 밥을 적게 먹고 섬유질을 많이 먹는 것은 우리 건강을 지켜주는 전투병(미생물)에게 적절한 보급품을 보내지 못하는 것이다.

식이섬유가 좋다고, 여러 가지 야채나 과일을 갈아 마시면 변을 더 나쁘게 만들 수 있다. 장내 환경이 쉽게 좋아지지 않는 사람은 섬유질 가짓수와 섭취량을 줄여야 한다. 채소(섬유질)를 맹신하지 말고 과한 섬유질 섭취를 경계하자.

▷ 섬유질은 총량을 따져서 적당히 먹자.
우리는 과일, 김치, 야채, 나물, 버섯, 미역, 김, 토마토, 김치찌게, 된장국, 미역국, 콩나물국을 서로 다른 음식으로 생각한다. 우리가 먹는 음식은 고기와 쌀밥을 빼면 이름만 다르지 장내 미생물 입장에서 보면 다 같은 섬유질일 뿐이다. 심지어 현미밥, 통밀빵, 콩, 옥수수, 고구마도 섬유질을 가지고 있다. 건강식을 하는 사람일수록 섬유질 음식을 많이 먹는다.

우리 대장에는 당질을 좋아하는 종이 많고 섬유질을 좋아하는 종은 적기 때문에 섬유질을 많이 먹게 되면 장내 부패를 유발하게 된다. 쌀밥에 고기, 약간의 김치나 된장국하고만 먹어보라. 변이 좋게 나온다. 건강식 한다고 섬유질을 많이 먹으면 변이 좋지 않다.

과한 섬유질은 변을 나쁘게 만든다는 걸 알고, 고기와 밥을 빼고는 다 섬유질 음식이니 반찬 종류를 무시하고 섬유질 총량을 따져 과하게 먹지 말자.

잎사귀 채소는 섬유질 덩어리라 조금만 많이 먹어도 변이 나빠진다.

잎사귀 채소 종류는 녹말 성분이 거의 없는 섬유질 덩어리로, 익히고, 말리고, 김치로 만들면 더욱 농축된 섬유질이 된다. 그래서 김치나 익힌 나물을 많이 먹으면 변이 나빠진다.

같은 섬유질이라도 녹말 성분이 있는 줄기(숙주, 고사리, 마늘종), 뿌리(무, 당근, 양파, 연근, 우엉, 죽순), 열매(호박, 오이, 가지)가 상대적으로 쉽다. 장내 환경이 약한 사람일수록 잎사귀보다는 녹말 성분이 많은 줄기, 뿌리, 열매채소 위주로 먹는다.

잎사귀를 건조해 파는 각종 가루 음식, 견과류 가루, 들깨 가루 같은 것들은 흡수율이 저조하고 장내 발효를 방해하니 안 먹는 게 낫다.

삼겹살과 절친이 된 쌈채소를 조심하자.

'고기 먹을수록 죽는다.' 책 제목이다. 고기를 매도하고 식물들을 치병의 방편으로 삼으라는 건강지침서들이 넘친다. 우리 생각에도 고기는 질병을 만들고, 식물들은 혈관을 뚫어주고, 피를 깨끗하게 해 질병을 치유해 줄 것 같다. 그래서 우리는 이렇게 들었다. 고기가 까먹는 건강을 보상받기 위해서라도 야채를 많이 먹어라. 그래서 우리는 상추, 깻잎을 몇 장씩 겹쳐 삼겹살을 싸서 먹고, 아이들에게 상추 한 장이라도 더 먹이려고 쌈을 싸 입에 넣어준다.

필자는 이렇게 권하고 싶다. 생잎사귀는 평상시에도 먹지 말고 고기 먹을 때는 고기만 먹던가? 장내 발효가 쉬운 깍두기나 김치, 익힌 나물하고만 먹어라. 그것도 많이 먹지 말아라.

고기는 단품으로 먹을 때 소화가 가장 쉽다. 우리 위는 단순한 가짓수로 먹을 때 소화가 쉽기 때문이다. 고기는 위장과 소장에서 소화효소에 의해 소화(분해)되고, 채소(섬유질)는 대장에서 소화(발효)되는데, 고기와 생잎사귀를 동시에 먹게 되면, 생잎사귀가 고기의 소화와 장내 발효를 방해해, 악취 나는 변을 만든다.

서양인들은 스테이크 먹을 때, 샐러드나 피클 정도 곁들인다. 동서양 어느 나라도 고기 먹을 때 우리처럼 생잎사귀로 싸 먹지 않는다. 우리는 삼겹살을 어떻게 먹는가? 상추, 깻잎, 생마늘, 양파, 오이, 고추, 파, 겉절이 등 생채소와 함께 먹는다. 쓰고 매운 맛 나는 채소가 더 좋다고 무순, 쑥갓, 겨자채 등 다양한 잎사귀 채소로 쌈 싸 먹는다. 심지어 회도 쌈 싸 먹고, 불고기, 현미밥까지 쌈 싸 먹는다. 생마늘, 생양파에 쌈장까지 곁들여 먹으니 대장에서 심한 부패를 일으킨다.

그리고 풀어지고 악취 나는 변을 보면, 그 죄를 고기한테 뒤집어 씌운다. 우리 소화기는 육식동물 소화기에 가깝기 때문에, 채소 없이 고기만 먹어보면, 변도 좋고, 방귀도 적고, 냄새도 심하지 않다. 아는 지인들한테 삼겹살 먹을 때 쌈 채소를 먹지 말고 깍두기나 김치 하고만 먹어보라면 소화가 잘되고 변이 좋다고 이구동성이다.

삼겹살 먹을 때 같이 먹은 상추가 혈관에 달라붙는 고기의 지방을 씻어 내주기라도 한단 말인가? 희망 사항일 뿐이다. 어처구니없게도 생채소가 고기의 소화를 도와준다고 잘못 알고 있는 사람들이 대다수다. 육식만 하는 몽고족이나 에스키모인들은 채소를 먹지 않아도, 혈관질환이 없고 우리처럼 대장암도 많지 않다. 고기를 많이 먹어서 또는 채소를 적게 먹어서 병이 걸리는 게 아니고, 대장에서 부패하게 먹기 때문에 질병에 걸리는 것이다.

어떤 음식이라도 몸속에서 완전 연소(소화)가 되면 해롭지 않고, 불완전 연소 되면 피를 오염시킨다. 야채가 좋다고 해서 고기 먹을 때 같이 먹을 필요는 없다. 채소와 같이 먹어야 고기의 해가 줄어드는 게 아니고, 고기를 먹고 장내 부패가 일어나지 않아야 한다. 그 방법이 생잎사귀 없이 고기를 먹는 것이다.

건강식 한다고 고기 먹을 때 여러 잡곡을 넣은 현미콩밥에 삼겹살을 쌈채소와 같이 먹게 되면 더 심한 장내 부패를 일으키게 된다.

잎사귀 채소는 대부분 하우스에서 화학비료나 유기질 비료를 주고 키운다. 화학비료나 완전히 부숙되지 않은 유기질 퇴비를 주면 질소함량이 매우 많은 잎채소가 되기 때문에 건강에 해롭다. 생육기간이 짧은 잎사귀 채소를 하우스에서 반복적으로 키우다 보면 미네랄이 고갈된 땅이 되기 때문에 영양도 빈약하다. 잎사귀 채소를 먹는다면 독성이 적은 배추, 양배추, 양상추 정도가 좋다. 그래도 고기 먹을 때는 삼가고, 위나 장이 안 좋은 사람일수록 생채소는 되도록 피하는 게 좋다.

소는 겨우 내내 건초를 먹고 모든 영양을 얻는다는 걸 기억하자. 우리도 시래기를 먹고 장내 미생물을 통해 많은 영양을 얻을 수 있으니. 김치나 말린 나물을 놔두고 독성이 있고, 장내 발효를 방해하는 생잎사귀에 집착할 필요가 없다.

조상들처럼 익은 김치나 깍두기, 그리고 말린 나물을 가까이하고, 삼겹살과 절친이 된 각종 생잎사귀를 조심하자.

- 중국에서 오래 살다 오신 분이 전하길, 중국인들은 절대 생잎사귀를 먹지 않는다고 한다. 상추조차 익혀서 먹는다고 한다. 동서양 어느 나라고 우리처럼 다양한 생잎사귀를 식탁에 쌓아놓고 고기와 같이 먹지 않는다. 그것도 매운 마늘, 양파, 쌈장에… 명수식 섭생을 알지 못했다면 평생 생잎사귀 먹으면서 살뻔 했다고 많은 사람들이 전한다.

전통 발효음식의 가치

    기후에 따라 먹거리가 틀리기 때문에 민족마다 식문화가 다르다. 우리 조상들의 식문화를 고찰해 봄으로써 전통 발효음식의 가치를 알아보자.

    우리나라는 땅이 좁고 추운 겨울이 있어 목축이 힘들고 여름 한 철만 농사를 지을 수 있어 먹을거리가 늘 부족했다. 기근에 수시로 시달리고 식량이 부족했던 선조들은 먹을 수 없는 것도 가공해서 겨울 먹거리로 삼아야 했다. 그래서 우리 음식에는 온갖 발효음식과 말린 나물 종류가 많다.

전통 발효음식들의 가치

◎ 김치(장아찌)

    우리 식탁에 매일 오르는 반찬이 김치다. 배추김치, 동치미, 깍두기, 파김치, 갓김치 등등 온갖 김치 종류가 있다. 먹을거리가 부족했던 김치는 맛이 좋아 겨울 반찬으로 없어서는 안 되는 음식이다. 김치의 속 재료로 쓰이는 고춧가루, 마늘, 파, 생강, 양파 등은 발효되면서 독성은 사라지고 약성만 남고, 단백질 섭취가 부족했던 시절 김치는 젓갈의 아미노산까지 얻을 수 있는 음식이었다. 그 외에 단무지나 오이, 참외, 깻잎, 고춧잎 등도 장아찌로 발효시켜 먹었다. 발효시키면 맛도 좋아지고, 영양이 배가되고, 보관도 오래간다. 김치가 없었다면 선조들은 겨울을 나기 힘들었을 것이다. 김치를 놔두고 생잎사귀를 먹을 이유가 없다.

    발효된 김치가 코로나19 예방에 효과가 있다는 프랑스 연구진의 발표로 김치 수출이 급증했다고 한다. 배추와 각종 양념으로 발효된 김치에는 유해균과 병원균을 억제하고, 사람에게 영양물질이 되는 젖산균의 대사산물이 듬뿍 들어있다. 그리고 김치에는 여러 가지 생리활성 물질들이 다량 함유돼 있어 항암 및 항산화 효과, 고혈압, 동맥경화 등 성인병 예방에도 도움이 된다고 한다. 각종 김치를 짜지 않게 담아서 매일 먹으면 가장 좋은 프리바이오틱스가 된다.

▷ 된장과 청국장

선조들은 소화 흡수율이 떨어지는 콩을 청국장, 된장 등으로 발효시켜 먹었다. 발효시키면 콩의 해로운 성분들이 제거되고 흡수율이 좋아져 양질의 단백질을 얻을 수 있는 음식이 된다. 된장 항아리에서 구더기가 쉽게 생기는 이유는 발효과정에서 아미노산으로 분해되었기 때문이다. 된장과 청국장은 각종 암을 억제하고 혈전이나 콜레스테롤을 녹여주기도 하고 천연 혈압 강하제이다. 콩을 발효시킨 낫도, 취두부, 템페 등도 세계인들에게 건강식품으로 대접받고 있다. 발효된 콩만이 슈퍼푸드가 된다. 특히 청국장은 변에 매우 좋은 음식이다. 변이 안 좋은 사람일수록 청국장 찌개를 자주 먹자.

▷ 간장

간장은 어떻게 만드는가? 소금물에 메주를 담가 숙성시키면 감칠맛 나는 간장이 된다. 소금물과 간장은 같은 짠맛이지만 간장이 감칠맛이 나는 이유는, 발효되면서 분해된 콩의 아미노산이 소금물에 녹아 있기 때문이다. 민간요법에 눈병이 났을 때나 벌레 물린 곳에 간장을 바른 이유는, 독성을 제거하는 효소가 듬뿍 들어있기 때문이다. 흰죽에 간장을 곁들이는 이유도 간장이 소화를 도와주기 때문이다. 간장에는 흡수가 곧바로 되는 콩의 아미노산과 가장 정화된 염분, 그리고 소화를 도와주고 몸속 청소부인 효소가 듬뿍 들어있다.

▷ 고추장

고추장은 찹쌀, 고춧가루, 메줏가루, 소금 등으로 발효시킨 음식이다. 분해된 콩의 아미노산, 찹쌀이 분해되면서 생긴 단맛, 고춧가루의 매운맛, 소금의 짠맛 등이 발효 과정에서 어우러져 입에 감칠맛을 준다. 멸치나 건어물을 고추장에 찍어 먹으면 반찬이 되고 술안주가 된다. 맵고 짠 양념 범벅 요리를 먹고 변을 보면 항문이 얼얼하지만 발효된 고추장을 먹으면 그런 일이 없다. 독성은 제거되고 약성만 남아 있는 약념(藥念)이기 때문이다.

◇ 시래기나 말린 나물들

선조들은 곤궁한 겨울을 나기 위해 시래기, 호박, 가지, 고구마순, 고사리, 도라지, 산나물 등 온갖 것을 말려 두었다가 겨울 먹거리로 삼았다. 말린 각종 나물들은 삶고 말리는 과정에서 독성은 사라지고 부드러워져 장내 미생물의 좋은 먹이가 된다. 대보름날 먹는 나물들은 장내 미생물에게 가장 좋은 프리바이오틱스다.

◇ 전통 발효음식의 약성

발효음식 속 효소는 소화를 도와주고, 해독 작용으로 피를 깨끗하게 해준다.

• 김치찌개, 된장찌개가 시원한 이유는 발효음식 속 효소 때문이다.

• 돼지고기 먹을 때 새우젓을 곁들이고 식중독에 새우젓을 먹인 이유는, 효소가 소화를 도와주기 때문이다.

• 소싯적 벌레 물린 데 간장을 발라주고, 농약 중독이나 연탄가스 중독에 동치미 국물을 먹인 이유는, 발효음식 속 효소가 독소를 분해, 제거해 주기 때문이다.

• 수육을 삶을 때 된장을 푸는 이유는, 효소가 잡내를 없애주기 때문이다.

이처럼 발효음식 속 효소는 소화를 도와주고, 독소를 분해 제거해 주기 때문에, 전통 발효음식들은 음식이면서 약이 된다. 그래서 약념(藥念)이다.

청국장 예찬

고기는 대충 씹어 삼켜도 변에 보이지 않는 이유는 소화효소에 쉽게 분해되기 때문이다. 반면 콩나물 대가리가 변에 그대로 나오는 이유는 소화효소나, 장내 미생물이 조금도 분해(발효)할 수 없기 때문이다. 콩을 발효시키지 않고 먹으면 소화(분해)되지 못한 콩 단백질은 대장에서 부패를 일으켜 피를 오염시킨다.

청국장찌개를 먹으면 쾌변이 된다.

콩은 왜 발효시켜 청국장으로 먹어야 변이 좋아지는지 그 이치를 따져 알아보자.

① 청국장 만들 때 오래 삶는다.(1차 분해)

열은 화학적 분해를 일으켜 음식의 독성이 제거하고, 영양을 분해해 소화가 쉬워지게 만든다. 고사리를 익히면 먹을 수 있고, 생고구를 익히면 소화가 쉬워지고, 한약이나 사골을 오래 끓이면 약성이나 영양이 우러나오고, 호박이나 쌀을 오래 졸이면 복합당이 단당이 되면서 조청이나 엿이 되는 이유다.

어릴 적 어머니들은 청국장이나 된장을 만들 때 콩을 밤새 삶으셨다. 콩을 오래 삶게 되면 열에 의해 콩 속 해로운 성분들이 제거되고, 소화가 어려운 콩 단백질은 아미노산으로 분해되어 밖으로 빠져나온다. 콩을 오래 삶을수록 조청 같은 진액이 흘러나오는 이유다. 콩을 오래 삶게 되면 콩은 소화나 발효가 쉬운 형태로 변하게 되지만, 여전히 소화는 쉽지 않다.

② 발효를 통해 또 분해한다.(2차 분해)

발효란 미생물이 증식하는 과정으로 효소를 분비한다. 닭똥이 발효되면 흙냄새가 나고, 매운 파김치가 순해지고, 농약 중독에 동치미 국물을 먹인 이유는 미생물이 분비한 발효음식 속 효소는 해독 분해물질이기 때문이다.

콩은 2차로 발효과정을 거치면서 삶아 놓았을 때보다 소화나 장내 발효가 더 쉬운 형태로 변한다.

- 특히 발효과정에서 발효균들은 항암. 항염, 혈전 용해 물질을 만들고 원물에 없는 다양한 영양들을 만들어 낸다.

③ 청국장을 끓여 먹는다. 열로 또 죽인다.(3차 분해)

생청국장이나 낫도는 소화가 쉽지 않아 많이 먹으면 가스가 차고 변에서 냄새가 난다. 2번만 죽였기 때문이다.

콩은 태생이 그만큼 소화가 어려운 물질이기 때문에 발효시킨 후 또 불로 익혀 먹는 것이다. 3번을 죽여야 우리 소화기가 감당할 수 있게 된다.

◎ 먹는 방법들

장내 발효가 가장 쉬운 것은 당질이다. 청국장은 당질이 아니기 때문에 백미밥이나 현미효소보다는 장내 발효가 쉽지 않다. 장이 안 좋은 사람일수록 백미밥이나 현미효소를 주로 먹으면서 청국장은 조금씩 늘려간다.

주위할 점은 장내 발효를 방해하는 현미밥, 콩밥, 생채소, 견과 등을 먹으면서 청국장을 먹게 되면 아니 먹는만 못하다. 같이 부패를 일으키기 때문이다.

① 찌개로 먹는다.

청국장이 좋다고 청국장을 너무 많이 넣고 끓이지 않는다. 콩은 발효시켜도 쉽지 않으니 적당히 넣고 끓인다.

② 생청국장, 낫도, 청국장 분말은 조금만 많이 먹어도 방귀가 나온다. 조금만 먹고 장이 약한 사람일수록 찌개로 먹는다. 살아있는 영양보다 소화가 먼저다.

대장암과 신장암을 동시에 겪은 홍영재 박사는 항암으로 아무것도 먹을 수 없을

때 청국장만은 먹을 수 있었다고 한다. 청국장으로 기력을 회복해 암을 극복하게 된 계기로 청국장의 매력에 빠져 청국장의 효능에 관한 책도 쓰시고, 삼성동에 청국장 음식점을 직접 운영하기도 하셨다.

현대인들은 콩을 맹신해 현미밥에 콩을 잔뜩 놓아먹고, 고기 대용 콩고기를 먹고, 두유를 만들어 먹기도 한다. 소싯적 된장 항아리에 구더기가 많이 생겼다. 발효되어 영양을 쉽게 얻을 수 있기 때문에 똥파리 알이 부화할 수 있는 것이다.

우리도 콩의 영양을 얻는 방법은 선조들의 지혜로 만든 청국장이나 된장으로 먹는 것이다.

시래기 예찬(시래기를 먹어도 생식이 된다.)

시래기, 우거지는 못 살던 시절 서민들이 가장 많이 먹던 음식이었다. 우리 조상님들은 시래기뿐만 아니라 산나물부터 가지, 호박, 고사리, 고구마줄기, 토란대, 뽕잎, 취나물 등 온갖 것을 말려 두었다가 반찬으로 해 드셨다. 얼핏 보면 낙엽처럼 보이는 말린 나물에 무슨 영양이 있을까? 의문이 들기도 한다. 그래서 생잎사귀가 더 좋아 보인다. 그러나 현대인들에게 시래기는 어떤 음식보다도 건강 음식이다.

시래기가 왜 생잎사귀보다 더 좋은지, 낙엽 같은 시래기를 먹고도 영양을 얻을 수 있는지, 시래기를 먹어도 생식이 되는지 이치를 따져 알아보자. 여기서 시래기는 말린 나물을 대표하는 상징이다.

⊙ 시래기를 먹으면 왜 똥이 좋아질까?

소는 풀을 먹고 똥을 싼다. 똥은 소가 만든 것이 아니고, 장내 미생물이 만든 것이다. 소는 단지 풀을 씹어서 장내 미생물에게 먹이를 넣어주었을 뿐이다. 장내 미생물이 풀을 발효시켜 소에게 모든 영양을 제공하고 똥을 만든다. 풀 대신 옥수수 사료를 주면 똥에 옥수수 알맹이가 보이고, 무르고 악취 나는 똥을 싼다. 곡물은 장내 미생물이 발효시키기 어려운 음식이기 때문이다.

사람도 시래기나 나물 같은 섬유소는 내가 소화 시키는 게 아니고 대장에 살고 있는 미생물이 분해(소화)시켜 똥을 만든다.

소의 장내 미생물이 풀은 쉽게 발효시키지만, 곡물 사료는 어렵듯이 우리 장에 사는 미생물 입장에서도 소화(발효)가 쉬운 음식들이 있다. 시래기나 정월 대보름에 먹는 각종 나물은 익히고 말리는 과정에서 독성이 제거되고 부드러워졌기 때문에 미생물의 쉬운 먹이가 된다. 그래서 시래기를 먹으면 대장에서 발효가 잘 일어나 변이 좋아진다.

⊙ 낙엽 같은 시래기나 말린 나물을 먹고도 영양을 얻을 수 있다.

시래기를 먹고 변에 안 보이니 내가 소화시킨 줄 알지만, 대장에 사는 미생물이 먹어치우기 때문에 변에 보이지 않는 것이다. 시래기는 발효과정에서 미생물이라는 다른 영양으로 변한다. 그게 효소, 비타민, 이온화된 미네랄, 단쇄지방산, 호르몬 등이다. 장내 발효란 시래기가 미생물이라는 다른 에너지로 변환하는 과정인 것이다. 그래서 보기에는 영양이 없어 보이는 시래기나 말린 나물을 먹고도 영양을 얻을 수 있는 것이다. 생잎사귀가 시래기보다 더 좋아 보이지만, 시래기와 생잎사귀의 가치는 대장에 살고 있는 미생물에 의해 반전이 일어난다.

그 반전의 이유가 시래기가 생잎사귀보다 영양이 되는 유익균을 훨씬 많이 양육할 수 있기 때문이다. 푸른 생잎사귀가 외관상 좋아 보이지만, 순전히 화장빨일 뿐이다. 시래기는 조강지저 같이 살림(영양)을 불리지만, 생잎사귀는 주머니를 털어가는 애첩일 뿐이다. 시래기는 미생물의 좋은(쉬운) 먹이다. → 시래기를 먹이로 미생물이 크게 증식했다. → 나는 미생물이 만들어 내는 많은 영양을 얻었다.

⊙ 시래기를 먹어도 생식의 효과가 있다.

시래기(섬유질)는 그대로 대장까지 내려가 미생물의 먹이가 된다. 우리는 단지 입을 통해 미생물에게 먹이를 넣어 주었을 뿐이다. 미생물은 시래기를 먹고(발효) 우리 몸에 필요한 다양한 영양을 만들어 낸다. 죽은 쥐를 먹이로 살아 있는 구더기가 증식했다. 닭이 살아 있는 구더기를 먹으면 생식이 된다. 말린 시래기를 먹이로 미생물이 증식했다. 대장은 그 미생물과 미생물이 만들어 낸 살아 있는 영양만을 흡수한다. 그래서 시래기를 먹어도 생식이 된다. 시래기 속 미네랄도 발효과정에서 활성화된다.

어느 건강 대가가 말하길, 시래기나 말린 나물을 먹으면 무기 칼슘이 혈관을 막고, 결석, 담석을 만든다고 주장한다. 이 말은 모래를 먹으면 혈관을 막는다는 소리처럼 터무니없는 말이다. 시래기를 먹으면 생식이 된다고 하였다. 시래기 속 무기 칼슘은 장내 발효과정을 거치면서 다시 생음식 속 칼슘처럼 활성화되어 흡수된다. 발효되지 못한 무기 칼슘은 장벽을 투과할 수 없어 그냥 변으로 나가 버린다.

이것 한 가지만 분명히 이해하자. 대장이 시래기의 영양을 직접 얻는 게 아니고, 시래기를 먹이로 증식한 미생물과 그 미생물이 만들어 내는 대사산물만이 우리에게 영양이 된다. 발효(분해)되지 못한 것은, 내 영양이 되지 못하고 그냥 변으로 나가 버린다.

생잎사귀들은 독성도 있고, 영양도 빈약하고, 흡수율 또한 낮다. 더 나쁜 이유는 대장에서 발효를 방해한다. 우리 조상님들은 그걸 아셨기 때문에 시래기나 김치를 먹었지, 생잎사귀를 먹지 않았다.

◎ 뒤로 남는 장사하기

깨끗해 보이면서도 영양이 많아 보이는 현미밥, 콩, 생잎사귀, 견과류는 앞(입)으로는 이익을 보는 것 같지만, 뒤(항문)로는 손해를 보는 음식들이다. 영양이 많아 보이지만, 흡수율이 저조해 영양을 얻을 수 없고, 깨끗해 보이지만 대장에서 부패를 유발해, 피를 오염시키기 때문이다. 30원을 주고 100원을 손해 보게 만드는 식물들을 조심하자.

보잘것없어 보이는 시래기는 앞으로는 손해 보는 것 같지만, 뒤로 남는 장사가 되는 이유는 장내 미생물 덕이다. 장내 미생물이 만들어 내는 영양은 건강과 면역, 신체의 생리에 매우 중요하다. 음식 자체의 영양에 집착하지 말고 장내 미생물에게 쉬운 먹이를 공급해 유익균을 양육하는 게 영양을 얻는 첩경이다. 생식 교리에서 시래기나 김치를 비난하는 것은 장내 미생물을 통한 영양흡수 원리를 이해하지 못하는 억지 논리일 뿐이니 현혹되지 말자.

- • 95세인 국민MC 송해님에게 앵커가 물었다.

  특별히 챙겨 드시는 건강식이 있나요? 송해님 말씀하시길 "우리 동네에 50년 된 단골 식당이 있는데, 시래기 국밥 먹으러 매일 가다시피 해"

- • 시어빠진 김치 씻어서 먹기

  배추김치, 무김치, 갓김치, 파김치 등 오래되면 시어빠진다. 버리지 말고 김치찌개로 끓여 먹던가, 물에 씻어 짠기를 빼고 된장찌개나 멸치 넣고 끓이면 더욱 부드러워져 장내 미생물의 좋은 먹이가 된다.

첨언

몸에 좋다고 시래기(섬유질)를 너무 많이 먹지 말자. 잎사귀 종류로 만든 김치나 말린 나물은 섬유질이 농축되어 있고, 한식은 섬유질 반찬이 너무 많다. 과한 섬유질 섭취는 장내 발효를 방해하니, 장내 미생물이 감당할 정도만 먹자.

변비, 설사, 위장 장애 고치기

우리는 매일 음식을 먹고 똥을 눈다. 소화란 화학 공정으로 영양을 얻고 대사산물인 노폐물을 밖으로 내보내는 과정이다. 똥을 잘 누는 사람은 건강하다는 말이 있듯이, 위와 장이 건강해야 영양과 면역을 얻을 수 있다. 약에 의존하는 것은 언 발에 오줌 누기로 소화기 기능을 더욱 떨어뜨리는 일이다. 현미효소와 발효음식, 명수식 섭생으로 극복해 보자.

⊙ 변비

화장실에 가도 시원하게 안 나오고 일주일에 한 번 가기도 힘들다. 변이 안 나오면 공포심마저 들고 병원에 가서 손가락으로 파내는 수모를 겪는 사람도 있다. 건강한 장은 갑자기 강한 변의를 느끼고 1~2분 만에 일을 끝낸다. 변비는 약에 의존할수록 악순환이 된다.

⊙ 설사

설사란 대장에서 수분을 흡수하지 못해 항문으로 물을 내보내는 것이다. 기르는 가축이 설사병에 걸리면 목숨이 위태롭다. 사람도 설사를 자주 하면 영양섭취가 안 돼 마른다. 항암, 수술, 항생제 복용, 백신 접종 후 설사변을 보는 사람들이 많다. 대장에서 발효보다는 부패가 일어날 때 설사를 하게 된다. 설사를 고치려면 장내 환경을 회복해 유익균을 양육해야 한다.

⊙ 위장장애

위가 조금 불편한 사람도 있지만, 죽조차 소화가 어려울 정도로 위장기능이 심각하게 떨어진 사람들도 있다. 소화가 어려운 사람일수록 위가 딱딱하게 굳어 있고, 영양

섭취가 안 돼 마른다. 영양부족으로 피가 부족하면 여기저기 저리고 신경이 예민해져 불면증으로 잠을 못 잔다. 암보다 무서운 게 극심한 위장 장애다. 항암 과정에서 소화 기능이 떨어지거나 장내 환경이 무너져 변비나 설사가 생기고, 암 말기에는 무얼 먹어도 토해버리는 지경까지 간다.

◇ **유튜브나 인터넷에 변비나 설사, 위장장애를 낫기 위한 지침들이 넘친다.**
유튜브 방송을 보면 건강 전도사들의 외침이 비슷하다. 불면증, 변비, 설사에는 무얼 먹어라. 고기는 나쁘니 식물들을 먹어라. 현미잡곡밥을 먹어라. 좋은 지방을 위해 견과를 먹어라. 고기 대신 콩을 먹어라. 살아있는 영양을 위해 생현미나 생채소를 먹어라.

흡수가 되는지 마는지, 대장에서 부패하는지 마는지, 따지지도 않고 외치는 소리에 불과하다. 장내 면역을 강조하면서 반대로 장내 환경을 망가뜨리는 섭생을 가르친다. 섭생에 대한 전체적인 시각이 없기 때문이다.

우리가 정보를 몰라 변비, 설사, 위장장애를 고치지 못하는가?
장내 환경이 안 좋아 무른변을 보는데, 섬유질을 많이 먹어라. 현미식이 좋다. 생식이 좋다. 이런 식의 탁상공론적인 지식만 머릿속에 있기 때문이다.
어릴 적부터 차를 타면 설사할까 봐, 밥을 굶어야 하는 20년 된 설사를 가진 사람이 그동안 안 해본 것이 있겠는가? 온갖 섭생과 좋다는 약이나 식품을 먹었지만 요지부동이었다. 현미효소와 명수식 섭생으로 6개월 만에 정상에 가깝게 좋아졌다.

설사를 자주 하던 어린 자녀가 효소를 먹고 변이 좋아진 경우도 많았고, 반려견의 설사가 나았다는 말도 많이 듣는다. 현미효소는 장내 환경을 빠르게 개선하기 때문에 설사나 변비에 탁월한 효능이 있다.

처녀 때부터 가지고 있었던 40년 된 변비도 효소 먹고 나았다. 지금까지 현미효소 먹고 변비, 설사를 고친 사람들을 수없이 보았다.

병원에서 변을 파내는 사람도 효소 먹고 좋아졌다는 말을 전한다. 식이섬유를 많이 먹는다고 변비나 설사가 좋아지는 것은 아니다. 장내 발효가 잘 되게 하는 전술이 필요하다.

① 암으로 직장을 제거한 50 초반의 여성은 현미밥, 생채소, 녹즙 등을 마시면서 무른변으로 하루에 10번이 넘게 화장실을 다니고 있었다. 위 식물들을 제거하고 효소를 마시면서 변이 뭉치고, 횟수가 1~2번으로 줄어 직장에 다닐 수 있게 되었다고 전한다. 다른 한 여성도 직장 제거 후 지저귀를 차고 살았는데 현미효소를 마시면서 변의 횟수가 크게 줄었다고 전한다.

현미효소는 장내 환경을 개선하는 탁월한 음식이기 때문에 무른 변이나, 직장암으로 잦은 변을 보는 사람들에게 구세주 같은 음식이다.

② 책 말미의 체험수기에 나와 있는 50대 초반 여성은 사과 한 쪽만 먹어도 위가 경직돼 병원에 실려 갈 정도로 심각한 위장 장애를 가지고 있었다. 6년 동안 흰죽, 곰국만 먹고 살았다. 영양부족으로 깡마르고 온갖 통증, 저림, 극심한 불면증을 겪고 있었다. 위장약, 불면증약, 진통제 등을 매일 먹고 있었다. 위장을 고치기 위해서 들인 돈만 1억이 넘는다고 한다. 이 여성은 소화력이 너무 약해 현미효소도 부담이 되었다. 백미로 1차만 해서 죽 한 숟갈, 효소 1숟갈 먹었다. 2년이 지난 지금 모든 약을 끊고, 숙면을 할 수 있고, 귤을 2개나 먹을 수 있게 되었다. 그렇게 심한 사람도 좋아졌으니 희망을 갖자.

우리가 아는 지식은 많은데 왜 변비나 설사가 낫지 못하는가? 전술도 없고, 무기도 없기 때문이다. 변비, 설사, 위장장애를 가진 사람이 현미밥, 생잎사귀, 콩, 견과를 먹는 것은 배가 산으로 가는 잘못된 전술이다. 위 식물들은 먹을수록 소화기를 망가뜨리고, 영양도 얻지 못하고 장내 환경을 더욱 나쁘게 만들 뿐이다. 변비, 설사, 위장장애를 고치기 위해서는 위 식물들부터 끊어야 한다.

극심한 위장 장애를 가진 사람일수록 백미밥이나 죽조차 소화가 어려워 심하게 마른다. 영양은 풍부하면도 죽보다 소화가 쉬운 음식이 현미효소다. 그래서 항암 말기에 죽조차 넘기지 못하는 사람도 현미효소는 소화시킬 수 있었던 사례가 여럿 있었다. 현미효는 위장 기능이 떨어진 사람이 영양을 얻을 수 있는 가장 좋은 방편이다.

식이 섬유를 많이 먹는다고 변비나 설사가 낫는 게 아니다. 명수식 섭생과 현미효소로 장내 환경을 살리면, 우리 대장은 자연스럽게 변을 밀어내고, 변을 뭉치게 만들 것이다. 그동안 수많은 사람들이 변비, 설사, 위장장애를 현미효소를 기반으로 한 명수식 섭생으로 고쳤다. 그동안 여러 명에게 들었다. 만약 현미효소를 만나지 못했다면 자기는 죽은 목숨이었다고, 극심한 위장장애나, 설사 기력이 너무 쇠한 분들이었다. 세상에 없던 방식이고, 부작용이 없고, 돈도 적게 들고, 실천하기도 쉽다. 믿고 시도해 보자. 반드시 얻는 게 있을 것이다.

대변(大便)은 똥을 누면 크게 편하다 뜻이다. 糞(똥분)을 안 쓰고 便(편할 편)을 쓴 한자의 뜻이 오묘하다. 먹고 살기도 바쁜 세상 똥 누는 일로 신경 쓰지 말고 大便하게 살자.

소화, 방귀, 변 고찰

개똥도 약에 쓸려고 하니 없다. 방귀 뀐 놈이 성낸다. 우리말에 방귀나 똥에 관한 속담이 매우 많다. 소화란 독성을 제거하고 영양을 얻은 과정이다. 우리가 먹은 음식은 어떤 과정을 거쳐 소화가 되는지 알아보자. 그리고 어떤 음식을 먹을 때 방귀가 많이 나오고, 악취 나는 변이나, 풀어지는 변이 되는지 알아봄으로써 현재의 섭생을 고찰해보자.

⊙ 소화란 무엇인가?

변화에는 물리적 변화와 화학적 변화가 있다. 화학적 변화란 원래의 성질이나 형태를 잃어버리고 전혀 다른 물질이 되는 것이다. 발효, 부패, 소화 모두 효소에 의해 일어나는 화학적 변화다.

똥분(糞) = 똥이란 쌀(米)이 다르게(異) 변한 것이다.

밥, 고기, 김치가 항문으로 나올 때는 입에 들어갈 때와는 형태나 성질이 전혀 다른 물질(똥)이 된다. 풀도 소의 소화기를 거쳐 나오면 전혀 다른 물질이 된다. 왜 전혀 다른 물질이 되는가? 화학적으로 분해되었기 때문이다.

우리가 먹은 음식은 두 곳에서 화학적으로 분해되어 형체가 사라진다. 위장과 소장에서는 소화효소로, 또 한 곳은 대장에서 살고 있는 미생물이 분비하는 효소에 의해 분해된다. 똥에 보이지 않으니 내가 다 소화 시킨 줄 알지만, 장내 미생물이 많은 부분을 소화(발효) 시킨다.

현미밥과 누룩을 섞어 놓으면 달아지면서 물이 생기고, 젓갈이 삭으면서 젓국이 생기는 작용은 화학적으로 분해될 때 일어나는 현상이다. 먹은 음식의 영양이 흡수되기 위해서는 효소에 의해 화학적으로 분해되면서 복합당은 단순당으로, 단백질은 아미노산으로 미네랄은 이온화되면서 물에 녹아야 한다. 그걸 우리말로 '삭았다'라고 표현한다. 소화가 쉽다는 말은, 효소의 작용이 쉽다는 말로 영양을 많이 얻을 수 있다는 말이다. 영양이 아무리 많아도 효소의 작용이 어려우면 영양을 얻을 수 없고, 분해되지 못한 영양은 대장에서 부패를 일으켜 장내 환경을 나쁘게 만든다.

⊙ 방귀는 왜 생기는가?

많은 사람들이 방귀에 대해 너무 모른다. 방귀는 소화가 잘 될 때 나오는 줄 안다. 음식이 발효될 때는 가스가 생기지 않고, 향긋한 냄새가 나고, 썩을 때는 가스가 생기면서 악취가 나듯이, 악취 나는 방귀나 변은 대장에서 부패할 때 나온다. 대장에서 부패할 때 생기는 유독가스가 방귀다.

시커먼 매연을 뿜어내는 차를 똥차라고 한다. 엔진에서 기름이 불완전 연소될 때 나오는 게 매연이다. 잘 마른 장작은 화력이 좋으면서 매연이 없지만 젖은 장작은 매연이 많이 나면서 화력은 약하다. 방귀는 소화(연소)가 어렵고, 대장에서 부패할 때 나오는 매연이다.

⊙ 악취 나는 변이나 방귀를 만드는 음식은 어떤 음식인가?

방귀 냄새가 적기도 하고, 독한 때도 있다. 어떤 음식을 먹을 때 악취 나는 방귀를 뀌는가? 청국장, 취두부, 삭힌 홍어, 젓갈, 치즈의 공통점이 무엇인가? 발효될 때 고랑 내가 난다는 것이다. 그런데 막걸리나 포도주, 현미효소에서는 단내가 난다. 무슨 차이인가? 단백질과 지방이 분해될 때는, 고랑 내가 나고 당질이 분해될 때는 단내가 난다.

그래서 단백질과 지방이 많은 음식을 먹으면, 악취 나는 방귀가 나오고, 당질이 많은 음식은 냄새가 적다. 우리가 먹는 음식 중에 단백질이 많은 음식은 무엇인가? 육류와 콩, 견과류 등이다. 이 세 가지가 대장에서 부패를 일으킬 때 방귀도 많아지고 냄새가 독하다. 우리는 방귀나 악취변은 고기가 주로 만드는 줄 알지만, 콩이나 견과, 생잎사귀가 부패할 때 훨씬 많은 방귀가 나온다. 과도한 섬유질은 장내 부패에 일조한다.

◎ 대장에서 부패를 일으킬 때 무른 변이 된다.

물은 많이 마셔도 변을 물러지지 않는다. 독성이 없으면 대장은 수분을 다 흡수하기 때문이다. 먹은 음식이 대장에서 발효가 잘 될수록 독성이 사라지기 때문에 대장은 수분을 다 빨아들여 분리수거가 잘 된 꼬들한 변을 만든다.

반면 대장에서 발효보다는 부패가 일어나면 유해균이 증식하면서 만들어 내는 독소가 많아지기 때문에 대장은 수분을 빨아들이지 않아 무른변을 만든다. 무른변은 대장에서 부패할 때 나오고, 꼬들한 변은 대장에서 발효가 잘 될 때 나온다. 야생동물 처럼 끝부분까지 꼬들한 변을 만들어야 진짜 쾌변이다. 금상첨화는 굵으면서 꼬들한 황금변이다.

◎ 아래는 '더러운 장이 만병을 만든다.' 의 저자 버나드 젠센 박사의 말이다.

"병에 걸려 있는 사람은 십중팔구 장에 문제가 있다. 장은 인체 내의 독성물질 대부분이 쌓여있는 기관으로, 독성물질은 장벽을 통해 혈액이나 림프 속으로 흘러 들어가게 되고, 그런 다음 온몸으로 퍼져 나가 각 세포 조직에 쌓이게 된다. 따라서 장을 *깨끗하게 만들면 혈액도 깨끗해지고, 세포 조직도 더 깨끗해지며, 그 결과 세포 조직을 보다 쉽게 재건할 수 있다.*" 모든 병을 치유하기 위해서는 장내 환경을 개선하는 것을 최우선시해야 한다고 박사는 말한다. 쉽게 말해 꼬들한 변을 만들어야 한다는 말과 같다.

⊙ 노벨 생리의학상을 받은 '메치니코프' 말에 의하면

"사람이 병들고 노화가 빨라지는 이유는 대장에서 부패할 때 나오는 독소가 피에 스며들어 자가 중독을 일으키기 때문"이라고 한다.

⊙ 아는 지인 중 이란성 쌍둥이 자녀가 있다.

고등학생이 되었는데, 여자아이 키는 170cm이고 남자 쌍둥이는 165cm라고 한다. 여자아이는 어릴 때부터 변기통이 막힐 정도로 굵은 변을 보았고, 감기도 좀처럼 걸리지 않았지만, 남자아이는 5살 무렵 수술로 항생제 복용 후 변이 안 좋고, 감기도 자주 걸리고, 발육도 더디다고 한다. 굵은 변을 본다는 것은 장내 환경이 좋아 면역이 강하고, 유익균들이 만들어 주는 영양을 충분히 얻었다는 뜻이다.

⊙ 현미, 생채소, 콩, 견과, 생식, 야채는 황금변을 방해한다.

수많은 건강 지침서나, 건강 대가들의 목소리가 비슷하다. 고기를 멀리하고 식물들을 친구로 삼아라. 그래서 우리는 "건강만 다오 나는 무엇이라도 할 각오가 되어있다" 라는 심정으로 위 식물들을 챙겨 먹고, 녹즙도 짜고, 커피 관장도 하면서 건강 대가들의 섭생 지침을 따른다.

하지만 위 식물들을 열심히 먹을수록 영양도 얻지 못하고, 피가 오염된다는 것을 알아야 한다. 흡수율이 저조하고, 대장에서 부패를 유발하기 때문이다. 우리 머릿속에 아는 지식은 많은데, 황금변을 찾는 지혜는 전혀 없다. 몸속에서 쪼다가 되어버리는 위 식물들을 식단에서 제거해야 황금변을 찾고, 건강을 얻게 된다. 우리에게 필요한 건 노력이 아니고 섭생을 전체적인 시각에서 볼 수 있는 통찰이다.

미생물을 통해 영양을 얻는 원리와, 장내 부패의 해로움

사자는 풀을 먹을 수 없다. 얼룩말이 풀을 먹고 에너지 변환을 시킨 고기만을 먹을 수 있다.

사람은 태양에너지와 퇴비의 영양을 직접 얻을 수 없다. 사과나무가 태양에너지와 퇴비의 영양을 이용해 만든 사과만을 먹을 수 있다.

작물의 뿌리나, 초식동물의 장, 사람의 대장은 유기물의 영양을 직접 얻을 수 없다. 미생물이 유기물을 먹고 변환시켜 놓은 물질(영양)만을 흡수할 수 있다.

식물, 초식동물, 사람은 미생물의 도움을 받아야 영양을 얻을 수 있다.

식물의 뿌리, 초식동물, 사람의 대장은 유기물로부터 영양을 직접 얻을 수 없다. 미생물의 소화(발효, 부패) 과정을 거쳐야 그 영양을 얻을 수 있다. 미생물의 도움을 받아 영양을 얻는 원리를 알아보자.

⊙ **식물**- 생풀은 작물의 영양이 되지 못한다. 미생물이 유기물(풀)을 부패(분해)시켜야, 작물의 뿌리는 영양을 얻을 수 있다. 미생물이 풀을 분해하면서 만들어 낸 대사산물을 무기물 영양이라고 한다. 그게 썩힌 퇴비다. 생명을 다한 유기물은 부패(발효) 과정에서 뿌리로 흡수 가능한 형태로 변하기 때문에, 미생물이 분해하지 못한 유기물은 작물의 영양이 되지 못한다.

⊙ **초식동물** - 소(초식동물)가 단백질이 없는 풀만 먹고도 우람한 근육질 몸이 될 수 있는 이유는, 미생물이 풀을 발효시켜 소에게 필요한 모든 영양을 만들어 주기 때문이다. 소는 식물의 뿌리처럼 풀의 영양을 직접 얻을 수 없다. 풀을 발효(소화)시키면

서 증식한 미생물의 균체와 미생물이 만들어 낸 물질들만이 소의 영양이 된다. 풀이 썩어야 작물의 영양이 되듯이, 소가 먹은 풀도 미생물에 의해 발효(분해)돼야, 소의 영양이 된다.

◉ **사람의 대장** – 식물과 초식동물이 미생물의 도움을 받아 영양을 얻듯이 사람의 대장에서도 똑같은 일이 일어난다. 소화 잔여물이 발효되면서 변환된 물질만이 장벽으로 흡수되기 때문에, 대장에서 발효되지 못한 유기물은 변으로 나가 버린다. 매우 중요한 내용이다. 대장에서 발효된 것만이 내 영양이 된다.

◉ **식물, 초식동물, 사람의 대장은 유기물의 영양을 직접 얻을 수 없다.**
반드시 미생물이 먼저 소화(분해) 시켜 줘야 한다. 발효, 부패, 소화란 동일한 화학적 분해로 전혀 다른 물질이 되는 것이다. 모든 영양은 분해되면서 물에 녹아 있는 형태로 이온화되어야 나무뿌리나 장벽을 투과해 흡수될 수 있다. 발효, 부패는 미생물에 의한 소화(분해) 과정으로 다른 생명체가 영양을 얻을 수 있도록 도와준다.

부패를 일으키면 작물, 초식동물, 사람은 똥독이 든다.

◉ **작물** – 우리 상식에 지렁이가 많은 땅은 좋은 땅이라고 알고 있다. 농약을 뿌리지 않고 영양이 많은 땅이라고 생각하기 때문이다. 지렁이가 많은 땅은 결코 좋은 땅이 아니다. 완전히 부숙되지 않은 퇴비를 줄 때 유기물(영양)이 남아 있어 지렁이가 생기는데, 이런 퇴비를 작물에게 주면 유기물이 부패되면서 나오는 독소가 작물을 병약하게 해 벌레가 들끓고, 질소 함량이 많은 채소가 되어 건강에 좋지 않다. 짙푸른 채소일수록 질소 함량이 많은 땅에서 재배된 것이다. 식물은 스스로 소화 능력이 전혀 없기 때문에 미생물이 완전히 분해한 퇴비를 줘야 해가 없다.

가장 좋은 퇴비란, 미생물조차 더 이상 먹을 것이 없어 지렁이나 땅강아지가 살 수 없는 퇴비다. 닭똥으로 말하면 악취가 사라지고 흙냄새가 날 정도로 분해된 퇴비다. 이런 퇴비는 작물의 줄기를 무성하게 하고, 병충해에도 강하고, 작물의 수명을 길게 만든다. 그래서 소싯적 아버지들은 똥이나 오줌을 오래 삭(발효)혔다가 거름으로 썼다. 어설프게 발효시킨 퇴비를 주는 것은 아니 준만 못하게 된다.

◎ 초식동물

소를 키울 때, 풀 대신 곡물 사료를 준다. 동네 어귀 축사 근처를 지나칠 때 악취가 진동한다. 곡물 사료를 먹고 부패된 똥을 싸기 때문이다. 소는 장구한 세월 동안 풀을 먹으면서 진화해 왔기 때문에 풀은 장내 미생물이 쉽게 발효시키지만, 유기물이 많은 곡물은 발효시키기 어렵다. 곡물이 소의 장에서 부패될 때 나오는 독소가 소를 병약하게 만든다. 초지 방목한 소는 냄새 없는 똥을 싸고 건강하지만, 곡물 사료를 먹인 소는 무르고 악취 나는 변을 보기 때문에, 장내 면역이 약해 설사병이나 질병에 쉽게 걸린다.

◎ 사람의 대장

현미콩밥에 채소, 견과류를 많이 먹는 사람일수록 방귀를 많이 뀌고, 악취가 심하거나 무른변을 본다. 대장에서 부패를 일으켰기 때문이다. 건강을 위해 식물을 먹고, 대장에서 부패를 일으키는 것은 덜 부숙된 퇴비를 줘 작물을 똥독이 들게 만들고, 소에게 곡물을 줘 장내 부패를 일으키게 만들어 병약하게 만드는 것과 같다.

대장에서 부패가 일어나면 아래처럼 된다.
- 부패균의 수가 늘어난 만큼 유익균 수는 반드시 줄어든다. 유익균 수가 줄어든 만큼 유익균이 만들어 주는 영양이나 생리활성물질을 얻지 못한다.

- 부패균 수가 늘어난 만큼 장내 환경이 나빠져 면역을 잃어버린다.
- 부패균 수가 늘어난 만큼 독소가 많아져 피를 탁하게 만들고 세포를 병약하게 만든다. 장내 부패할수록 '설상가상이' 된다는 걸 알 수 있다.

⊘ 작물을 잘 키우는 방법은 간단하다.

완전히 분해되어 미생물의 먹이조차 남아 있지 않은 퇴비를 주는 것이다. 그럼 줄기가 무성하면서 열매도 많이 매달고, 병충해에 강하고, 수명이 길어져 오랫동안 시들지 않는다. 자연재배가 꼭 정답은 아니다. 완전히 부숙된 퇴비를 주면 질소함량이 적고 영양은 풍부한 작물을 재배할 수 있다.

⊘ 기르는 새나 반려견 등 모든 가축을 건강하게 키우는 방법도 간단하다.

냄새 없는 똥을 싸게 만들면 된다. 곡물을 발효시켜 주면 장내 발효가 쉬워 악취 없는 변을 본다. 발효시킨 먹이는 흡수율이 좋아 비육을 빠르게 하고, 장내 발효가 쉬워 유익균 증식을 돕기 때문에 면역을 좋게 만들어, 질병에 걸리지 않게 만든다.

⊘ 사람도 건강을 얻기 위해서는 꼬들한 황금변을 만들어야 한다.

필자는 30대 중반에 섭생을 바꾼 후 쾌변이 되면서 놀랍도록 건강해진 경험이 있다. 특별한 영양제나, 슈퍼푸드도 없었고, 아주 단순하게 먹었다. 현미밥, 야채, 약간의 고기 정도였다. 쾌변이 되면서 기억력과 집중력이 좋아져 긴 시간 책을 볼 수 있었고, 뜨거운 한여름에 테니스 단식을 4게임이나 할 정도로 놀라운 지구력이 생겼었다.

필자는 타고나길 강건한 체질도 아닌데 사람 몸이 이렇게까지 건강해질 수 있다는 게 믿어지지 않았다. 그 이후로 20년 넘게 감기약을 먹어본 적이 없었고, 두 번이나 생겼던 신장 결석도 재발이 없었다.

아무리 좋은 걸 먹어도, 변이 좋아지지 않으면 건강해지지 않는다는 걸 알아야 한다. 자녀들이 공부도 잘하고, 건강하게 키우고 싶다면 꼬들한 변을 보게 만들어야 한다. 쾌변이 될수록 정신적, 신체적으로 최고의 능력을 발휘할 수 있기 때문이다.

자녀에게 현미콩밥, 견과류를 먹이고, 삼겹살 먹을 때 생잎사귀를 먹으라 종용하는 것은 현명치 못한 일이다. 장내 부패를 일으키기 때문이다.

자녀들이 가공식품을 먹는 것을 막을 수는 없다. 그래도 평소 현미효소와 명수식 섭생으로 장내 환경을 살려 가공식의 피해를 최대한 줄여야 한다.

너무나 많은 사람들이 건강을 위해, 소화가 어려운 식물들을 먹고, 악취 나는 변을 보고 있다. 잘못된 상식과 정보를 믿기 때문이다. 장내 부패를 일으키는 음식들을 제거하고 소화와 장내 발효가 쉬운 음식들로 식단을 채워야 한다.

▶장내 발효는 해독과 영양을 주고, 장내 부패는 독소와 영양결핍을 준다.

장내 부패가 일어나게 먹으면, 작물이나 가축처럼 사람도 똑같이 질병에 취약해진다. 장내 부패를 유발하는 가공식, 과도한 육식, 장내 발효가 어려운 식물들을 식단에서 제거하자. 몸에 좋다는 것을 아무리 찾아 먹어도 좋아지는 게 없는 이유는, 장에서 부패하게 먹기 때문이다. 우리가 건강을 위해 피해야 할 것이 많지만, 조심해야 할 1순위가 장에서 부패하게 먹는 것이다.

• 고기 먹는 방법

고기는 모든 음식 중에 영양밀도가 가장 높고 흡수동화율이 좋다. 영양밀도가 높은 순으로 나열해보자

잎사귀채소 → 뿌리나 열매채소 → 과일 →곡식 → 고기 순이다.

썩을 때 보면 알 수 있다. 채소가 썩을 때는 구더기가 생기지 않고, 곡식이 썩을 때는 작은 벌레가 생기고, 쥐가 썩을 때는 큰 구더기가 생긴다. 영양에서 영양이 나오기 때문이다.

• 살코기보다 영양이 많은 게 내장이다.

썩을 때는 내장부터 썩는다. 내장에 영양이 많아 미생물이 쉽게 증식하기 때문이다. 육식동물이 사냥감을 잡으면 피나 내장부터 먹는다. 영양이 더 많기 때문이다.

• 영양을 위한 고기 먹는 방법

현대인들은 영양이 가장 적은 살코기 위주로 먹는다. 고기의 영양을 온전히 얻기 위해서는 살코기보다 더 많은 영양을 가지고 있는 내장, 머리, 뼈, 골수, 껍질, 꼬리, 족 등 전체를 먹어야 한다.

그게 내장탕, 소머리 국밥, 사골, 족발, 계란, 발효유, 기버터 등이다. 그리고 건강한 사람이라면 계란 반숙, 참치회, 육회, 회, 젓갈 등 일부 날로 먹는 것도 좋다.

자연식 대가들은 영양을 위해 식물들을 전체를 먹으라 종용한다.

우리 선조들은 식물은 전체를 먹지 않고, 소화가 쉬운 부분만 취했다.

반면 고기는 꼬리에서 머리까지 전체를 먹었다.

늙어가면서 근육이 줄어들고, 피부가 주름이 생기듯이 뇌세포도 쪼그라든다. 그래서 치매나 파킨슨병에 걸리는 것이다.

치매를 예방하는 방법이 충분한 영양을 뇌세포에 공급하는 것이다. 그러기 위해서는 현미 효소와 발효식 그리고 다양한 부위의 고기로 영양을 공급해야 한다. 양념 범벅 고기나, 가공육은 매우 해롭다. 단순하게 굽거나 삶아서 먹자.

제 6 장

건강 관련 글들

운동을 하고 스트레스를 받지 마라. 가공식품이나 과도한 육식을 삼가해라. 유
기농 음식을 먹고, 화학물질을 피하고 친환경 제품을 써라.

이런 내용은 누구나 알고 있는 상식이라 이 책에서는 다루지 않았습니다.

6장은 치병이나 건강을 위해서 실천하면 좋은 내용들입니다.

특히 '근골격 통증 극복하기'는 저의 경험을 바탕으로 쓴 글로

굳은 신경을 풀면 나을 수 있는 통증들이 매우 많습니다.

영양과 건강(영양은 에너지다)

이 단락에서는 작물과 동물의 예를 들어서 영양이 우리의 건강과 면역, 장수에 얼마나 중요한 역할을 하는지 알아보자.

충분한 영양은 작물을 건강하게 만든다. 고향에 친한 형님이 계시는데 발효된 퇴비를 이용해 남들이 깜짝 놀랄 정도로 품질 좋은 결과물을 만들어 내신다.

▷ 무등산 수박처럼 크고, 당도 높은 수박을 수확한 비결

이 형님은 젊은 시절 한때 수박을 재배하셨는데, 무등산 수박처럼 크고 당도 좋은 수박을 키워서 흥농 종묘사 직원들을 놀라게 했다. 농가에서 수박을 재배할 때, 열매가 많을수록 에너지(영양)가 분산돼, 수박이 작아지기 때문에 한 그루에 한 개만 남기고 따내어 버린다. 첫 번째 열리는 수박은 칠삭둥이처럼 크기도 작고, 박수박처럼 상품성이 없어 따 버리고, 두 번째 열리는 수박은 10kg까지 크기 때문에, 보통 농가에서는 두 번째 수박을 키워서 딴다. 두 번째 수박을 따 버리고, 세 번째 열리는 수박을 키우면 20kg 가까이 크고 당도도 매우 높다고 한다. 하지만 농가에서는 세 번째 수박을 키우지 않는다. 왜냐하면, 세 번째 수박을 키워내기 전에 줄기가 수명을 다하고 말라 죽어버리기 때문이다.

이 형님은 수박 줄기의 수명을 길게 하여, 세 번째 수박을 수확할 수 있었다. 그 비결은 미생물로 발효시킨 닭똥을 충분히 주는 것이다. 닭똥 냄새(독성)가 완전히 사라질 정도로 발효된 퇴비를 듬뿍 주면, 충분한 영양을 얻은 수박 줄기는 수명이 길어져 무등산 수박처럼 크고 당도가 높은 세 번째 수박을 키워낸다.

⊙ 꽃과 잎이 오랫동안 시들지 않는 국화를 키우는 비법

이 형님은 취미생활로 국화를 재배하시는 데, 남들이 놀랄 정도로 싱싱하고 오랫동안 시들지 않는 국화를 키우신다. 이번에도 비법은 가축의 똥을 발효시킨 거름이다. 똥 냄새가 사라지고 흙냄새가 날 정도로 완전히 발효된 퇴비를 주면, 전장(먼저 나온 잎)도 시들지 않고 잎과 꽃잎은 두껍고 싱싱함을 오랫동안 유지한다고 한다. 발효된 퇴비를 통해 충분한 영양을 얻은 국화의 세포들은 수명이 길어지기 때문에, 그 전체인 국화도 수명이 길어지게 된다.

⊙ 호박 한 그루에서 엄청나게 많은 호박을 따는 비법

이 형님은 사슴을 두어 마리 키우신다. 오래 묵혀둔 사슴 똥을 충분히 주고 호박을 심으면, 한 그루에서 풋 호박을 실컷 따먹고도 늙은 맷돌 호박 47덩이를 따시기도 하고, 단호박 한 그루에서도 100덩이 이상 호박을 수확하신다고 한다. 완전히 발효된 사슴 똥의 영양을 충분히 얻은, 호박 줄기는 무한정 뻗어 나가면서 수많은 호박을 맺는다. 에너지(영양)를 얻은 작물은 수명이 길어지고, 많은 열매를 매달고, 잎과 꽃을 싱싱하게 피우며, 병충해에 강한 건강으로 그 에너지를 표현한다.

이 형님이 작물을 재배해 탁월한 결과물을 만들어 내는 비법은 작물에게 지렁이가 생길 수 없을 정도로 충분히 발효시킨 퇴비를 주는 것이다. 완전히 분해되지 않은 퇴비를 주면, 영양은 고사하고 병약한 작물이 되어버린다. 똥독이 들기 때문이다. 충분히 발효되어 독성이 전혀 없는 영양이 들어가면 작물은 줄기가 무성해지고 열매를 많이 매달고 수명이 길어진다. 사람도 진짜 영양이 들어가면 작물처럼 에너지를 표현한다. 현미효소를 먹고 살이 찌고, 혈색이 좋아지면서 치병의 효과를 보이는 이유는 장내 부패 없이 풍부한 영양을 얻었기 때문이다.

- 무등산 수박처럼 크고 당도 높은 수박, 오랫동안 시들지 않는 국화, 100 덩이의 호박은 충분한 영양을 공급했기 때문이다. 그럼 백미보다 100배나 영양이 많은 현미밥을 먹으면 작물처럼 살이 쪄야지 왜 반대로 살이 빠져버리는가? 현미의 영양을 전혀 얻지 못했기 때문이다. 생현미도 마찬가지다.

◎ 동물이 소화불량에 걸리지 않고 양질의 영양을 얻는 방법

소고깃값이 좋다 보니 소를 키우는 농가들이 많아졌다. 동네 어귀에 있는 축사 옆을 지나갈 때면 소똥 냄새가 진동한다. 악취 나는 똥을 싸는 이유는 소의 원래 먹이인 풀은 장에서 발효가 잘 일어나지만, 곡물 사료는 장내 발효가 어려워 부패가 일어나기 때문이다. 곡물 사료를 먹인 소는 질병에 취약해, 설사병에 자주 걸리고 폐사율이 높아 소득을 줄인다.

고향에 소를 1,000마리 이상 키우시는 형님이 계시는데 남들보다 더 많은 돈을 버는 비결이 있다. 옥수수 사료보다는 쌀겨, 깻묵, 볏짚 등을 발효시켜서 주는 것이다. 발효된 사료를 먹인 소는 육질이 좋고 잘 크고 질병에 걸리지 않는다. 형님의 축사에서는 똥 냄새가 나지 않는다. 발효된 사료는 영양 흡수율이 좋고, 장내 발효가 잘 되기 때문이다. 돼지도 쌀겨를 그냥 주면 무른변을 보고 변에서 악취가 나지만, 미강을 발효해서 주면 잘 크고 변에서 냄새가 나지 않는다. 발효음식은 사람에게도 똑같은 효과를 준다.

◎ 영양은 건강, 치병, 면역, 장수에 절대적인 요소다.

중요한 것은 장내 부패 없이 영양을 얻어야 한다는 것이다. 소가 장내 부패 없이 곡물의 영양을 얻는 방법이 발효듯이, 소화가 어려운 현미를 발효시키면 장내 부패 없이 현미의 영양을 온전히 얻을 수 있다. 그게 현미누룩효소다.

해독과 영양(치병의 열쇠)

 동물과 사람의 질병을 치료하는 과정을 보면 다른 점이 있다. 가축을 치료할 때는 주로 부족한 영양소를 공급하고 해독은 신경 쓰지 않는다. 하지만 사람을 치료할 때는 해독에 큰 노력을 기울인다. 만병 일독이라고 들었다. 그래서 몸을 깨끗하게 해줄 것 같은 식물들 위주로 먹고 다양한 해독 요법을 실행한다.

⊙ 질병은 독소가 많거나, 영양부족으로 생긴다.

질병 = **독소** + **결핍**

 비만은 과거에는 없던, 전혀 새로운 질병으로 일종의 독소다. 비만을 유발하는 과잉 칼로리 섭취는 심장 혈관을 막고, 뇌혈관을 터지게 만들고, 혈압, 당뇨, 지방간 등 온갖 질병을 만든다. 비만으로 생기는 병은 살을 빼면 된다. 그 방편이 가공식과 고기를 삼가고, 식물식, 생식, 소식, 단식 등이다.

 비만뿐만 아니라, 모든 질병에 공통되는 치유의 법칙은 해독을 하고, 영양을 넣어주는 것이다.

⊙ 해독

 우리는 끊임없이 계면활성제나 오폐수를 강물이나 바다로 흘려보낸다. 가공식과 배달음식으로 배를 채우고 화학물질에 쌓여 산다. 공장식 축사에서 항생제와 옥수수 사료로 키운 고기와 농약과 비료로 재배한 식물들을 먹는다. 그래서 먹을 것이 없다는 말을 한다. 독소를 피할 수 없는 시대가 되었다. 물을 많이 마시고, 단식, 커피관장, 간 청소, 정혈요법 등 일시적이고, 물리적인 방법에는 한계가 있다. 주말에 분리수거를 해도, 일주일만 지나면 버려야 할 쓰레기가 또 쌓이듯이, 우리 몸에 끊임없이 들어오는 독소는 일시적인 방법보다는 평소 식단을 통해 배출되어야 한다.

간에서 효소를 분비해 술을 깨게 만들 듯이, 몸속 독성물질은 효소에 의해 화학적으로 분해되어야 제거된다. 우리는 섭생을 통해 그 기능을 최대한 활성화시켜 줘야 한다. 그 방법이 몸속 청소부인 효소를 충분히 섭취하는 것이다.

효소는 어떻게 해야 많이 얻을 수 있을까? 효소는 열에 의해 쉽게 파괴되기 때문에 날음식(생고기, 생과일, 생채소)에 많고, 발효음식에 많고, 대장에서 발효가 잘 될수록 충분한 효소를 얻을 수 있다. 채소에 효소가 많다고, 생 잎사귀를 먹을 필요는 없다. 다른 해악(독소가 있고, 장내 발효를 방해)이 많기 때문이다.

왜 음식이 발효될 때나, 대장에서 발효될 때 효소가 만들어질까? 발효란 미생물이 유기물을 분해하기 위해 효소를 분비하는 과정이기 때문이다. 미생물이 분비하는 효소는 강력한 해독 분해물질이라, 악취 나는 닭똥이 발효되면 흙냄새로 변하고, 매운 파김치가 순해진다. 연탄 중독에 동치미 국물을 먹이고, 식중독에 새우젓을 먹인 이유도, 효소가 몸속 독소를 제거해 주기 때문이다.

몸속 청소부인 충분한 효소 섭취를 위해서는 발효음식을 많이 먹고, 대장에서 발효가 최대한 잘 일어나야 한다. 효소가 몸속에 충분히 공급될 때 해독도 되고, 대사를 촉진해 병을 치유하는 에너지를 만들어 낸다. 항암제는 머리카락이 빠질 정도로 세포에 독성물질이다. 암 환자일수록 효소를 충분히 섭취해 독성물질을 제거해야 한다.

효소가 풍부한 현미효소나, 발효음식을 많이 먹고, 효소를 만들어 내는 장내 유익 균을 최대한 양육하자. 그렇기 위해서는 장내 부패를 유발하는 음식들을 식단에서 제거해야 한다.

⊙ 영양

발암물질을 주입해도, 미네랄을 충분히 공급한 쥐는 암이 생기지 않지만, 미네랄이 부족한 쥐는 암이 생긴다고 한다. 운동선수들이 시합 도중 갑자기 사망하는 경우가 많은데, 주요 원인이 미네랄인 구리가 부족해서 생기는 동맥류 파열이라고 한다. 작물 도 칼슘이 부족하면 잎마름병에 걸린다. 충분한 영양은 건강이나 치병을 위해 반드시 필요하다.

음식을 익히게 되면 칼슘이나 미네랄은 무기화되어 흡수되지 않는다. 발효를 통해 다시 이온화시켜야 한다.

토양 속 무기 미네랄도 미생물에 의해 이온화되어야 작물의 뿌리로 흡수된다. 발효 음식을 먹고, 대장에서 발효가 잘 일어날 때 미네랄을 얻을 수 있다는 뜻이다.

온갖 영양제를 챙겨 먹는 사람도 있지만, 칼슘제를 아무리 먹어도 골다공증이 낫지 않듯이 자연의 섭리에 따를 때만 영양을 얻을 수 있다.

<한가지 예를 들어보자.>

소나 사슴이 새끼를 낳고 나면, 칼슘 부족으로 잘 일어서지 못하고 똑바로 걷지 못 하는, 기립불능병이 생기는 경우가 있다. 칼슘을 공급하기 위해 석회를 먹이에 섞어줘 도 낫지 않는다. 시골에서 사슴을 키우시는 형님이 쉽게 낫게 하는 방법이 있다. 석회 를 뿌려주고, 키운 풀을 먹이면 쉽게 낫는다. 흙 속 무기 칼슘은 흡수되지 않지만, 풀 속 유기화된 칼슘만이 쉽게 흡수되기 때문이다. 합성한 영양제는 석회석처럼 몸에 흡 수되지 않는다. 과일, 야채, 발효음식처럼 자연의 음식 속 영양만이 쉽게 흡수된다.

작물의 뿌리도 미생물의 도움으로 영양을 얻고, 초식동물들도 장내 미생물을 통해 영양을 얻는다. 우리 대장에서도 똑같은 일이 일어난다. 쾌변을 만들수록 얻는 영양이 많아진다. 쾌변은 영양뿐만 아니라, 해독을 위해 가장 중요한 일이다. 영양 목록표나 항암 성분표를 들이대면서 온갖 것을 챙겨 먹으라는 말을 믿지 말자. 그동안 유행 따라가버린 슈퍼푸드가 얼마나 많았는가? 영양을 얻는 방법은 장내 미생물을 최대한 양육하는 것이다. 즉 꼬들한 황금변이다.

◈ 치병과 건강을 위해서는 해독과 충분한 영양이 필요하다.

건강 =　해독　+　영양

영양과 해독을 동시에 얻을 수 있는 가장 현실적인 대안은, 미생물의 힘을 빌리는 두 가지 방법이다. 한 가지는 영양이 많지만, 흡수율이 저조한 현미를 발효시켜 영양을 온전히 얻는 것이고, 또 하나는 대장에서 발효가 잘 일어나게 먹음으로써, 영양과 효소를 충분히 얻는 것이다. 효소는 독소도 제거하지만, 대사를 촉진해 에너지를 만들어 낸다.

건강식을 하지만 개선되는 것이 없다면, 지금의 식단을 통해 해독과 영양을 얻지 못하고 있다는 뜻이다.

효소는 생음식이나 발효음식에 많이 들어있고, 장내 발효가 잘 될수록 충분한 효소를 얻을 수 있다. 현미효소는 영양이 풍부하고, 장내 발효가 잘 되게 하는 음식이니, 영양과 효소 섭취에 이만한 음식은 없다.

독소를 제거하고, 동시에 영양을 채우는 방법이 발효식을 기반으로 한 장내 미생물에 초점을 맞춘 명수식 섭생이다.

가장 좋은 해독은 황금변을 만드는 것이다.

비만인들에게 가장 좋은 해독은 단식이지만, 노약자, 병자, 저체중, 아이들은 하기 힘들다. 해독을 위해 매일 관장을 하는 사람들이 있다. 단식을 하는 동안 일시적으로 하는 것은 좋지만, 밥을 먹으면서 매일 하는 것은 미생물을 괴롭히는 일이다. 물로 대장을 씻어내는 것은 신의 의도가 아니기 때문에 큰 효과도 없고, 마른 사람은 살만 더 잃어버린다.

필자는 30대 중반에 변이 시원하게 나오지 않았고, 툭하면 설사변을 보았다. 몸속에 독소가 많아 아무리 잠을 많이 자도 금방 피곤해지고, 엉덩이나 얼굴에 뾰루지가 많이 올라와 터트리면 피고름이 나왔다. 몸속에 독소들이 매우 많았기 때문이다. 자연식으로 굵은 쾌변이 되면서 피곤함도 사라지고, 놀랍도록 건강해졌다. 해독 주스를 마시고, 커피관장이나 레몬관장 등 온갖 해독요법을 실행해도 쾌변이 아니라면 무용지물이다. 해독을 위해서는 제일 먼저 장내 환경을 깨끗하게 만들어야 한다. 즉 꼬들한 황금변을 만들어야 한다.

어떤 소금이 가장 좋은 소금인가?

소금은 생명 유지에 없어서는 안 되는 미네랄이다. 그래서 작은 금(소금)이다. 특히 화식을 하는 인간은 반드시 소금을 따로 섭취해야 한다. 소금에 대해 말이 많다. 고혈압이나 신장에 나쁘니 싱겁게 먹어라. 짜게 먹을수록 좋다. 무염식이 좋다. 누구 말이 맞는지 모르겠다. 특별한 효능을 내세워 비싸게 팔리는 소금들도 있다.

영양이 많은 음식이 좋은 것처럼 좋은 소금이란 독성이 없으면서, 미네랄이 풍부한 소금이다. 어떤 소금을 먹어야 가장 독성이 없고, 몸에 유익할까? 이치를 따져 알아보자.

▷ 소화 과정에서 정화된 소금

물은 독성이 전혀 없어 아무리 마셔도 괜찮지만, 소금물을 많이 마시면 설사를 일으킨다. 천연 상태의 소금에는 미네랄도 들어있지만, 다양한 불순물이 포함되어 있기 때문이다. 사과나무는 뿌리를 통해 정화된 순수한 수분만 흡수해 사과 속에 저장한다. 고로쇠 수액도 순수하게 정화된 물이라 아무리 많이 마셔도 설사를 일으키지 않는다. 생선도 오염된 바닷물을 정화하여 깨끗한 수분이나 염분만을 받아들인다. 멍게나 굴을 날로 먹어보면 짭조름한 소금기가 있다. 바닷물을 정화하여 받아들인 순수한 소금이라 먹어도 탈이 나지 않고, 감칠맛이 난다.

이처럼 살아 있는 생명체인 사과나 생선, 멍게 속에는 소화 과정에서 정화된 가장 순수한 유기 나트륨이 들어있다. 과일, 날계란, 생고구마, 생밤을 먹으면 싱겁다는 생각이 들지 않지만, 계란, 감자, 고구마를 쪄서 먹으면 싱겁게 느껴지는 이유는 익히면 유기 나트륨이 소실되기 때문이다.

생식을 하면 가장 좋은 유기 나트륨을 얻을 수 있지만, 현실적으로 불가능하다. 음식을 익히면 유기염은 파괴되어 버리기 때문에 화식을 주로 하는 사람은 반드시 소금을 섭취해야 건강을 유지할 수 있다. 무염식이 좋다는 말도 믿지 말고, 소금을 일부러 많이 먹으라는 말도 믿지 말자.

◎ 발효된 음식 속의 소금
발효나 소화란 똑같이 효소로, 음식 속 독성을 제거하고, 영양을 분해하는 과정이기 때문에, 소금이 발효(소화)과정을 거치면 가장 깨끗한 염분이 된다.

발효과정에서 미생물이 분비하는 효소는 강력한 해독·분해 물질이기 때문에 영양도 쪼개면서 독성도 화학적으로 분해해 제거해 버린다. 발효과정에서 소금의 독성은 제거되고 소금 속 미네랄은 이온화되어 흡수되기 쉬운 형태로 변한다.

막 담았을 때는 국물이 짜고 맛이 밍밍한 동치미가 발효되면 감칠맛이 나면서 짠맛이 줄어든다. 미생물이 분비하는 효소가 입에 거슬리는 독성은 제거하고 영양을 분해했기 때문이다. 발효시키지 않은 양념 범벅 겉절이를 먹으면 변이 물러지고 항문이 얼얼하지만, 잘 익은(발효된) 뻘건 깍두기 국물은 많이 먹어도 그런 일이 없고 속이 편하고 짜지만, 물이 켜지 않는다. 발효되면서 독성이 제거되고, 생음식 속 소금처럼 순수 유기염이 되었기 때문이다.

간장, 된장, 고추장을 藥念(약념)이라고 부르는 이유도 발효되면서 몸에 좋은 약이 되었기 때문이다. 약이 되는 음식 속 소금이 안 좋을 수 없다. 누룩 소금이 좋은 이유도 발효했기 때문이다. 간장, 된장, 김치, 동치미, 깍두기같이 발효된 음식들은 효소 덩어리면서 가장 정화된 염분을 가지고 있다.

과거 노동을 많이 하고, 땀을 많이 흘리는 여름에는 짠 음식이 도움이 되었지만, 현대인들에게 과한 염분은 좋지 않다. 특히 한국인은 양념 범벅이나 짠 국물을 많이 먹어, 좋지 않은 염분 섭취량이 많은 편이다. 김치나 깍두기를 담을 때, 양념을 담백하게 하고 짜지 않게 담아 먹자. 건강에 특별한 효능이 있다는 소금들이 고가에 팔린다. 광고문구처럼 효능이 있다면 전 지구인이 그 소금을 먹고 있을 것이다. 천일염은 99%의 나트륨과 소량의 미네랄 그리고 간수 같은 독성을 가지고 있다. 독성을 제거하기 위해 볶은 소금을 먹기도 한다. 열로도 독성이 제거되지만, 효소에 의해 화학적으로 분해되어야 완벽하게 제거된다. 그게 간장, 된장, 고추장, 김치, 같은 발효음식 속 소금이다.

고열로 여러 번 굽고 녹인 소금은 독성이 제거되기는 하겠지만, 영양이 많이 들어있지도 않고, 특별한 약성이 생길 것 같지도 않다. 소금은 몸에 꼭 필요한 미네랄이지만 소금은 소금일 뿐이니 좋은 소금에 목숨 걸지 말자.

무염식을 주장하는 사람도 있지만, 소화액의 성분이 되는 나트륨이 부족하면 소화력이 떨어져 식욕감퇴가 일어나고, 전기적 신호가 둔해져 심장과 근육이 무기력해진다. 염소라는 이름은 소금을 좋아해서 염소고, 심장은 염분이 가장 필요한 곳이라 염통이라 부른다는 말이 있다. 짜게 먹어야 좋다고 소금물을 타서 자주 먹으라는 전문가도 있지만, 어떤 동물도 일부러 짜게 먹지 않는다. 염분이 부족하면 짠맛이 당기고 체내 염도가 높으면 물이 당긴다. 몸이 시키는 대로 적당히 먹자.

발효된 음식 속 소금은 소화 과정을 거친 사과나 멍게 속 소금처럼 가장 정화된 유기염이다. 그게 간장, 된장, 김치, 동치미, 깍두기 국물이다. 불로 구운 소금보다 발효로 익힌 소금이 한 수 위다. 싸고 좋은 소금 옆에 두고 비싼 소금 찾아 먹는 것은 등잔불 밑이 어두운 격이다.

아토피 극복하기

다른 질병들은 나이 들수록 많이 걸리지만, 아토피만큼은 아이들에게 많다. 가벼운 아토피도 있지만, 극심한 가려움도 있고 평생을 달고 사는 사람도 있다. 50년 전까지만 해도 몰랐던 병이 이제 흔한 병이 되었고, 갈수록 증가 추세다. 정확한 발병 기전도 모르고 마땅한 치료 약도 없다.

그동안 2년 가까이 현미효소를 해 드시는 분들에게 전해 들은 이야기를 바탕으로 쓰는 비전문가의 견해이니, 참고만 하시기 바란다.

현미효소를 막 알리기 시작한 때였다. 50대 한 여성은 위장도 안 좋고 불면증이 심해 현미효소를 만들어 드시기 시작했다. 초등학교 딸아이가 피가 나게 긁어 댈 정도로 팔 안쪽에 아토피가 심했다. 큰 기대도 하지 않고 아이에게 효소를 먹였다. 현미효소를 마신 지 2주 만에 아토피가 완전히 나았다. 황금변이 되면서 좋아졌다고 한다. 효소를 끊으면 가려움증이 바로 올라오니 아이가 알아서 찾아 먹는다고 한다. 특별히 음식을 가리지 않고 단지 효소만 마셨다고 한다.

한 30대 여성은 변비 고치려고 현미효소를 마셨는데 고질병으로 가지고 있던 아토피가 나았다고 전한다. 호기심이 발동해 직장 동료 두 명에게 한 달간 효소를 만들어 주었다. 완치는 아니지만, 두 분 다 증상이 호전되었다.

얼굴에 아토피가 심했던 60대 남성은 하루에 1리터 가까이 한 달 정도 마시고 거의 완치가 되었다. 얼굴 주사염이 심했던 50대 여성도 두 달 가까이 마시고 완치에 가깝게 좋아졌다. 묘기증으로 삼일에 한 번씩 스테로이드 알약을 3.5년 동안 복용하던

60대 초반 여성은 효소를 마신 지 6개월 만에 약을 완전히 끊게 되었다. 몇몇 분들은 딸아이가 여드름 때문에 스트레스를 많이 받았는데, 효소를 마시고 사라졌다고 신기해한다.

별다른 명현반응 없이 쉽게 좋아지기도 하지만 어떤 분들은 효소를 마시고 나서 가려움증이 더 심해져 겁을 먹고 중단하기도 했다. 오랫동안 약을 쓴 사람일수록 명현반응이 심하게 온다. 특이한 점은 아토피가 심한 사람일수록 신맛을 싫어한다는 것이다. 그래서 현미효소의 신맛을 싫어하는 경우가 많다.

아토피나 피부병이 가려운 이유는, 핏속에 독성 물질이 있기 때문이다. 핏속에 독소가 없다면 면역 체계가 작동할 일도 없고, 가려 울 이유가 없다. 그럼 독성 물질은 무엇이고 왜 들어오는가? 독성 물질은 분해되지 못한 고분자 영양소나, 소화 과정에서 생기는 독소들이다. 독성 물질이 핏속에 스며드는 이유는, 대장벽이 허술하기 때문이다. 아토피가 낫기 위해서는 대장벽을 튼튼하게 해 독소 유입을 차단해야 한다. 정확한 기전은 불명확하지만, 현미효소를 먹고 아토피나 피부병이 낫는 것을 보면, 현미효소가 대장벽을 튼튼히 해주고 핏속 독소를 제거를 해주기 때문일 것이다. 몇 가지 추론해 보자.

◎ 식도나 질, 콧속, 구강, 대장 등 안쪽 피부는 미끌미끌한 점액질의 지질막으로 되어있는데, 이 지질막 성분이 짧은 사슬 구조로 된 단쇄지방산이다.

이 단쇄지방산은 장내 유익균의 하나인 프레보텔라균이 만들어낸다. 그래서 아토피를 극복하기 위해서는 대장 환경을 개선해 단쇄지방산 생성을 촉진해야 한다. 누룩으로 발효시킨 막걸리에는 단쇄지방산이 풍부하다고 한다. 막걸리와 똑같은 재료로 만드는 현미효소에도 단쇄지방산이 들어있을 것이다.

⊙ 핏속 독소는 효소에 의해 화학적으로 분해되어야 한다.

간에서 만들어지는 알코올 분해 효소가 핏속 알코올을 화학적으로 분해해 술을 깨게 만든다. 발효된 동치미 국물이 농약이나 연탄가스 해독제로 쓰인 이유는, 동치미 속 효소가 독성물질을 분해 제거해 주기 때문이다. 독소는 효소에 의해 화학적으로 분해되어야 제거된다. 그래서 효소가 풍부한 현미효소는 핏속의 독성 물질들을 분해 제거해준다. 아토피나 피부병을 극복하기 위해서는 충분한 효소 섭취가 되어야 하는데, 발효음식을 많이 먹고, 대장에서 발효가 잘 일어날 때 충분한 효소 섭취가 된다.

식물식을 하고, 친환경 제품을 쓰고, 독성물질을 피해서 산속으로 가는 것은 한계가 있다. 적을 피해 도망가는 것보다, 장벽을 튼튼하게 만들고 독성물질들을 분해 제거해주는 효소 섭취를 충분히 해야 한다. 몸에 해로운 가공식품, 씨앗기름, 양념범벅, 튀긴음식, 후라이팬요리, 계면활성제 등을 피하는 것은 아토피 뿐만 아니고 건강을 위해 매우 좋은 일이지만, 가장 중요한 것은 대장벽을 튼튼하게 하고 효소 섭취를 충분히 하는 것이다.

우리 상식으로 고기는 피를 탁하게 하고 식물식이나 생식은 피를 깨끗하게 해줄 것 같다. 그래서 아토피나 피부병을 고치기 위해서 고기를 멀리하고 식물식 위주로 먹는다. 하지만 현미밥, 콩, 생채소, 견과류 같은 음식은 아토피를 더 악화시킬 수 있다. 위 음식들은 우리 몸에 해가 되는 생화학 물질들을 가지고 있고, 장내 부패를 유발하기 때문이다. 식물들이 부패할 때 나오는 독소들이 장 누수를 만들고, 분해되지 못한 고분자의 영양이나 식물이 가지고 있는 독소가 혈류에 스며들면 우리 면역체계는 적으로 판단한다. 위 식물들을 식단에서 제거하고 장내 환경을 개선하는 길이 아토피를 극복하는 길이다.

가려움증 그 자체는 병이 아니다. 핏속의 독을 피부를 통해 배출하려는 신체의 작용일 뿐이다. 면역 억제제나 스테로이드제로 가려움증을 억제하는 것은 잠시 눈 가리고 아웅하는 것처럼, 근본치료가 될 수 없다. 신의 의도대로 장벽을 튼튼히 해 독성물질이 핏속으로 스며드는 걸 막는 게 근본치료다.

그동안 많은 사람이 현미효소를 마시고 아토피나 피부병 여드름을 극복했다. 고기를 끊고 식물식을 따로 하지 않으면서 단지 효소를 마시고 나았다. 우리 생각처럼 고기가 아토피나 피부병의 원인도 아니고, 식물식이 아토피에 큰 도움이 되는 것도 아니다. 꼬들한 변을 만드는 게 최선이다. 삶의 질을 떨어뜨리는 아토피, 청소년들에게 스트레스를 주는 여드름, 성인들의 얼굴 트러블, 가려움증을 주는 피부병, 현미효소와 명수식 섭생에 희망을 걸어보자.

먹지 말아야 할 것(식용유)

음식의 독성을 제거하고 소화가 잘 되게 하는 가공은 건강에 도움이 된다. 전통 음식처럼 열로 익히거나 발효를 하는 정도의 가벼운 가공이다. 하지만 현대인은 먹는 쾌락을 위해 가공을 한다. 탄수화물을 기름으로 튀겨 놓으면 거부할 수 없는 맛을 낸다. 고기에 밀가루를 입혀 튀긴 음식은 단백질(고기), 탄수화물(밀가루), 지방(기름)의 합작품이라 매우 높은 고열량 음식이 되어 살을 찌우고 혈관도 막고 피도 오염시킨다. 비만과 현대병의 일등 공신은 식물성 기름이다.

산업 폐기물이었던 목화씨나 포도씨의 값싼 기름을 얻게 되면서, 식용유 사용량이 미친 듯이 늘어왔다. 동물성 지방은 날(회, 육회)로 먹어도 독성이 없고, 포화지방이라 익혀도 변성이 적게 일어난다. 하지만 식물성 기름은 독성이 있어 날로 먹을 수 없고, 불안정한 구조(불포화지방)로 되어 있어 열을 가하면 심한 변성을 일으킨다. 식물성 기름이 동물성 지방에 비해 깨끗해 보이고 몸에 좋은 기름 같지만, 원래 식물성 기름은 인간의 먹이가 아니다. 인간은 장구한 세월 동안 동물성 지방을 먹어오면서 진화해왔지, 현대인처럼 착즙한 식물성 기름을 먹지 않았다.

씨앗 기름을 용출하기 위해서 몸에 해로운 핵산이라는 화학 용제를 이용해 고온에서 가열한다. 유통 과정에서 변질을 막기 위해 많은 첨가물이 첨가되고, 그런 기름을 식당이나 가정에서 요리할 때, 또다시 고온에서 가열한다. 지방은 가장 농축된 유기물이기 때문에 열을 가하면 가장 심한 변성을 일으킨다.

과자가 왜 해로운가? 가장 큰 이유는 식물성 기름으로 튀겼기 때문이다. 튀길 때 200도에 가까운 고온의 기름은 음식 속 영양소를 완전히 파괴하고, 탄수화물과 단백질을 심하게 변성시키며, 기름 자신은 본성을 잃어버린 범죄자처럼 사악한 물질이 되어버린다. 콩, 땅콩, 깨를 삶으면 고소한 맛이 없고 금방 상하지만, 볶으면 고소해지고 일 년이 가도 상하지 않는다. 볶은 땅콩이나 튀겨 놓은 과자가 몇 년이 가도 상하지 않는 이유는, 화학적 변성을 일으킨 기름은 미생물조차 분해할 수 없기 때문이다. 미생물이 분해하기 힘든 것은 우리 소화효소나 장내 미생물도 분해하기 힘들다.

찌는 것은 물리적 변성으로 익기 때문에 고소함이 없다. 볶거나 튀기면 고소해지는 이유는 기름이 화학적 변성을 일으켰기 때문이다. 화학적 변성이란 원래의 성질을 잃어버리고, 전혀 딴 물질이 된 것을 말한다. 본성을 잃어버리고 전혀 딴 물질이 된 기름은 우리 몸에 친화적으로 쓰일 수 없다. 과자나 견과류의 산패한 기름은 먹어도 배탈이 나지 않기 때문에 아무런 생각 없이 먹는다. 하지만 산패한 지방은 몸속에서 전혀 이용 가치가 없고 혈관을 막고 지방으로 쌓인다. 비만과 현대병의 가장 큰 원인 제공자는 식물성 기름이다.

우리는 고기를 매도하고 식물들을 맹신한다. 식물성이라서, 오메가3, 불포화지방, 압착이라서 좋다는 말에 현혹되지 말자. 열을 가하고, 물과 분리된 식물성 기름은 열과 산소에 의해 매우 빠르게 산패하기 시작한다. 건강을 위해 멀리해야 할 음식이 많지만 식물성 기름으로 튀긴 것은 최악이다. 자연이 만든 음식은 맛이 있을수록 몸에도 좋다. 하지만 인간이 만든 것들은 맛있을수록 몸에 해로울 가능성이 매우 크다.

과거 30~40년 전부터 식물성 기름 사용량이 폭발적으로 늘었다. 비만과 성인병의 가장 큰 공범은 고기가 아니라, 식물성 씨앗 기름이라는 걸 명심하자. 가공 정제한 식물성 기름은 플라스틱 같은 화학물질일 뿐이다. 찌는 것보다 볶으면 맛이 좋아지기 때문에, 프라이팬과 식용유는 필수품이 되었다. 어릴 적 어머니들처럼 생선도 찌고 나물도 쪄서, 무쳐 먹는 게 좋다. 외식하면 식물성 기름을 많이 먹게 된다. 가급적 식물성 기름이 없는 메뉴를 선택하자. '

식용유의 또 다른 해악

식물성 씨앗 기름의 또 하나 해로운 점이 있다. 씨앗들은 오메가6 함량이 매우 높다는 것이다. 오메가6는 우리 몸에 필요한 지방산이지만 오메가3와 적절한 비율로 들어 있어야 건강에 좋다. 과도한 오메가6는 종양을 키우고, 염증 및 질병 발생률을 올린다. 우리의 식단에 오르는 대부분의 육류는 곡물 사료로 키운 것들이다. 특히 사료로 가장 많이 쓰이는 옥수수는 오메가6 함량이 압도적으로 높다. 초지 방목한 소고기의 지방산 비율이 1:1이라면, 옥수수 사료를 먹인 소의 지방산 비율은 60(오메가6):1 이상이다. 돼지, 닭, 계란, 우유, 양식어 모두 마찬가지다. 식물성 기름을 먹지 않아도 양식된 고기를 먹으면 간접적으로 훨씬 많은 오메가 6를 섭취하게 된다. 현대인들의 비만과 많은 질병들이 식물성 기름 과다 섭취와 가축에게 제공하는 곡물 사료와 밀접한 관련이 있다. 건강과 치병을 위해선 씨앗 기름 섭취와 양식된 고기 섭취를 줄여야 한다.

◎ "식물성 기름, 뜻밖의 살인자"

우리는 그동안 수많은 언론 매체와 자료들로부터 인간의 몸에 식물성 기름은 좋고, 동물성 기름은 각종 질병을 유발한다고 들어왔다. 그런데 완전히 틀렸다! 나의 경험과 내가 수집한 각종 자료를 통해 얻은 결론은 다음과 같다. 식물성 기름이 오히려 각종 질병의 원인이다. 식물성 기름을 한입 씩 섭취할 때마다 우리의 몸은 약해지는 셈이다. 이 사실은 성인뿐 아니라 아이들에게도 해당된다. 나는 다이어트를 위해 온갖 요법을 실행했지만 실패했다. 식단에서 씨앗 기름을 완전히 제거하자 40kg이 저절로 빠졌다. "식물성 기름, 뜻밖의 살인자"의 저자 "데이비드 길레스피"의 말이다.

◎ "식용유가 뇌를 죽인다"

가정에서 식용유 섭취량이 늘고 패스트푸드, 과자, 케이크, 마가린, 마요네즈 등을 많이 먹으면서 리놀레산 계열 식용유 섭취량이 폭발적으로 증가했다. 언제부터 성인들에게 뇌졸중, 치매, 알츠하이머병과 같은 뇌 질환이, 아이들에게는 아토피, 알레르기, 천식이 두드러지게 나타나기 시작했을까? 주의력 결핍, 과잉행동장애와 우울증과 같은 마음의 병은 왜 지속적으로 증가하고 있을까? 돌이켜 보면 이는 식용유 섭취량이 도를 넘는 시점과 일치한다. 식용유가 '뇌를 부식시켜 녹이는 근본 원인' 임을 알아야 한다고 강조한다. "식용유가 뇌를 죽인다"의 저자이자 뇌 과학자인 "야마시마 데쓰모리"의 말이다.

음식을 살펴봐라. 식용유가 안 들어간 음식을 찾아보기 힘들다. 나물에도 기름을 첨가하고. 삼겹살, 참치까지 기름에 찍어 먹는다. 식용유는 혈관을 막고 경화시킨다. 암 환자, 동맥경화나 고혈압 환자는 식물성 기름을 식단에서 제거해야 된다. 아이들이 담배 피우는 것은 끔찍하게 생각하면서, 튀긴 음식을 먹는 것은 아무렇지도 않게 생각한다. 대중들의 식문화가 되어버렸기 때문이다.

◎ 식용유의 단짝 친구가 프라이팬이다.

냄비 요리보다 편하고 맛있기 때문에 프라이팬과 식용유는 가정의 필수품이 된 지 오래다. 프라이팬 코팅제로 쓰이는 테플론은, 각종 암의 원인 제공자라고 의심받고 있는 독성 화학물질이다. 기름을 가열하면 200도 가까이 올라가면서 코팅 물질이 녹아 나온다. 프라이팬에 기름을 붓고 요리를 해 먹게 되면

① 화학물질인 핵산으로 정제하고, 여러 가지 첨가물을 첨가한 산패한 기름을 먹게 된다.

② 질병과 비만의 원인이 되는 오메가6를 과다 섭취하게 된다.

③ 고열로 튀겨지면서 영양소는 완전히 파괴되고, 독성물질이 생성되고, 열량만 높은 음식이 된다.

④프라이팬 코팅제로 쓰이는 화학물질을 덤으로 섭취하게 된다.

동물성 지방은 해롭다고 멀리하면서 식용유 듬뿍 부어 전 부쳐 먹고, 기름에 밥을 볶아먹는 것은, 건강을 식용유에 말아 먹는 일이다.

생명력을 높이는 방법

⊙ 생명력은 열악한 환경에서 발동된다.

온실에서 충분한 비료와 물을 먹고 자란 작물은 병충해에 약해 농약 없이 키울 수가 없지만, 노지에서 가물고 뜨거운 햇볕을 받고 자란 작물은 뿌리가 깊고, 섬유질은 거칠고 향(쓴맛)이 강해 벌레가 맘데로 먹지 못한다.

포식하던 왕이나 양반은 손이 귀했지만, 춥고 배고프고 노동을 많이 했던 서민들은 줄줄이 사탕이다. 정자의 생명력 차이다.

단식을 반복할수록 체중이 줄지 않는다. 다이어트를 반복할수록 살이 쉽게 빠지지 않는다. 내성(반발력)이 생기기 때문이다.

박타로 멍이 들던 곳도 반복할수록 멍이 들지 않게 된다. 구조물이 강해지면서 혈액이 잘 돌기 때문이다.

무거운 중량을 들수록 몸은 근육을 만든다. 스트레스를 이기기 위해서다.

야생의 동물들은 사냥이나 포식자로부터 도망치기 위해 전력 질주를 하고, 배고플 때만 먹거나 굶을 때가 다반사다.

그래서 죽을 때까지 운동능력을 잃어버리지 않고, 병이 없고, 쉽게 늙지 않는다.

이처럼 모든 생명체는 열악한 환경에 처하게 되면 생명력을 발동하게 된다.

배고픔은 우리 몸의 생명력을 올리는 가장 좋은 수단이다. 단식, 소식이 좋은 이유는 열량이 부족해지면 우리 몸은 생명력이 강해지기 때문이다.

배고픔은 육체에게 비상사태. 그래서 생명력이 일깨워지는 것이다.

현대인들은 배고픔을 잊어버리고 산다. 과거 50년 전에 비해 활동량은 적으면서 시도 때도 없이 먹어대기 때문이다.

온열요법을 자주 하고, 온돌을 끼고 살고, 과식하는 것은 온실 속의 작물처럼 생명력을 약화시키는 것이다. 외부의 힘을 빌려 도와주는 것은 눈에 보이는 증상(현상)만을 해결하려고 하는 대증 요법과 같아 일시적인 효과만 보이지, 장기적으로는 역효과를 준다.

◎ 골밀도 높이기

요즘은 젊은 사람에게도 골다공증이 흔하다. 골다공증을 개선하는 방법은 영양제를 먹는 게 아니고, 중량 운동을 하고, 뼈에 자극을 주는 것이다.

근육이나 근력을 어떻게 늘리는가? 무거운 걸 들어 근육에 부하를 주는 것이다.

무술을 배울 때 주먹이나 정강이뼈를 어떻게 단련하는가? 단단한 것을 자꾸 때려준다. 그럼 뼈는 부하를 견디기 위해 골밀도를 높인다. 즉 생명력을 자극해 주는 것이다.

걷기만 하지 말고, 부하를 주는 근력운동을 하고, 전신을 박타해주는 게 골다공증을 개선하는 길이다.

◎ 물 마시는 양

몸속 독소를 제거하기 위해 물을 2L 이상 마시는 사람들이 있다. 물을 마시면 마실수록 더 갈증을 느끼게 된다. 물을 많이 마시면 항상성을 유지하려는 몸은 핏속의 염분 농도를 맞추기 위해서 수분을 배출하려는 작용이 강해진다. 그럼 몸은 오히려 수분이 부족해져 자꾸 물이 내키게 된다. 이렇다 보니 자다가도 목이 마르고 칼칼해져 물을 마시고 자야 한다. 물을 너무 안 마셔도 문제다. 몸에 수분이 부족해지면 소변으로 수분을 내보내지 않으려고 한다. 물을 적게 마시는 사람일수록 물이 좀처럼 당기지 않게 된다. 물을 많이 마시는 사람일수록 목이 마려워지고, 물을 적게 마시는 사람일수록 목이 마렵지 않은, 역설에 처한다.

피상적인 생각으로 물을 많이 마셔주면, 피가 깨끗해질 것 같다. 뱀독을 믹서기에 간다고 없어지지 않는다. 간에서 분비되는 효소가 알코올을 제거하듯이, 독은 효소에 의해 화학적으로 분해되어야 제거된다. 발효음식을 많이 먹고 장내 발효가 잘 되는 섭생은 영양도 얻으면서 동시에 해독도 된다. "나를 물로 보지마" 하는 것처럼 물은 물일 뿐이니 적당히 마시는 게 좋다.

◎ 수족탕과 찬물

손발을 뜨거운 물에 담가 몸에 땀이 나도록 하여, 혈액 순환을 도와주기 위해 수족탕이나 반신욕을 한다. 외부의 열로 체온을 올려주므로 혈행이 좋아지고 디톡스가 되어 건강에 좋다고 하지만, 상시로 하는 것은 생각해 볼 일이다. 외부의 힘으로 자주 발열을 해주면 처음에는 효과를 볼 수 있지만, 자주 하면 할수록 몸은 스스로 열을 내려는 자생력을 잃어버리게 된다. 수족탕을 자주 하는 사람일수록, 겨울에 손발이 시럽게 된다. 정작 추울 때는 피가 몰려오지 않기 때문이다.

동상과 화상은 똑같이 찬물에 담가 치료한다. 같은 방법으로 치료하는 이유는, 차가운 곳으로 피가 몰려와 세포를 치유하기 때문이다. 보온하고 배부르게 먹는 게 건강을 도와주는 것 같지만, 모든 생명체는 등 따시고 배부르면 게을러지고 졸리게 된다. 자극(박타, 스트레칭), 운동(노동) 추위, 배고픔, 희망, 의지는 우리 몸의 생명력을 높이는 요인 들이다.

⊚ 대증 요법이 실패 할 수밖에 없는 이유

생명의 복잡성과 상호작용, 생명의 반발력 등을 모르고 피상적인 현상만을 보고 답을 찾기 때문이다. 원인 제거를 하지 않고, 통증(증상)만을 억제하는 의학에는 한계와 부작용이 있다. 마찬가지로 불편한 증상을 없애기 위해, 외부의 힘으로 도와주게 되는 건강법들은, 오히려 몸이 가진 원래 기능을 떨어뜨린다. 몸이 가진 기능이 회복되도록, 자생력을 길러 증상(질병)을 치유해야 한다.

몸의 역설을 이해하여 치병에 적용하자. 치병도 정신력이 매우 중요하다. 살려는 의지는 세포의 생명력을 높이는 것이다. 세포가 모여 장기가 되고 내 몸이 된 것이다. 걸으면 살고 누우면 죽는다. 안현필 선생은 가다가 쓰러지는 한이 있더라도, 낫고야 말겠다는 불굴의 의지를 강조하셨다.

근골격 통증 극복하기(신경의 굳음)

　나이 먹을수록 근골격 통증 한두 개씩은 달고 산다. 죽을 병은 아니지만, 삶의 질을 떨어뜨리고, 죽고 싶을 정도로 고통을 주는 통증들도 있다. 요즘은 나이에 상관없이 젊은 사람들도 여기저기 아픈 곳이 많다. 근골격 통증을 다루는 병원들은 문전성시다. 아랫글은 지금까지 알고 있던 상식과는 다른 내용이라 믿어지지 않을 수있다. 병원에서도 해결하지 못한 통증이나 불편함이 있다면 신경에 신경 써보자.

　⊙ 신경은 신묘 막측한 기능을 수행한다.
　우리 몸은 독립된 생명체인 세포의 집합이다. 근육세포, 간세포, 신경세포, 뼈, 췌장, 혈관 등 세포에는 다양한 종류가 있고 세포마다 독특한 기능을 수행한다. "쟤는 신경이 둔해", "쟤는 신경질적이야" 이 말은 쟤는 신경이라는 뜻이다. 사람은 곧 신경 자체다. 신경은 모든 감각을 느끼고 정교한 동작들을 만드는 핵심이다. 시원하다, 뜨겁다, 쓰리다, 애리다, 먹먹하다, 저리다, 시리다, 실로 다양한 감각들을 감별해 낸다. 손의 감각으로 초밥 밥알 개수를 정확히 맞추고, 피아노 건반 위의 현란한 손가락 움직임을 만들어 내는 것도 신경세포 덕이다. 신경은 귀신 같은 일을 한다. 그래서 신경(神經)의 신자는 귀신 신자를 쓴다. 정교하고 예민한 만큼, 피가 못 가면 신경세포는 다양한 통증들을 만들어 낸다.

　⊙ 중추신경인 뇌나 척수는 사진으로 판별할 수 있지만, 몸 전신에 퍼져 있는 말초신경의 이상은 사진으로 찍어 판별할 수 없다.
　현대의학은 눈에 보이는 현상만을 다루기 때문에, 말초신경의 굳음을 이해하지 못하고 신경을 풀어 낫는다는 개념도 없다. 그래서 근골격 통증의 원인을 잘못 판단하고 엉뚱한 치료를 하는 경우가 많다. 통증의 원인은 말초신경이 굳어져서 생기는 경우가 대부분인데, 병원에서는 퇴행성, 염증, 마모, 석회화, 파열처럼 물리적인 손상으로 설명하고, 증상의 원인을 찾을 수 없을 때는, 신경성 또는 증후군이라고 한다. 신경이 굳어지면 끔찍한 통증을 만들어 내기도 한다. 통증을 만들어 내는 핵심은 피가 부족한 신경세포다.

▷ 근골격에 나타나는 대부분의 통증들은 신경세포가 굳어져서 생기는 것들이다.

신경세포가 굳어졌다는 표현이 좀 애매한데, 신경세포에 피가 제대로 못 가는 증상을 굳어졌다 표현하는 것이다. 신경도 하나의 독립된 세포들이다. 신경세포에 피가 원활히 가지 못하면, 온갖 통증이나 불쾌한 증상들을 만들어 낸다. 왜 피가 충분히 가지 못하는가? 모세혈관의 굵기는 머리카락 굵기의 1/10이라고 한다. 굳어진다는 것은 뭉친다, 수축한다는 뜻으로, 모세혈관이 좁아지면 신경세포에 피가 제대로 못 가게 된다. 피가 못 가면 신경세포는 통증을 만들어 낸다.

▷ 왜 굳어지는가?

운동이나 노동으로 특정 부위에 피곤이 누적될 때, 신축 이완 없이 고정된(깁스) 자세로 오래 있을 때, 큰 충격, 약물, 백신, 항암 등 다양한 원인으로 굳어진다.

① 허리 통증

허리나 엉덩이, 허벅지, 종아리 또는 발바닥 등에 통증이나 이상 감각이 있으면 협착이나 디스크라는 진단을 받는다. 사진상 이상 소견이 없을 때는 좌골신경통, 염증, 골반 틀어짐 등등 가는 곳마다 진단이 다르다. 진짜 허리디스크가 원인인 경우도 있지만, 많은 경우가 허리 주위의 신경이 굳어져서 생기는 것들이다. 허리 통증은 사람마다 아픈 양태나 위치가 천차만별이다. 허리 한쪽만 아프기도 하고 엉덩이 위쪽이나 엉치가 아프기도 하다. 그 아픈 부위를 봉으로 누르거나 박타 등으로 풀어주면 통증이 사라진다. 통증을 만드는 것은 굳은 신경이다. 신경을 제대로 풀기 위해서는 후벼 파듯이 자극해 줘야 한다. 이때 굳어 있음이 심할수록 자극 시 매우 아프다. 통증의 진짜 원인이 디스크 때문이 아닌데, 시술이나 수술을 할 수 있다. 먼저 아픈 부위를 풀어보고 차도가 없다면 병원의 진단을 받아 보자. 병원에 갈 통증은 드물다.

② 좌골신경통

엉덩이 통증, 허벅지나 종아리의 당김이나 통증, 감각 소실, 발바닥의 이상 감각, 쥐, 종아리 붓는 증상 등의 원인은 대부분 엉덩이 속 신경이 굳어져서 생기는 것들이다. 신경은 선이기 때문에 엉덩이 신경이 굳어지면 하지에 다양한 통증들이나 이상 감각들을 만들어 낸다. 음식점에서 오래 앉아있지 못하는 것도, 엉덩이 속 신경이 굳어져서다. 엉덩이 속을 집중적으로 풀어주면서, 허벅지, 종아리 등 아픈 부위를 찾아 깊숙한 곳에 있는 신경들을 풀어야 통증이 사라진다.

③ 무릎

나이 먹을수록 대부분 무릎 통증을 겪는다. 퇴행성, 염증, 마모, 파열이라서 아프다는 진단을 받는다. 그리고 쪼그리고 앉지 말고 수영 자전거 타기 걷기를 하라고 들었을 것이다. 우리 생각에도 오래된 기계처럼 낡았으니 조심해서 쓰고, 쪼그리고 앉는 자세를 하면 더 고장 날 것 같은 생각이 든다. 통증의 진짜 원인은 대부분 무릎 주위의 힘줄이나 신경이 굳어져서 생기는 것들이다. 무릎 주위 아픈 곳을 찾아 뼈를 긁듯이 손가락이나 봉 같은 것으로 깊게 눌러 풀어주거나 봉으로 박타해 주면서 스트레칭을 병행한다. 오리걸음 쪼그려 앉거나, 무릎 꿇는 자세를 해주는 게 스트레칭이다. 붓고 물이 차는 상태는 굳음이 심할 때 생긴다. 초반에 풀 때, 매우 아프고, 붓고, 멍이 든다. 그래도 계속하면 점차 통증이 사라진다. 무릎이 망가져 걷지 못하는 순간 요양병원행이다. 무릎 수술 후 통증이 여전하다면, 무릎 주위 아픈 부위 중심으로 풀면 통증이 훨씬 경감된다. 수술 후 재활한다고 걷기, 자전거 타기, 수영만 하면 쉽게 낫지 않는다. 무릎 주변을 풀어야 통증에서 해방된다.

④어깨

어깨가 아프거나 팔이 저리면, 일상사에 매우 큰 불편함을 느낀다. 사람의 어깨만큼 넓은 각도를 만들어 내는 구조물은 없다. 그런 만큼 많은 근육과 힘줄들이 모여 있다. 오십견, 석회화, 파열 또는 목디스크로 어깨가 아프고 팔이나 손바닥이 저리다는 말을 듣는다. 어떤 동작에서 아픈 이유는, 굳은 그 부위에 힘이 들어가기 때문이다. 낫는 방법은 손가락이나 봉으로 깊숙이 숨어 있는 굳은 신경을 풀어내는 것이다.

⑤ 목, 두통, 어지러움, 브레인포그

디스크나 일자목이라서 목이나 승모근이 아프다고 듣는다. 목이 굳어지면 목을 돌릴 때 아프기도 하고, 두통을 자주 겪는다. 경추 양옆을 손가락이나 봉을 깊게 넣어 굳은 신경을 풀어준다. 후두부와 머리 전체를 손가락이나 봉으로 깊게 눌러, 후벼 파주는 식으로 신경을 풀어주면 불편한 증상들이 사라진다. 자극했을 때 아픈 곳이 통증을 만드는 굳은 신경이다.

⑥ 발목, 손목, 엘보, 손가락, 류머티즘, 족저근막염, 얼굴 떨림, 이명

이석증 등도 신경의 굳음에서 온다. 발목이나 손목이 아플 때는 눌러서 가장 아픈 부위를 찾아 깊게 자극해준다. 엘보 또한 자극했을 때 아픈 그 부위를 손톱으로 뼈를 긁듯이 풀어준다. 류머티즘으로 아픈 관절도 아프게 풀어준다. 족저근막염은 가장 아픈 그 부위를 뾰죽한 봉으로 눌러서 풀어준다.

와사증, 얼굴 떨림, 이명, 이석증도 떠는 얼굴 부위나 귀 주위 아픈 부위를 찾아 자극해 준다. 등 쪽이나 몸통이 아플 때 장기의 이상으로 아픈 경우는 드물다. 등이나 갈비뼈 아픈 부위를 깊게 후벼서 신경을 풀어주면 사라진다. 온몸 어디든 아픈 부위는, 신경이 굳어져서 생기는 것들이다. 교통사고 골절 또는 충격으로 인한 후유증도 신경의 굳음에서 온다. 깁스 후 발목이나 손목, 목 통증이 남아 있다면 아픈 부위를 찾아 풀어주면 통증이 사라진다.

◉ 굳은 신경을 찾는 방법

구조를 알지 못해도, 아픈 통증을 만들어 내는 신경을 찾기는 쉽다. 심하게 굳은 곳일수록, 조그마한 자극에도 끔찍하게 아프다. 그 아픈 신경이 범인이다. 가장 아픈 곳을 중심으로 풀어주면 된다. 아픈 부위를 자극할수록 아픔이 감소한다. 아픔이 감소한 만큼 반드시 통증이 호전된다. 심하게 굳은 곳일수록 초반에 끔찍이 아프고, 붓고, 멍이 들고 몸살이 나기도 한다. 하지만 계속해라. 반드시 좋아진다. 자극하면 신경이 손상될 것 같고, 염증이 도질 것 같다. 그런 일은 절대 없다.

◉ 근 골격 통증에 염증이라는 말을 많이 쓴다.

진짜 염증이나 세균 감염은 급격히 진행되고, 열감이 있고, 붓고, 오한이 든다. 근 골격 통증에 붙는 염증은 그냥 굳어서 아플 때 붙이는 단어에 불과하다.

◉ 원인을 알 수 없는 통증은 신경의 굳음에서 온다.

암 환자들이 느끼는 심한 피곤함, 코로나 휴유증, 백신 후유증 등은 신경의 굳음에서 온다. 신경세포는 가장 정교하고 예민하기 때문에 열이나 냉기, 화학물질에 쉽게 손상된다. 류머티즘, 섬 근육통, 자율신경실조증 등은 원인불명이지만, 근골격에 나타나는 대부분의 통증은 병명에 상관없이 신경이 굳어져서 생기는 것들이라고 보면 된다. 신경은 선이라 번져간다. 낫는 방법은 자극해서 굳은 신경에 피를 보내는 것이다.

내부의 질병으로 생기는 근골격 통증도 있지만, 뚜렷한 이유 없이 나타나는 다양하고 불편한 감각들은 대부분 신경의 굳음에서 온다고 보면 된다. 아무리 병원에 다녀도 뚜렷한 증상을 찾을 수 없다면, 신경의 굳음에서 온 것이니 적극적으로 풀어보라. 신경세포는 피만 가면 통증을 만들지 않는다.

인간의 놀라운 두뇌 능력이나 예술적 감각, 그리고 정교하고 섬세한 운동능력 등은 신경세포의 능력이다. 그만큼 인간의 신경세포는 정교하고 예민하기 때문에, 피가 못 가면 큰 통증을 만들어 낸다. 쓰리고, 저리고, 당기고, 애리고, 화끈거리고, 시리고, 감각 이상 등 온갖 종류가 통증이 있지만, 원인은 하나다. 피가 부족한 신경세포가 만들어 내는 것들이다. 신경세포는 온갖 감각을 느끼기 때문에, 통증도 다양하게 나타내는 것이다. 아픈 곳이 있으면, 손이 저절로 가면서 주무르고 때려준다. 피를 보내려는 본능적인 행동이다. 신경의 굳음을 사진으로 판별할 수 없기 때문에, 통증에 대한 수많은 오진, 오해, 억측이 난무한다. 주사나 진통제는 피를 대신할 수 없다는 걸 알자. 배고픈 아이가 울 듯이, 통증은 피에 굶주린 세포의 울음이다. 배가 부르면 아이가 울지 않듯이, 신경세포에 피가 잘 가면 통증을 만들지 않는다.

암 환자들의 근골격 통증 이해하기

암 환자들은 여기저기 통증들이 많다.

없던 통증이 갑자기 생기면, 혹시 전이가 된 줄 알고 노심초사한다. 특히 등쪽에 통증이 생기면 걱정이 많아진다. 두피가 쪼이거나 찌릿하면 뇌에 전이 되었다고 생각하고, 고관절이 아프면 뼈에 전이 되었다고 생각하기도 한다. 진짜 전이도 있지만, 신경이 굳어져서 생기는 단순한 통증들이 대부분이다.

말초신경이 굳어져서 생기는 통증은 병원에 가서 사진을 찍고, 아무리 검사해도 원인을 찾을 수 없다.

엉뚱한 진단으로 약을 먹으면서 오랫동안 큰 고통을 당화고 살 수 있다. 대부분 깊게 자극해서 풀면 쉽게 사라지는 것들이다. 풀어도 차도가 없다면 그때 병원의 진단을 받아도 늦지 않는다.

• 폐암 말기로 뇌까지 전이되어 머리에 감마나이프를 받은 60대 중반의 여성은 갑자기 두피가 찌릿하고, 쪼이는 통증이 생겼다. 암이 재발된 것 같아 절망적인 생각이 들었다. 또 그 전부터 옆구리가 찌릿한 증상도 가지고 있었다. 이것도 암이 전이되었을 것이라는 불안감이 들었다. 필자 말대로 후벼 파고 자극해주니 두피의 쪼임과 옆구리 찌릿함이 며칠 만에 사라졌다.

또 이 여성은 한 달 전부터 기침이 멈추지 않았다. 폐암 때문이라는 생각이 들었다. 목 쇄골 가운데 푹 들어간 곳을 손가락으로 깊게 자극해서 푸는 법을 알려주었다. 2틀 만에 기침이 멈추었다.

이유 없이 또는 감기 이후 기침이 계속 나온다면 쇄골 가운데 푹 들어는 곳을 손가락으로 깊게 풀어보자. 자극하면 기침이 절로 나오는 자리다.

•또 다른 한 여성은 10년 전 뇌 수술과 방사선 후, 두피 쪼임이 시작되면서 점차 부위가 넓어지고, 통증의 강도가 심해졌다. 통증으로 자다가 자주 깨고, 이빨까지 당기는 쪼임으로 하루 종일 고통을 당하니 약이라도 먹고 세상을 하직하고 싶었다.

9년 동안 통증을 해결하기 위해 안 해본 게 없었지만, 점점 심해져갔다. 사진상 아무런 이상이 없으니 정신과 약을 처방 받아 먹기도 했다. 이 책의 "신경 굳음" 이라는 글을 보고 연락이 왔다. 두피를 아프게 풀면서 자다가 깨는 것도 없어지고, 통증의 강도와 범위가 점차 줄어들었다.

암 환자들은 항암이나, 수술, 방사선 등으로 신경이 굳어지면서 피곤을 쉽게 느끼고, 손발이 차갑고, 신체 부위 여기저기 시려운 증상들이 있다. 시렵다는 것은 혈액이 돌지 못하기 때문이다. 혈액이 돌지 못하는 이유는 신경이 굳어져 있기 때문이다. 굳은 곳을 풀어서 혈행을 좋게 만들어야 체온도 올라가고, 피곤함도 개선된다.

신경을 풀면 간단히 나을 수 있는 단순한 통증으로 불안감에 떨고, 심한 고통을 당하고 사는 암 환자들이 많다.

이것 한가지만 분명히 알자. 현대 의학은 사진에 찍히지 않는 것은 인정하지 않기 때문에 신경이 굳어져서 생긴 통증을 이해하지도 못하고, 낫게 해주지도 못한다. 해줄 수 있는 것은 진통제 뿐이다. 간단하게 나을 수 있는 통증으로 오랫동안 고통을 당하면서 진통제로 몸만 망가뜨릴 수 있다.

죽을 병은 아니지만 암보다 더 큰 고통을 주는 게 근골격 통증이다. 통증이 있는 곳은 깊게 자극해서 풀어보자. 쉽게 해결할 수 있는 통증들이 매우 많다.

장 마사지의 중요성과 맨발의 유익함

늙는다. 죽는다. 의미는 굳어진다는 뜻이다. 인간은 나이 들수록 여기저기 굳어지면서 통증을 겪게 된다. 네발로 기어 다니는 동물들은 몸통을 좌우로 흔들면서 걸어 다니기 때문에, 죽을 때까지 척추의 유연함을 잃지 않는다. 횡으로 매달린 장도 움직임이 많아서 굳지 않는다. 반면 직립보행을 하는 사람은 나이 들수록 척추의 움직임이 적어 온몸이 굳어가면서 장도 굳어진다.

◎ 장이 부드러워 눌러도 통증이 없는 사람들은 건강체다.

필자가 많은 사람 장을 만져보면서 느낀 점은 장이 부드럽게 풀려 있어 눌러도 아프지 않은 사람들은 건강체였고, 아픈 정도가 심한 사람일수록, 아랫배가 차고, 피곤함을 쉬 느끼고, 여러 가지 건강상 문제를 가지고 있었다. 굳은 근육을 풀듯이 장도 풀어주면, 장 기능이 좋아지고 몸 전체의 혈액 순환도 좋아진다.

• 장 건강을 중요시한 사례들

㉮ 안현필 선생

학원 운영으로 돈을 많이 벌었던 선생은 전용 마사지사를 두고 마사지를 받았다. 친구들에게도 마사지를 받게 하였는데, 장이 아프다고 마사지를 받기 싫어했던 친구들은 지병이 많았고, 세월이 지나면서 일찍 세상을 하직하는 것을 보았다. 반면 배가 부드러워 아프지 않았던 친구들은 건강체임을 알게 되었다. 그래서 선생은 건강 전도사가 된 후에, 장 마사지의 중요성을 강조했다. 연수생 교육이나 강연회 때마다 친구들의 장 마사지 일화를 자주 언급하면서, 장을 많이 주물러라 권했고, 당신도 매일 목욕탕에 들러 장을 풀어주는 것을 중요한 건강 포인트로 삼았다. 많은 사람들이 장 마사지 후 건강이 좋아져, 선생에게 감사의 말을 전했다고 한다.

㉯ <복뇌력>의 저자, 이여명 씨

이여명 씨는 20대에 단전호흡을 수련하다가 주화입마로 상기증에 걸렸다. 두통이 심하고, 소화가 되지 않고, 극도의 피곤함을 느끼는 등 건강이 매우 나빠져서, 이를 개선하기 위해 많은 건강법을 실천해 보았지만, 개선되지 않았다. 그러던 중 우연히 안현필 선생이 쓰신 건강 서적에서 복부 마사지의 효과를 읽고 자기 배를 만져보니, 딱딱하고 아픈 곳이 많았다. 그래서 복부를 집중적으로 풀자, 놀랍게도 머리가 맑아지고 소화가 잘 되면서 건강을 회복하게 되었다. 이를 계기로 장 마사지에 매료된 이여명 씨는 장 마사지 전문가의 길로 들어섰고, 복 뇌력이라는 책을 썼다.

㉰ 복부 마사지 전문 지압사, 장 원장

장 원장은 십 년 전에 일원동 먹자골목의 한 마사지샵 에서 일하던 조선족 남성이다. 우연히 마사지를 받기 위해 들렸는데, 장 마사지를 잘해 자주 가게 되었다. 그는 20여 년간 마사지사로 일하면서, 수많은 사람의 몸을 만지다 보니, 몸을 만져보면 건강 상태를 대충 알게 되었다고 한다. 특히 장이 굳어 있으면 건강에 많은 문제가 있고, 장이 풀려있어 눌러도 아픔이 없는 사람은 건강체임을 깨닫게 되었다고 한다. 그동안 단골이 되어 여러 번 장을 풀어준 사람들은, 복부 비만이 감소하고, 식탐이 줄고, 건강이 개선되는 경우를 많이 보았다고 한다.

㉱ 도수치료사이자 <1일 3분 인생을 바꾸는 배 마사지>의 저자, 나가이 다카시

그는 벤처기업가로 일하면서, 격무에 시달린 탓에 건강이 무너져 자율신경실조증을 겪게 되었다. 지압과 마사지를 통해 배를 풀고, 건강을 회복한 후, 그 효과에 매료되어 도수치료사의 길로 들어섰다. 현재는 정체원[1]을 운영하면서 많은 환자를 치료

---

1) 마사지 지압 등을 통해 병을 치료하는 곳

중이다. 치료 과정에서 장 마사지 중요성을 알게 되어 책을 쓰게 되었다.

⊚ 장과 건강에 대한 고찰

사람은 나이 먹을수록 근육과 뼈는 물론이고 내부의 장기까지 굳어져 간다. 특히 위, 소장, 대장이 굳으면 소화 기능도 떨어지고 혈액 순환도 나빠진다. 배가 많이 나오고, 안 나오고, 비만이고, 마르고를 떠나서 장이 풀려있는 사람은 건강체이다. 지인들 중에 완벽한 건강체를 갖춘 사람들의 장은 말랑하고 부드러웠고, 쾌변을 보는 사람들이었다. 필자도 장을 풀면서 머리가 맑아지고 피로감이 개선되는 체험을 하였다. 장이 부드러워지면 왜 건강해질까?

⊚ 순환이 최우선이다.

장이 굳어져 몸 전체의 혈액 순환이 둔해지게 되면 많은 건강상의 문제를 일으키게 된다. 장은 오장육부 중에서 가장 큰 부피를 차지하고 혈액이 가장 많이 몰려 있는 장기다. 장이 굳으면 보일러에 에어가 차는 것처럼 혈행이 나빠져 순환, 즉 수승화강이 어렵게 된다. 수족 냉증은 복압이 상승해 혈행이 나빠졌을 때도 생긴다.

또한 장은 20여 가지의 각종 호르몬을 분비하며, 뇌와 독립된 신경(태양 신경총, 미주신경)이 존재한다. 예로부터 도가에서는 복부를 복 뇌라고 표현하였다. 복부가 굳어지면 복부에 집중된 신경들 또한 굳어지게 된다. 신경이 굳으면 에너지의 전달, 즉 기가 막히게 되어, 기능 저하가 일어난다.

⊚ 장 마사지를 열심히 하자

다른 장기들은 외부의 충격이나 손상을 예방하기 위해 단단한 뼈로 보호되어 있지만, 위장, 대장, 소장이 자리한 복부는 뼈가 없어 움직임이 자유롭고, 마사지가 가능하다. 배를 만져 눌렀을 때 통증이 심할수록, 장이 굳어져 있다고 보면 된다. 굳은 장을 풀기 위해서는 손가락이나 적절한 봉을 이용하여 장을 자극하면 된다. 주먹으로 배 전체나 단전 부위를 박타해 주는 것도 좋다.

건강한 장은 두 가지가 좋아야 한다. 장내 환경이 좋아야 하고, 장이 굳어 있지 않아야 한다. 두 가지가 완벽한 사람일수록 건강체임을 알 수 있다. 내부로는 현미효소로 장내 환경을 개선하고, 외부로는 장 마사지를 해주자.

첨 언

맨발로 암이나 불면증을 극복한 사람들이 있다. 땅과의 접촉인 맨발 산행은 몸속 정전기를 빼주고, 발바닥 신경을 자극해, 불면증이나 배변 활동에 많은 도움을 준다. 집에서 지압 판도 밟고, 맨발 산행을 자주 해보자.

섭생 추억(건강 극복기)

우리는 살아오면서 뜻하지 않는 불행과 만난다. 질병도 그 한 가지다. 가벼운 질병부터 생명이 위태로운 병까지 뜻하지 않게 복병처럼 만날 수 있다. 죽을 병은 아니지만, 아토피, 소화기 장애, 원인불명의 질환이나 근골격 통증 등으로 큰 고통을 당하고산다. 걷고, 일하고, 먹고, 소화 시키는 것과 같이 아무것도 아닌 일상이 어떤 사람에게는 간절한 소망이 된다.

다음은 필자가 살아오면서 겪었던 질병을 극복하기 위한 여정과 그 과정에서 경험한 섭생과 건강법에 관한 추억이다.

필자는 82학번 아날로그 세대이다. 중·고등학교 시절 내내 공부는 뒷전이었고, 주말이면 농사일을 거들면서 놀기에 바빴던 인생이었다. 그 당시는 가끔 '라면 하나'면, 행복했다. 소화력도 왕성했고, 건강한 몸으로 군에 입대했다. 전역 몇 달을 앞두고, 소변에붉은 피가 보였다. 검사 결과 좌측 신장에 땅콩만 한 결석이 생겨 출혈을 일으켰다고 한다. 그 당시에는 충격파로 결석을 깨는 기계가 없어서, 배를 째고 돌을 제거했다. 간단한수술이지만 배를 너무 많이 갈라 수술 후 몇 년 동안 윗몸 일으키기를 하지 못했다.

그때부터 잊을 만하면 질병이 따라다니면서 몸을 힘들게 하였고, 병을 극복하기 위한 몸부림이 시작되었다.

제대 후 취직 공부를 위해 독서실 생활을 하던 중, 단전호흡을 하다가 기가 상기 되면서 2년 가까이 큰 고생을 하였다. 돌부리에 걸리면 넘어질 정도로 다리에 힘이 없어지고, 골치가 아프면서 책 글씨가 보이지 않았다. 점차 좋아지긴 했지만, 후유증이 오래갔다. 상기 병으로 너무 힘들어 독서실 생활을 접고, 시골에 내려가 농사일을 도우면서 공부한 어설픈 실력으로 국회에 입사, 다시 서울 생활을 시작했다. 돈을 벌게 되

면서 놀음, 당구, 음주가무와 같은 주지육림의 세계에 빠져들었다. 부실했던 몸이 거
뜬 나기 시작했다.

  30세부터 5년 동안은 피곤함에 찌들어, 주말이면 종일 자는 게 일이었다. 결혼 직후
에 오른쪽 신장에 또 결석이 생겼는데, 체외충격파로 제거했다. 35살이 될 무렵엔 정
상 생활을 할 수 없을 정도로, 극심한 피곤함을 느꼈다. 변이 손가락 굵기로 나오고 시
원하게 나오지 않아, 하루에도 서너 번 화장실에 가야 했다. 툭하면 설사도 자주 했다.
  겉보기엔 근육질에 건강해 보였지만, 지구력이 형편없고 다리가 무거워 서 있거나
걷기도 싫었고, 무릎 관절도 아팠다. 매일 오후만 되면 골치가 아팠으며, 추위에도 약
해 11월이면 내복을 입어야 했다. 책장을 넘기면 앞 페이지가 전혀 생각이 나지 않았
고, 아무리 잠을 많이 자고 나도 금방 피곤을 느꼈다. 건강검진을 받아봐도 이상이 없
으니 도대체 그 이유를 알 수 없었다.

  어느 날, 동료 직원 책상 위에 안현필 선생의 <삼위일체 건강법>이란 책이 눈에 띄
었다. 그때까지 건강 서적 한번 읽어보지 않았지만, 귀신에 홀린 듯 내가 살 길은 이 길
뿐이라는 생각으로, 삼위일체 건강법을 실천했다. 가공식품을 끊고, 점심과 저녁 두
끼만 먹고, 도시락을 싸 가지고 다니면서, 현미 채식을 시작했다. 처갓집에 갈 때도 현
미밥을 가지고 갈 정도로 열심히 했다. 아침과 간식, 야식, 가공식을 끊자 71kg의 몸무
게가 석 달 만에 62kg까지 빠졌다. 초반에 몸에 기운이 없고 일할 때 몸이 떨리고 두
통이 오기도 하였다. 그러나 시간이 갈수록 변이 굵어지면서 두통이나 불편한 증상
들이 점차 사라지기 시작했다. 6개월쯤 지났을 때는 체중도 불고 완전한 건강체가 되
었다. 머리가 맑아 집중력도 좋아지고, 체력도 놀랍도록 좋아졌다. 환골탈태라는 말이
실감 날 정도로 20대에도 느끼지 못했던 건강체가 되었다. 내친김에 완전 생식을 하
면 더 좋아질 줄 알고, 현미를 불려 밥 대신 먹고 생채소만 곁들었다. 한 달이 지나자

올랐던 체중이 다시 빠지고, 탈력감이 심해 지하철 계단조차 오르기 힘들었다. 생식을 포기하고 그 이후로는 가공식을 멀리하고, 되도록 현미 자연식을 하려고 노력했다. 그러던 중 IMF가 왔다. 잡기를 좋아하던 성격에 주식에 손을 대기 시작했다.

500만 원으로 시작했던 투자 원금이 결혼 후 5년 동안 모았던 5천만 원이 더해지고, 아버지와 장인어른의 돈까지 끌어다 1억을 투자했는데 지수가 폭락하면서 1천만 원이 되었다. 와이프에게 들통이 난 뒤, 모든 주식을 청산하고 빌린 돈을 갚고 나니, 3천만 원의 빚과 집도 없는 알거지 신세가 되었다. 그때의 좌절감과 상실감은 이루 말할 수 없었다. 스트레스로 자고 나면 머리털이 빠지고, 이따금 심장도 제멋대로 뛰곤 하였다. 자연식으로 몸은 건강해졌지만, 주식이란 복병을 만나 이제 건강이 아닌 돈을 찾기 위한 몸부림이 시작되었다. 공부하던 모든 책과 사전을 책상에서 치워버리고, 주식 책을 사 모으면서 절치부심 재기를 노렸다. 투자할 돈이 없어 은행 빚 2천만 원을 얻어 주식에 투자했다. 운이 좋아 크게 벌기도 하였지만, 다시 까먹는 바람에 원금에 약간의 이익만 남기고 손을 뗐다. 빚을 전부 갚으니 약간의 비자금이 생겼다. 용돈이라도 벌어볼 양으로 패가망신의 지름길이라는 선물과 옵션에 손을 댔다. 선물과 옵션은 야간에도 할 수 있으니 밤에 잠을 제대로 못 자고 스트레스가 누적되어 갔다.

50이 될 때까지 되도록 가공식품을 피했던 덕에 변이 좋았고, 감기도 좀처럼 걸리지 않았지만, 10년 넘게 투자로 인한 스트레스가 쌓여 가면서 심장에 이상 신호가 오기 시작했다. 혈압이 170까지 치솟고 심장에 이상한 느낌이 들었지만, 투자 중독으로 멈추지 못했다. 급기야 어느 날 아침 구토가 나면서 심장 동력이 완전히 고갈된 느낌이 들었다. 죽음의 공포가 엄습했다. 심장 박동이 심하게 느껴지고 나지막한 비탈길도 오르기 힘들었다. 그때부터 고장 난 심장을 고치기 위해 30세 중반에 목숨을 구원받았던 현미 채식을 다시 시작하고, 다양한 섭생과 건강법을 실천하게 되었다.

매일 새벽 1km를 100일 동안 웅보(곰 걸음)로 기어 다녀 보기도 하고, 가슴에 쑥 뜸을 매일 수십 장씩 뜨기도 하고, 부황으로 어혈을 뺀다는 정혈 요법도 열심히 해보았다. 어싱(땅과의 접촉)에 미쳐 맨발로 산행을 하고, 접지봉을 땅에 박아 전선을 거실까지 끌어들여 동판에 접지시켜 그 위에서 자보기도 했다. 직장에 도시락을 가지고 다녔으며, 채식 식당을 찾아다녔고, 외식할 때는 채소를 가지고 가 먹기도 했다. 생식에 집착해 되도록 익힌 것보다 날로 먹으려고 애를 썼다. 견과류, 좋은 기름, 좋은 소금, 야생이나 자연 재배 채소를 찾아 먹으면서 각종 건강 교주들의 유튜브를 듣고 그대로 따라 해보기도 하였다. 한때는 볶은 곡식에 빠져, 주말이면 야외 수면을 하고, 새벽에 일어나 냉수욕을 하면서, 볶은 곡식을 주식으로 먹기도 하였다. 소형 텐트를 사 3달 동안 아파트 근처 뒷산에 올라가 잠을 자는 고행도 감수했다. 그러다 녹즙으로 갈아타면서 생식 위주로 모든 걸 먹기 위해 노력했고, 비싼 녹즙기를 두 대나 샀다. 쓰던 게 고장 나서 고치는 동안, 며칠을 못 참고 한 대를 더 살 정도로 미친 집중력으로 실행했다.

매일 새벽 4시에 일어나 녹즙기를 돌리고, 레몬즙에 씨앗즙까지 열심히 짜 먹었다. 3주 동안 과일즙만 먹으면서 매일 관장을 하다가 체중이 너무 빠져 58kg이 되기도 하였다. 해독을 위해 항문이 헐 정도로 레몬 관장이나 커피관장도 해보고, 간청소를 위해 소금물과 기름을 들이켜기도 하였다. 과일 식도 해보고, 저탄 고지도 해보고, 체질식, 밥 따로 물 따로도 해보았다. 심장은 시간이 갈수록 회복되어 갔지만, 어느 날부터 감기 기운이 있으면서 숨이 찼다. 결핵성 늑막염에 걸려, 6개월 동안 항생제를 복용하였고, 사람들 굳은 엉덩이를 풀어주다 디스크가 터지는 바람에 심한 다리 저림이 생겨 1년 가까이 걷지 못하는 고통을 당하기도 하였다.

⊙ 현미밥과 생잎사귀의 추억

여러 가지 먹어야 좋은 줄 알고, 잎사귀 채소도 여러 가지, 되도록 유기농이나 자연재배 채소를 구해서 현미밥과 함께 매끼 열심히 먹었다. 화장실은 잘 갔지만, 변 색깔이 항상 어둡고, 뒷부분이 무르고, 악취가 심했다. 노지에 자란 민들레 잎까지 뜯어다 쌈을 싸 먹었는데 점심을 먹고 나면 유난히 졸리면서 끊임없이 자고 싶은 날이 있었다. 생견과류를 많이 먹었을 때와 같은 나락으로 떨어지는 듯한 기분 나쁜 졸림이었다. 생잎사귀가 가진 쓴맛은 신경 독소라는 것과 현미밥처럼 장내 미생물의 좋은 먹이가 되지 못한다는 걸 알고 결별했다.

⊙ 콩, 견과류의 추억

고기는 멀리하면서 견과류를 열심히 먹었다. 아몬드와 땅콩을 날로 먹기도 했다. 늘 방귀가 잦았다. 과식한 다음에 견과류를 먹으면 졸리면서 컨디션이 엉망이었다. 그럴 땐 냄새가 심한 무른변을 보고 나서야 머리가 맑아지고 컨디션이 회복되었다. 처음에는 몰랐지만 몇 번의 경험이 반복되면서 식물성 단백질과 지방이 많은 콩이나 견과류는 날로 먹으면 독성이 있고, 익혀 먹어도 소화가 매우 어렵다는 걸 깨닫게 되었다. 특히 대장에서 부패를 일으키면 고기보다 더 해롭다는 걸 알게 되었다. 그래서 콩, 견과류와 결별했다.

⊙ 생식, 녹즙의 추억

녹즙을 열심히 짜 먹으면서, 씨앗즙까지 짜 먹었다. 항상 일찍 출근해서 운동을 하는데, 어떤 날은 컨디션이 괜찮은데, 어떤 날은 계속 자고 싶고, 운동하고 싶은 마음이 전혀 나지 않았다. 전날 저녁에 소화가 어려운 생식, 생채소, 녹즙을 먹었을 때 자다가 중간에 더 자주 깨고, 아침에 더 피곤하다는 것을 반복적으로 경험하게 되면서 녹즙, 씨앗즙, 생식과 결별했다.

건강의 친구라 믿어 의심치 않았던 현미밥, 생잎사귀, 콩, 견과류, 생식의 부정적인 반응을 반복적으로 느끼면서 점차 의심이 들기 시작하였다. 건강도 노력한 만큼 얻을 수 있을 것이란 생각으로 남들 눈에 유난 떨 정도로 열심히 했지만, 소득이 없었다.

전체를 보지 못할 때는 식물식이나 생식을 털끝만큼도 의심할 수 없었다. 식물은 착하다. 식물이나 생식은 피를 깨끗하게 해 병을 낫게 해준다. 는 맹목적인 믿음 때문에 악취 나는 변을 보면서도 몸에 좋다는 식물들을 집어넣기에 바빴다. 자연식 대가들의 외침이고, 대중들의 믿음이 되었고, 피상적으로 그렇게 보이니 어찌 의심할 수 있겠는가? 믿었던 음식들이 영양을 주지도 못하고, 장내 환경을 개선 하지도 못한다는 걸 알게 되면서, 집착해오던 현미밥, 생채소, 콩, 견과류, 생식 등을 식단에서 제거하였다.

수백 권의 건강서를 읽고, 각종 섭생법이나 건강법들을 몸소 실천해 보면서 인간 소화기의 특성, 작물, 초식동물, 육식동물이 영양을 얻는 원리, 음식에 따른 흡수동화율, 식물식과 생식이 비만인에게 치병의 효과를 보이는 진짜 이유, 조상들의 식문화, 특히 인간은 육식동물의 소화기에 가깝다는 사실들이 하나의 논리로 이어지기 시작하면서, 우리의 믿음이 진실이 아니라는 게 보이기 시작했다. 이치나 논리로 엮어 전체를 보면 너무 단순한 진실이지만, 스스로 전체적인 시각을 얻는다는 게 너무 어려운 일이었다. 각종 섭생 교리나 건강법에 미쳐보지 않았다면 깨우침도 없었을 것이다.

발효식의 효능을 알게 되면서 현미누룩효소 레시피를 개발하게 되었고 위 식물들을 제거한 섭생법과 현미효소를 사람들에게 전파하면서 놀라운 치유 효과를 보게되었다. 그래서 만들어진 게 현미효소와 발효식을 기반으로 한 명수식 섭생이다.

독자들에게 현상 뒤에 숨어 있는 이치를 하나의 논리로 엮어서 섭생에 관한 전체적인 시각을 보여줌으로써, 지금의 잘못된 믿음을 버리라고 종용하기 위해서 책을 쓰게 되었다. 치열했던 섭생 추억이 없었다면 현미효소도 이 책도 세상에 없었을 것이다.

살다가 자신이나 가족이 큰 질병을 만나게 되면, 치병을 위해 정보를 찾고 섭생을 바꾼다. 수많은 정보와 서로 다른 주장으로 누구 말이 정답인지 몰라 이것도 해보고 저것도 해보면서 시간과 돈만 낭비하고 건강을 까먹기도 한다.

북극성이 어두운 밤 길을 가는 나그네의 길잡이가 되듯이 꼬들한 황금 변을 치병의 나침판으로 삼으면, 저처럼 길을 찾아 헤매지 않아도 될 것입니다.

첨 언

저는 건강을 찾기 위해 수백 권의 건강서를 읽고, 별의별 건강법을 실천해 보았습니다. 현미식, 생식, 식물식, 녹즙, 볶은 곡식, 체질식, 과일식, 저탄고지 그리고 해독을 위해 간청소, 정혈요법(부황), 단식, 커피관장을 하고, 영양을 위해 통곡식, 생채소, 콩, 견과류를 챙겨 먹고, 되도록 유기농을 구해 먹었습니다. 다양한 영양을 위해서 채소뿐만 아니라 해조류, 버섯류 등도 챙겨 먹었고, 좋은 소금, 좋은 기름도 먹었습니다. 녹즙기도 열심히 돌리고, 심리요법으로 주문을 외우기도 하였습니다. 어싱도 하고, 친환경 제품만 썼습니다.

가공식품을 독극물 보듯이 하고, 채식 식당을 찾아다니고, 남의 눈에 유난 떨 정도로 음식을 가렸습니다. 채소는 많이 먹을수록 몸도 깨끗해지고, 변도 좋아지는 줄 알았습니다. 우리는 곡채식 동물이기 때문에 생식이야말로 건강에 최고로 좋은 줄 알았습니다. 좋은 것만 챙겨 먹으면서 이것저것 해보았지만, 개선되는 것이 없으니 새로운 섭생법이나 건강법으로 갈아탔습니다. 머릿속에 아는 것은 많아 건강 박사처럼 선생 노릇을 하지만, 아무거나 먹는 사람보다 건강치 못하니 가족들에게 신뢰만 잃었습니다. 지금 여러분의 상황일 수 있을 것입니다.

건강을 위해 온갖 것을 챙겨 먹고, 해독을 위해 수고로움을 아끼지 않으면서 얻은 것이 하나 있었습니다. 자주 나오는 방귀와 악취 나는 변이었습니다. 변은 잘 보았지만, 뒷부분이 물러지면서 변기 물이 더러웠습니다. 좋다는 음식을 찾아 먹고, 온갖 건강법을 실천했는데 왜 고깃국에 쌀밥 먹는 사람보다 나을 게 없었을까요?

대장에서 부패를 일으켰기 때문입니다. 악취 나는 닭똥을 작물에게 주면 작물은 영양은 고사하고 누렇게 똥독이 들면서 말라죽습니다. 소에게 풀보다 유기물 영양이 많은 옥수수 사료를 주면 소화불량에 걸려 악취 나는 변을 보고, 질병에 자주 걸립니다. 사람도 건강에 좋다는 식물들을 먹고 대장에서 부패를 일으키면, 쌀밥에 고깃국 먹는 것보다 못한 일이 됩니다.

현미밥, 생채소, 콩, 견과류, 생식은 영양도 얻지 못하면서 대장에서 발효가 어려워 부패를 일으키기 때문에 먹지 말라고 권하는 것입니다. 항암 성분이나 영양분석표를 들이대면서 몸에 좋다는 말을 무시하시고, 변에 좋은 음식만 드십시오. 저는 책 전반에 걸쳐 장내 부패하게 먹는 게 가장 해로운 일이라고 누누이 강조했습니다. 왜냐하면 장내 부패는 면역을 잃어버리게 만들고, 장내 발효(쾌변)은 모든 병에 대한 면역을 뜻하기 때문입니다.

시중에 난무하는 다양한 섭생법들을 너무 믿지 마십시오. 살을 빼는 효과이지, 영양을 얻는 방법이 아니기 때문에 소화기가 나쁜 사람이나, 변비나 설사에 도움이 되지 않고, 말라가는 환자를 더욱 영양실조에 빠지게 만듭니다.

지금까지 알고 있던 상식을 버리시기 바랍니다. 단순하게 드시고, 장내 부패를 유발하는 모든 음식을 식단에서 제거하시기 바랍니다. 끝부분까지 꼬들한 변을 만드는 게 최선입니다. 피상적인 현상만을 가지고 효과를 주장하는 개별 논리에 속아, 효과 없는 섭생과 건강법에 매달리거나, 식물들을 먹고 영양도 얻지 못하면서 대장에서 부패가 일어나게 섭생을 하는 사람들이 부지기수입니다. 잘못된 섭생으로 시간을 낭비해 회복의 기회를 놓치는 것은 너무나 안타까운 일입니다. 이 책을 통해 전체적인 시각을 얻게 된다면 더 이상 가짜 보물지도를 가지고 황금(건강)을 찾아 헤매지 않게 될 것입니다.

　이제 우리는 황금변을 찾을 수 있는 진짜 보물지도를 손에 쥐었기 때문에 가장 적은 비용과 수고로움으로 건강의 부를 얻을 수 있을 것입니다.

제 7 장

현미누룩효소 체험기

7장의 체험수기는 그동안 현미효소와 명수식 섭생으로
효과를 보신 분들의 글로 조금도 과장이 없는 사실들입니다.
대부분 건강식을 한다고 현미, 콩, 생채소, 견과류 위주로 먹었던 분들입니다. 위
식물들을 끊고 현미효소와 명수식 섭생으로 건강을 회복했으며
시간이 지난 지금 더 좋은 건강 상태를 유지하고 있고, 더 이상 섭생을 찾아
방황하지 않게 되었고, 돈도 덜 들고 상 차림이 편해졌다고 합니다.
건강을 찾은 사람들의 공통점은 황금변이 되었다는 것입니다.

현미누룩효소 체험기

2년 전 처음 효소를 알리기 시작해서 입소문만으로 현재 1,000명이 넘게 해드시고 있습니다. 그동안 톡방에 올라온 체험수기를 가감 없이 올립니다.

◈ 김○○(용인 40세 여성)

저는 남편과 함께 현미효소를 만들어 먹기 시작한 지는 4개월 전부터입니다. 남편의 통증을 치료하기 위해 명수샘 댁에 방문했다가 명수샘께서 직접 만들었다고 하시면서 한 컵 주셨는데, 남편은 맛있다고 하는데, 저는 맛이 시큼해서 처음에는 별로였습니다.

우선 저는 어렸을 때부터 변비가 매우 심하여 일주일에 한 번 갈 때도 많았고, 변비가 너무 심하면 두통이 너무 심해져 억지로 변비약으로 해결하기도 했습니다. 그렇지만 약으로는 한시적이고 계속 먹으면 내성이 생기는지 전혀 화장실 신호가 오지 않을 정도로 극심한 변비였습니다.

명수샘이 추천하시는 가정용 발효기와 누룩을 구해, 명수샘이 만드신 레시피로 현미효소를 만들어 먹기 시작하면서, 처음 한 달 정도는 (사실 만드는 게 조금 번거로운 듯해서 자주 못 만들고 한번 만든 걸로 아껴 마셨어요^^) 하루에 한 번 정도 마셨더니, 아주 편하게 화장실을 가는 건 아니지만 하루에 한 번은 꼭 갈 수 있게 되었고, 현미효소를 먹다 보니 점점 맛 있어지고, 요령이 생겨서 더욱 자주 효소를 만들게 됐고, 2달 전부터는 적극적으로 마시게 됐어요.

공복에 1컵, 식후에 1컵씩, 잠자기 전 1컵씩 마시는 양을 늘렸더니… 세상에나… 이샘이 이야기 해주신 황금변을 제가 볼 줄이야.^^ 너무너무 놀라웠어요.

하루에 한 번만 화장실 가면 좋겠다고 했는데, 명수네 효소를 너무 맛있게 먹다 보니 보너스로 황금변까지 따라오네요. 남편도 저와 함께 마시고 있는데 원래

장이 약한 사람이라 밥 먹으면 화장실을 자주 가는데, 효소와 스무디를 먹고부터 서서히 화장실 가는 횟수가 줄어드는 게 보이더니 지금은 일어나면 바로 화장실 가서 시원하게 황금변을 보고 나와요. 며칠 전에는 정말 뭔가 깔끔하고 상쾌하게 황금변을 봤다고 현미효소가 최고라 하네요.

명수샘 정말 감사드려요. 정말 몸에서 장이 가장 중요하다고 하는데 이렇게 장이 건강해지고 있으니 정말 행복하네요. 장이 좋아지면 다른 몸 구석구석도 좋아질거라 생각하고 꾸준히 먹어볼 생각이에요. 또 몸에 다른 좋은 현상이 생기면 톡방에 올려보도록 할게요. 모두들 행복한 하루 보내세요.

⑤ 고〇〇(대구 60대 여성)

저의 체험담을 공유하겠습니다. 저는 대구에 사는 60대 중반의 여성입니다. 가끔 건강 정보를 주시는 명수샘 추천으로 발효기와 누룩을 사서 현미누룩효소를 만들어 남편과 함께 먹고 있는데, 한 달 반쯤 되었습니다.

남편은 비염과 불면증으로 여러 가지 방법을 시도해 보았는데 그다지 효과를 느끼지 못했는데, 현미효소 복용은 점차적으로 효과가 있었습니다. 요즈음은 비염 증상이 많이 좋아졌고, 수면 시간이 많이 길어지고, 자주 깨지 않아서 몸이 가벼워졌다고 합니다. 저는 피부색이 맑아지고 탄력이 생겼으며, 특히 잠자기 전에 여러 번 소변을 보러 다녔는데, 한 달 만에 저녁 시간에 화장실 가는 횟수가 많이 줄었고, 대변의 색상이 황금색으로 보고 있으며 소화력이 좋아졌어요. 그리고 시력이 많이 좋아졌어요.

명수샘 좋은 정보 주서서 감사드립니다. 만드는 방법도 간편해서 지인들에게 많이 홍보하고 있습니다.^^

◎ 이○○(서울 광진구 40대 여성)

안녕하세요. 심장병을 앓고 있는 16살 반려견이 한 달 전 폐에 물이 차는 폐수종으로 응급실에서 죽을 고비를 넘겼습니다.

폐에 찬 물을 빼내느라 이뇨제를 써야 해서 신장과 콩팥 수치가 안 좋아지고 췌장염까지 와서 아무것도 먹지 못하고, 수액으로 2주를 겨우 버티는 중에 명수네 효소를 드시고 계신 이웃집에서 현미효소를 한번 먹여 보라고 해서 반신반의로 줘 봤는데 세상에 너무 잘 먹는 거예요!

일주일 동안 꾸준히 먹고 장이 건강해졌는지 똥도 뭉쳐지게 잘 싸고 췌장 수치도 조금씩 회복되어 살도 붙고 오히려 폐수종 앓기 전보다 더 식성도 좋아지고 똘똘해졌지 모예요^^ 이젠 고단백, 고지방 음식은 절대 줘선 안 되니 아무거나 먹일 수도 없고, 또 처방 사료는 먹지도 않아서 고민이 컸는데, 기력을 찾은 뒤엔 사료도 잘 먹어서 효소를 아침저녁으로 꾸준히 먹이고 있답니다.

효소를 주셨던 지인이 예전부터 효소를 해 먹으라고 권했지만, 크게 관심이 없어 해 먹지 안 했는데 반려견이 효소를 먹고 회복되는 것을 보고 앞으로 열심히 해 먹을 생각입니다.

이번 기회로 저희 반려견과 가족 모두가 명수네 효소로 더욱 건강하게 지낼 수 있게 되어, 정말 기쁘고 다시 한번 감사드립니다!

◎ 임○○(서울 40대 남성)

지인의 소개로 현미효소를 마시고 저희 부부는 소화가 잘되고 변도 많이 좋아졌습니다. 저희집 아이들이 먹은 지 2~3주 정도 됐습니다. 처음에 안 먹으려고 해서 1,000원씩 주고 먹였는데, 지금은 아주 잘 먹고 맛 변화에 대해 코멘트까지 합니다. ㅎㅎ 하루에 2~3회, 1회 먹을 때마다 1컵씩 먹는데 피부가 아주 좋아지고, 딸은 아토피 사촌쯤 되는 피부질환이 심했는데 거의 나았고 흉터만 있습니다.

발목 위 주변, 엉덩이 밑, 허벅지 주변, 팔꿈치 주변 등 짓무르고 엄청 가려워 유명하다는 여러 피부과 다녀 봐도 큰 차도가 없고, 면역력 얘기하시고, 약과 연고만 주시고, 매주 다녀 봐도 변화가 크게 없어 여러 해 동안 그냥 언제 가는 좋아지겠지 생각하고 있었는데, 효소 마시고 신기하게 거의 좋아졌습니다. 이런 좋은 명약을 알려주신 이명수 선생님께 정말 정말 감사드립니다.^^

⊙ 최○○(분당 30세 여성)

안녕하세요? 지인과 함께 명수샘 댁에 방문해서 현미효소를 만드는 법과 섭생에 대해 교육을 받고 해 먹기 시작했는데, 그때까지는 다이어트한다고 샐러드 생식과 현미밥을 먹었고, 과일은 살이 찔까 봐, 거의 안 먹었어요.

그러다 엄청 가스 차고, 똥, 방귀에 악취가 너무너무 심해서 재취업이 걱정될 정도로 엄청난 고민이었어요. 화장실은 당연히 못 갔고요. 이해할 수 없는 게 고기도 안 먹고 건강에 좋다는 현미밥에 생채소를 먹었는데, 방귀가 많고 변에서도 악취가 심했어요. 명수샘 교육을 받고 그 이유를 알게 되었어요.

유명 업체 프로바이오틱스를 바꿔가며 꾸준히 먹었어도 가스는 여전했고, 변도 만 이틀 만에 나오고 끝엔 꼭 무른변이나 설사를 했어요. 하루에 물 4리터씩 마셨고, 식이섬유 제품도 추가해 먹어도 소용없고, 운동해도 소용없었어요.

누룩과 발효기가 오기 전에 명수샘 권고대로 현미밥과 야채, 견과류, 콩류를 끊고 백미밥에 발효식으로 식단을 바꾸었더니, 소화도 잘되고, 속이 편안해지고, 가스도 줄고, 방귀 냄새도 횟수도 줄어드는 걸 발견했어요. 그동안 다이어트나 변비 해결을 위해서 현미밥에 생채소 먹은 게 오히려 좋지 않았다는 걸 알게 되었어요.

식단을 바꾸고 현미효소를 만들어 먹고, 첫날은 하루 만에 변을 보았고, 황금 변에 변기 물이 깔끔하고 냄새도 확~ 줄었어요. 프로바이오틱스 먹었을 때보다 변의 질이 더 좋아진 걸 알 수 있었어요. 실험을 위해 프로바이오틱스와 식이섬유 가루는 모두 먹지 않았어요. 효소를 먹은 이튿날 아침에도 무난하게 다녀오고 몸이 가볍고 속이 편안한 게 하루가 상쾌하더라구요.

삼일째 되는 날은 아침저녁 두번이나 갔어요^^설사 없이 편안하게 화장실 다녀온 게 얼마 만인지 모르겠어요.

전에 화장실에서 볼일 볼 때 악취가 너무 심해서 저조차 괴로웠었고, 페브리즈 뿌리고 나왔었어요. 근데 이젠 냄새도 거의 안 나요. 오늘이 사일 째고 지금도 변의 가 느껴지네요 ^^ㅎㅎ대박입니다. ~ 평생 고민 덜었어요. 삶의 질이 훨씬 좋아졌어요. 명수샘 덕분입니다. 감사합니다. 복 받으실 거예요. 무조건 꾸준히 실천하는 일만 남았네요. ㅎㅎ 참! 전 좀 심한 편이라 생각되어서, 첫날 1.5리터는 마신 것 같아요. 현미효소와 과일 야채를 넣고 간 스무디도 하루에 두 번씩 먹었어요. 아침에 눈 뜨자마자 현미효소와 스므디 해 먹고 식전과 식후에 마셨어요. 명수샘이 추천해주신 섭생법과 현미누룩효소 저에게는 구세주가 따로 없네요. 감사드려요.

⊙ 윤○○(서울 강남구 60대 남성)

전 명수님과 같은 동네에 살고 있는 주민으로 평소 아파트 옆 공원에서 운동을 같이하면서 명수님 가르침대로 풀어서 다리 불편함이 많이 좋아졌습니다.

2달 전쯤 운동을 하시면서 현미효소를 개발했는데, 효능이 매우 뛰어나다며 한 병을 주시면서 추천해 주셨습니다. 저는 30대부터 몸 관리를 잘해서 아직도 젊은이 못지않은 건강한 체력을 유지하고 있습니다. 신기하게도 효소를 먹고 3일 후 잠을 잘 때 겨울인데도 전신에서 땀이 줄줄 흐르더니(2시간 정도) 3일이 되니 땀이 줄면서 안 나오더군요. 그 후 변화된 점은

① 얼굴 피부와 손톱 갈라지는 현상, 발바닥 때 같은 것이 많이 개선되었습니다.

② 배 속이 너무 편안해졌습니다. 물론 때 되면 배고픔을 느끼고요. (약간 치질기가 있어 앉아 있을 때 항문 부위가 불편했던 증상이 사라졌고요)

③ 주위에 추천드린 분들도 식욕도 돌아오고, 피부가 좋아졌다고 하네요.

④ 재료가 현미와 누룩이니, 만들어 먹어도 손해 볼 것 없는 좋은 레시피 같습니다. 명수 사부님 근골격 고치는 방법도 알려주시고, 이렇게 좋은 효소를 소개해 주셔서 감사드립니다.¶

⊙ 박○○(경기 분당 45세 여성)

유방암에 걸리고 모든 병원 표준 치료를 마치고 자연치유를 하던중 우연한 기회에 아는 언니의 소개로 명수샘을 알게 되었습니다. 녹즙과 현미 생채식을 주로 하던 시기였는데 명수님한테 섭생 강의를 들었고, 작년 가을(2020년) 명수님께서 개발하신 레시피로 현미효소를 만들어 먹기 시작했습니다.

암 환자에게 중요한 장 건강은 면역과 직결되기에, 장내세균의 먹이가 되는 현미효소는, 제게 그 어떤 약보다도 중요한 먹거리라는 생각이 들었습니다. 저는 기질적으로 위장이 약하고 예민해 몸에 맞지 않는 음식을 먹거나 과식을 하면 바로 배가 아프고 설사를 하는 체질이라 평소 기운이 없고 살이 찌질 않았습니다. 먹어도 소화가 잘 안되니 먹는 음식도 가리는 것이 많았는데, 효소를 먹고 몸의 다양한 부분에서 변화를 보이기 시작했습니다.

첫 번째 변화는 소화가 안 된 변을 보는 경우가 대부분이었는데, 길고 굵은 건강한 황금변을 보게 되었습니다. 이렇게 건강한 변을 보고 나니 하루 종일 기분도 좋고 가스가 차던 장도 편안해지고, 가스도 거의 줄었습니다. 변이 좋아지면서 입맛이 좋아지고 소화가 잘되고 배가 편안해졌습니다. 또한 항암, 수술, 방사선 치료 후 피부가 건조해지고 발뒤꿈치가 굳은 흰 각질로 병원에 가야 하나 심각하게 고민하고 있었는데, 현미효소를 먹고 얼마 후 발뒤꿈치 흰 각질이 거의 사라지고 피부의 건조함이 좋아졌습니다.

또한, 항암 후 3년 넘게 저녁에 자다가 깨서 소변을 보던 것이 좋아져 저녁에 깨지 않고 7~8시간 푹 자게 되었습니다. 피로감도 많이 줄고 체력이 좋아짐을 몸으로 느낄 수 있습니다.

현미효소를 처음부터 같이 먹고 있는 남편 또한 평생 과민성 대장 증상으로 설사를 했는데, 지금은 거의 설사를 하지 않게 되었습니다. 그래서인지 남편이 감정적으로도 많이 편안해졌음을 느낍니다.

알려드린 지인들도 현미효소를 먹고, 심한 변비가 좋아지신 분, 황금변을 보시는 분, 대장 용종이 사라지신 분 등 장 건강이 좋아지신 분들이 많네요. 특히 소화 흡수가 힘든 환자들이나 노인들에게 현미효소는 최고의 먹거리라 생각합니다.

만들기도 쉽고 효과도 최고인 현미효소를, 평생 밥이나 김치처럼 먹게 될 것 같네요. 이렇게 건강한 먹거리를 개발하고 나누어주신 명수님께 진심으로 고마운 마음을 전합니다.

⊚ 강○○(서울 50대 초반 여성)

저는 극도로 위장 기능이 약해 위가 딱 멈춘 돌덩어리에 대장은 가는 변에 설사를 몇 년 동안 했고, 사과 한 쪽을 먹으면 병원에 실려 갈 정도로 위장 기능이 극히 약해 먹을 수 있는 것이라곤 곰탕, 흰죽, 국물, 계란후라이를 곱게 갈아, 이 거만 먹고 5~6년을 살았고, 이로 인한 불면증, 뼈마디 신경통, 오십견으로 온몸이 만신창이가 되었어요. 뼈만 남을 정도로 살도 마르고 기력이 없었어요. 작년 12월부터 지금까지 명수네 효소 먹고 있는데, 현미효소와 인연은 정말 극적이었어요. 요가학원에서 알게 된 언니와 함께 명수샘 댁에 찾아갔는데 효소 때문에 간 게 아니고, 온몸이 저리고 아프고, 두통도 심해서 몸 좀 풀어볼까 해서 갔어요. 명수 샘이 주신 현미효소를 조금 먹었는데 속이 너무 편했어요. 그때부터 집에서 현미 효소를 만들어 먹기 시작했어요. 현재는 오십견과 뼈마디 어마 무시했던 신경통, 설사 변이 없어졌네요.

위는 아직까지 살살 갑니다. 제일 나빴고 평생 나빴던 부분이라 천천히 좋아지는 거 같습니다. 여전히 곰탕 국물만 먹는 거는 똑같지만 죽이 아닌 밥을 먹을 수 있을 정도로 위가 좀 나아졌습니다. 그동안 양방, 한방 세상 별짓 다 했지만, 소용 없었는데 위, 대장, 오십견, 불면증, 신경통이 아주 많이 좋아졌어요. 하루 세 번 꼭 챙겨 먹어요. 참고로 저는 위가 약해서 1차 발효만 해서 식간에 먹었어요.

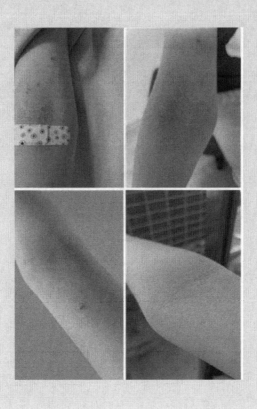

첫 번째 사진은 일주일 먹고 많이 좋아진 사진인데

우리 애는 아토피로 팔 안쪽이 피가 질질 나올 정도로, 긁고 가려워 정말 보기 딱할 정도로 안타깝고 약도 수없이 썼는데, 세상에 효소 먹은 지 열흘 만에 아토피가 싹 ~ 나았어요. 아이 변 색깔이 갈색이다가 효소 먹고 황금변 보더니 아토피는 급속히 좋아졌어요. 발에는 습진이 가득 있었고 여드름도 얼굴 가득했는데, 효소 먹으면서 금세 다 없어졌어요. 효소가 염증 없애는 효과가 탁월한 듯

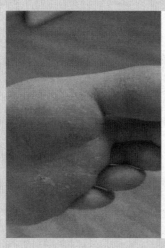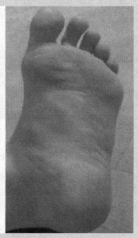

친구 아들도 효소 먹고, 아토피와 얼굴에 마른 버짐까지 있던 애도 일주일 만에 없어지데요. 참고로 저는 위, 대장에 가스가 넘넘 많이 차서 호흡이 편치 않을 지경이었는데 효소 먹고 이 증상도 없어졌어요.

아토피는 정말 빠른 속도로 기적이고, 저는 그나마 숨 쉬고 살고 (수면제 없이) 잠도 자고, 다만 몸 좋아졌다고 안 맞는 음식 막 먹지만 않으면 위장도 편하고 넘넘 감사합니다. 명수네 효소

명수님께서 효소 건강법에 관한 책을 쓰신다고 저한테 체험 수기를 요청하셔서 그동안 효소를 먹고 느낀 변화를 써 보았습니다. 저희 남편도 독한 방귀에 악취 나는 변을 보았는데 많이 좋아졌고요^^ 저희 가족에게는 정말 생명 줄입니다. 명

이 수기를 써 주시고, 1년이 지난 지금은 죽 대신 밥을 먹고, 수면제 없이 꿀잠을 자고, 귤을 2개나 먹을 수 있을 정도로 위장이 좋아지셨다.

⊙ 문○○(56세 서울 영등포)

안녕하세요. 전 공직에 오래 몸담고 있는 50대 중반 여성입니다. 효소를 처음 음용하였을 때, 막걸리 같다는 느낌을 받아먹는 게 썩 내키지 않았다. 그러나 운이 좋게도 지인분이 직접 만들어주셔서 그때마다 사양하지 않고 마셨는데, 몸이 달라지는 것을 체험하였다. 암 투병 이력이 있는 저는 대수술을 3번이나 하였고, 세포독성 항암 치료를 4회 하였다. 평소 쉽게 지치고 피곤을 느끼곤 하였는데 효소를 마시면서 몸이 가벼워지는 것을 느꼈다. 소화가 잘되어 식욕이 왕성해졌고, 이제 효소 없는 생활은 상상할 수 없을 정도로 효소에 의존하고 있다. 소화기가 선천적으로 약한 본인은 배탈이 자주 나고, 아직까지 암 추적 관찰 기간이라 음식을 주의해서 먹고 있다. 지금은 위가 불편해 식사를 많이 못 하는 날은 현미효소로 보충하여 먹었다. 효소 복용 4개월째인 현재 체중이 3kg 정도 늘었다.

84세 된 노모가 계시는데 폐암 4기로 항암 치료 중이신 어머니도 드시게 하였는데, 항암 치료의 부작용으로 변비가 심하셨는데, 효소 복용 며칠 만에 화장실에 갈 수 있었고, 효소 복용 4달째인 현재 배변 활동이 정상으로 돌아오셨다. 현재 요양병원에 입원 중이셔서 병문안이 어려운 상황이지만 효소만큼은 끊지 않고 드실 수 있게 계속 가져다드리고 있다. 배변 활동뿐 아니라 항암 치료의 독성을 제거하는 효과를 지켜보려고 하고 있다.

항암이 지속되면 간 수치가 올라가서 항암 치료가 중단되는 경우도 있는데 아직까지는 치료 일정대로 진행되고 있다. 항암 치료 중에는 항암 치료 효과의 극대화를 위해 건강기능식품 등의 복용을 일절 금하고 있어 어머니는 항암 치료 외에는 따로 드시는 기능 식품이라고는 현미효소뿐이다. 식사도 힘들어하셔서, 마시면서 복용할 수 있는 효소가 식사의 보조식 역할도 하고 있다. 식사나 간식을 많이 못 드시고, 음식 드시기는 꺼려 하시면서도 효소만큼은 당신이 직접 챙겨 드시고, 어머니 몸에 긍정적으로 작용한다는 믿음과, 이제는 중단하지 못할 정도로 효소의 맛에도 푹 빠지셨다.

　　모녀가 둘 다 암에 걸려서 왜 우리 가족에게만 이런 시련이 생기나 하는 마음에 한편으로 우울하지만, 주변의 고마운 분들의 많은 도움으로 이를 극복할 수 있는 힘을 얻고 있다. 그중에 이 효소와의 만남은 단연 손꼽히는 행운이라고 생각한다. 우리 엄마와 나, 효소 때문에 몸이 확실히 좋아졌고 앞으로도 계속 음용할 계획이다.

◈ 한○○(경기 용인 44세 여성)

　　저는 2020년 11월 친구 2명과 함께 이명수 선생님께 현미누룩효소 만드는 법을 배워 지금까지 6개월째 복용하고 있는 40대 중반 여성입니다. 처음 현미누룩효소를 접했을 때 저는 자궁경부암 3기 환자로 방사선 부작용으로 인한 장 출혈로 혈변을 보고 있었습니다. 현미효소는 허리와 엉덩이가 너무 아파 걸을 수 없어서 명수샘 댁에 방문했다가, 효소 한 잔을 얻어 마시면서 인연이 되었습니다.

　　장이 예민해져 하루 5~8번 설사 같은 무른변을 보았고요. 무엇을 먹어도 속이 부글거리고 종일 독한 방귀가 나왔습니다.

　　그런데, 현미효소를 먹고 바로 부글거리는 증상이 가라앉고, 방귀 냄새가 없어지고, 방귀 횟수도 현저히 줄었습니다. 장 출혈도 조금씩 나아져서 6개월 지난 지금은 95% 정도 좋아졌다고 할 수 있습니다. 변은 처음 1~2달은 토끼 똥같이 잘게 뭉쳐진 변으로 바뀌었습니다. 변비 같은 느낌도 있었습니다. 하지만 차차 좋아져 6개월이 지난 지금 단단하게 뭉쳐지고 색깔도 황색에 가까운 정상 변을 하루 1~2회를 보고 있습니다. 방사선 부작용으로 점점 장이 예민해지고 좋은 보조식품, 좋은 음식을 먹어도 독한 방귀가 나오니, 백약이 무효구나 하고 속상했었습니다.

그런데, 현미효소 덕에 장이 편해지고, 소화도 잘되고, 가스도 줄고, 변도 건강해졌습니다. 세상에 좋다는 약도 음식도 건강식품도 많지만, 현미누룩효소 만큼 저를 편안하게 해준 것은 없었습니다. 환절기 알레르기, 비염, 결막염으로 늘 고생했었는데, 2021년 봄은 알레르기 없이 지나갔습니다. 인식하지 못하고 있다가, 꽃가루 날리고 일교차 큰데 제가 너무 편안하다는 걸 깨닫고 현미효소로 장누수증후군이 좋아졌구나 하고 기뻐했습니다. 곳곳이 패어있던 손톱도 많이 매끈해지고 윤이 납니다. 남편도 매일 챙겨달라고 할 정도로 팬이 되었습니다. 이렇게 가성비 좋은 식품이 어디 있을까? 싶어, 주변에 많이 만들어 선물하고 소개하고 있습니다. 장이 불편하신 분들, 꼭 한번 드셔보시길 권해 드립니다. 개발하시고, 알려주신 이명수 선생님 정말 감사합니다.

⊙ 김○○(일산 35세 남성)

전 어릴 적부터 대중교통으로 장거리를 가려면 항상 굶었습니다. 툭하면 시도 때도 없이 나오는 설사 때문에, 식은땀을 흘려야 할지 몰랐거든요. 겪어보지 못하면 알 수 없는 너무나도 큰 고통이었답니다.

과민성대장증후군이라는 괴상한 병명을 들었을 때 [뭐 이런~! 어처구니없는]이란 생각이 들었습니다. 음식만 먹으면 가스 차고 고약한 냄새의 방귀, 설사 등이 모두 나의 평생 친구였습니다. 과민성대장증후군에 좋다는 건 다 해보려 했습니다.

① 완전 채식(모든 육식을 끊고 채식만 1년을 넘게 했습니다.)

② 조미료, 설탕 제외 식(모든 음식에 조미료와 설탕을 첨가하지 않고 1년간 식단을 조절했습니다. 당연히 채식입니다. 사 먹는 음식은 신뢰가 가지 않아 하루 3끼 모두 집에서 준비해서 싸 가지고 다녔습니다.)

③ 밥 따로 물 따로(식전 30분, 식후 2시간 동안 수분 섭취를 금했습니다. 당연히 국도 젓가락으로 건져 먹었습니다.)

④ 장에 좋다는 건 거의 다 해보았습니다.(각종 즙류들, 요거트 종류, 식초 등등)

⑤ 잘한다는 병원, 한의원, 각종 약들을 집어먹었습니다.

그럼에도 불구하고 크게 개선되지 않았습니다. 포기하고 있을 때쯤 지인의 소개로 명수샘 레시피로 현미누룩효소를 소개받았고, 지푸라기 잡는 심정으로 명수샘이 권하는 섭생법을 실천하게 되었습니다.

명수샘의 섭생법이란 장내 발효가 어려운 현미잡곡밥, 생채소, 견과류를 삼가고 과일, 말린 나물, 발효된 김치 위주로 단순하게 먹는 방식으로 돈도 적게 들고 음식준비도 편했습니다. 사실 너무 단순해서 긴가민가했고 사실 큰 기대는 없었습니다. 그동안 좋다고 해보았던 것들이 너무 많아서였겠지요. 그런데 신기하게도 현미효소를 마신 지 일주일 정도 지나자 속이 편해진다는 느낌이 들었습니다. 어라~! 하는 맘으로 지속해 봤습니다. 그런데 신기하게도 제 상태가 매우 좋아졌습니다. 그렇게 괴롭히던 가스, 방귀, 설사 등이 거의 사라졌네요. 제가 좀 더 주의한다면 완전히 좋아질 수도 있겠으나, 사회생활을 하다 보니 가끔은 섭생을 지키지 못해서 오는 일이라 생각됩니다.

사람들이 항상 말하는 고기는 몸에 안 좋고, 현미밥, 채소는 건강식이라는 생각으로 그동안 섭생을 했었지만, 그게 잘못된 믿음이라는 걸 깨닫게 되었습니다.

현미누룩효소를 열심히 먹으면서 제가 몸으로 느끼는 것은, 장이 편해지고, 변 상태가 좋아지면서 컨디션이 좋아지고, 몸에 에너지가 생기니 세상이 참 아름다워 보인다는 것입니다.

30년 넘게 장이 좋지 않아 피곤함에 찌들어 살았고 신경질적인 성격이 트레이드 마크처럼 붙어있었는데 명수샘의 현미누룩효소와 섭생법을 실천하고 불과 6개월 만에 너무 좋아졌습니다.

정말 명수네 효소를 만나지 못했다면 평생 저질 체력과 장 트러블을 달고 살았을 것입니다.

이렇게 좋은 걸 혼자 할 수는 없겠지요. 저에게 가장 소중한 5살 아들에게 효소의 장점들을 설명하고 아빠랑 같이 먹자는 설득을 했습니다. 초기에는 아이가 먹을 수 있게 설탕 등을 타서 유혹했습니다. 다 먹으면 초콜릿도 주었구요. 그렇게 효소에 익숙하게 만들었으며 지금은 아침저녁으로 200ml씩 원 샷 하고 있습니다. 입이 짧아서 성장이 더디었던 아이마저도 지금은 보기 좋게 살이 오르고 키가 커가고 있습니다.

그 어떤 영양제보다도 명수샘의 현미효소에 대한 믿음이 있습니다. 이제 저희 가족에게 현미효소는 평생 함께해야 할 보약입니다. 며칠 전에 명수샘이 오래 숙성시킬수록 좋다는 말씀을 듣고 바로 냉장고 한 대 질렀습니다. 누룩 효소가 냉장고에 그득하게 쌓여있지 않음 불안해지는 느낌을 아시려나 모르겠습니다. 저와 비슷한 증상을 가지고 계신 분들 도전해 보세요. 그 어떤 약보다 저렴하고 그 어떤 약보다 강력한 효과를 느끼실 수 있을 겁니다.

⊚ 장○○(안양 40대 여성)

만 2년여 전 대변을 보는데 혈변을 보고서 치질에 걸린 줄 알았지 내가 암에 걸린 것이라고는 꿈도 꾸지 못했다. 정밀검사 결과 대장암 3기 C 진단을 받고 수술 후 주치의가 이렇게 늦게서야 발견되는 바람에, 병기가 너무 깊어 당연히 재발·전이될 거라는 말을 차마 대놓고 못 하고, 돌려서 하면서 안타까워했었고, 곧 이어진 항암에서도 종양 내과의가 4기에 준하는 치료를 해야 한다며 항암을 강하게 하는 바람에, 항암 후에는 살도 기력도 모두 빠져버린 몸으로 자리보전하고 천정만 올려다보며 누워 지내면서도, 암 환자답게(?) 현미밥, 생채식에 사활을 걸고 독가스에 가까운 방귀를 뀌고 시커먼 변을 보면서 기력이 현저히 떨어지고, 우울증도 깊어져 갔지만, 뭘 어찌해야 할지 몰라 마냥 손을 놓고 죽을 날만 기다리는 사람처럼 절망적인 생활을 했었는데, 지금은 현미효소와 과일식, 명상을 만나면서 인생이 180도로 바뀌었습니다.

현미효소를 제 암 치병의 주 방편으로 삼고 요즘 격주마다 현미효소와 과일을 주로 먹고,(양이나 횟수에 구애받지 않고 허기 지지 않게 양껏 먹음) 밥은 일주일에 세 번 가량(격 일에 한 끼 정도)만 먹으며, 식이조절을 하고 있는데, 그런 주에는 황소처럼 치솟는 이 힘을 뭐라 설명할 수가 없네요.

요즘 효소와 과일식을 주로 하는 주에는 뭘 해도 피곤하질 않네요. 어떻게 이렇게까지 힘이 날까 신기합니다. 20대도 아니고 10대로 돌아간 기분! 그런데 일반 식사를 많이 하는 주에는 기력이 좀 떨어지네요. 밥 안 먹는다고 옆에서 하도 걱정을 해서, 밥을 먹으며 일반적인 식사를 하면(정말 맛있게 먹고 소화도 잘 되는 것 같은데도) 기력이 떨어지는 신기한 현상, 얼핏 보기엔 기현상으로 보이는 이런 현상은 명수샘 섭생 이론으로 밖에는 설명이 안 될 듯하네요.

주변에도 발효식, 효소식을 하면 암이 줄거나 완치되는 일들이 종종 있는데 기성 제품들은 워낙 비싸 저 같은 서민은 감히 엄두도 못 내지요. 저렴하고 만들기도 쉽고 먹기도 좋은 명수네 효소는 저 같은 처지의 암 환자에게는 곧 생명줄입니다. 요즘은 매일매일 광화문 대로에서 명수님 만세 만세 만만세~~!! 두 손 두 발다 들고 외치고 싶네요.

⊙ 윤ㅇㅇ(일본 거주 65세 여성)

저는 오랜 시간 근 골격 통증으로 병원 약과 주사로 몸이 만신창이가 되어 칼질도 할 수 없을 정도로 손목부터 안 아픈 곳이 없었습니다. 3년 전부터 명수샘 박타법으로 근 골격 통증이 좋아지긴 했지만, 여전히 아픈 곳이 너무 많고 기력이 없어 정상적인 생활이 불가능할 정도로 힘이 들었습니다.

육체적으로 너무 힘들어 삶을 포기하고 싶은 맘뿐이었습니다. 그러던 중 명수샘께서 현미효소를 꼭 해 먹으라면서 영양 섭취가 되어야 근 골격 통증도 좋아진다고 해서, 처음에는 큰 기대를 갖지 않았지만, 톡 방에 많은 분들이 해 드시고 효험을 본 이야기도 올라오고 해서, 명수네 효소와 친구 된 지도 벌써 1년이 되어가네요.

명수샘 말씀대로 소화나 장내 발효가 어려운 생채소나 견과류 먹지 않고 발효된 김치나 시래기, 과일같이 소화가 쉬운 섬유소만 먹었어요. 전 원래 인스턴트, 영양제 등 시판하는 상품은 관심이 없는 성격이랍니다. 명수네 효소는 직접 만드는 것이라 그냥 의심 없이 정말 그냥 열심히 먹었어요.

그런데 어느새 자신도 모르게 하나씩 하나씩 변하는 거예요. 처음 느낀 건 피로감을 덜 느끼는 거예요. 허약체질이라 병원에 가면 아픈 곳보다 안 아픈 곳을 얘기하는 것이 빠르다 할 정도예요. 몇 달 전에는 갑상선 수치가 정상으로 돌아왔어요. 효소 만나기 전에는 식사 한 끼 준비하는 시간이 저한테는 고통이었어요.

다리가 저리고 힘이 없고 10분을 서 있기가 힘들어 음식 하나 준비하려면 앉았다 섰다 반복하면서 겨우겨우 식사 준비를 마쳤는데 어느 사이에 다리에 저림도 없어지고, 힘도 생기는 걸 느끼는 거예요. 명수네 효소 먹는 것 말고는 아무것도 한 것이 없거든요. 그냥 믿었어요. 먹기만 하면 된다고 믿었어요. 근골격 통증도 명수님 말만 잘 들으면 된다고 믿었거든요. 그래서 팔목도 나았고, 무릎도 나았으니까요. 명수네 효소도, 믿은 것뿐이 없어요. 지금은요 그렇게 좋아하던 육식, 채식 등등 탐나는 음식이 없어요. 누울 자리만 찾던 제가 '할 일이 없나'로 바뀌었어요.

감사하다. 덕분이다. 말로는 표현 못 해요. 저도 모르게 느끼고 있으니까요. 앞으로 점점 좋아질 것 같아요. 체력, 신경성, 근 골격 등등 어쨌든 명수님 지켜봐주세요. 고맙고 감사합니다. 늘 건강 하셔야 되요.^^

⊙ 아래는 위 체험 수기를 써 주신 분이 현미효소를 마시기 전(2020년 3월) 저에게 보내주신 불편한 증상 들이었습니다.

- 목, 등, 양쪽 팔, 다리, 전신이 아프면서 기상한다.
- 머리가 조여든다. = 뇌는 많은 기능 중에 사고력. 생각이 제일 중요한 것 같다. 갑자기 뇌가 사고력을 잃었다. (MRI 검사 = 만성피로)
- 얼굴이 조여든다. = 스멀스멀 벌레가 기어 다니는 느낌. 오른쪽 눈 밑은 1년부터 항상 저림.
- 왼쪽 팔은 = 감전 상태 (저주파)가 지속적으로 ~
- 오그라들고, 저리고, 묵비권하고, 때때로 어떻게 할 수 없는 상태가 오면, 팔을 막 흔들어요. (정신적으로 표현하면 미친것 같은)
- 엄지손가락부터 중지까지가 심함. 손톱 밑까지 찌릿찌릿함. 겨드랑이 뒤쪽에 묵지근하게 뭉쳐 있음. 오그라들면 (수건을 짜는 것 같음) 팔 이 안으로 굽음.
- 좌골신경통으로 아파서 눕지도 오랫동안 앉지도 못한다. 좌골이 바닥에 닿으면 참을 수 없는 통증이 온다. (면도날로 째는 듯한 통증)

- 최근은 일어난 순간부터 어깨 결림이다. 양어깨로 묵지근한 (기분 나 쁨) 표현이 안 된다.

- 무릎은 왼쪽에서 지금은 오른쪽 까지다.

  왼쪽 무릎은 걸을 때 순간순간 무릎이 전혀 반응이 없다. 허공을 딛 는 깃 같고 덜렁 덜렁이다. (매일 매일 박타를 하고 있음) 어느 순간 에 신경을 놓을지 모르는 상태.

- 무릎에서 발가락까지 전부 아프다. (계속 박타 중)

  오른쪽 발가락 2번째는, 오래전부터 아파서 순간 건질 못한다.

  왼쪽 발목은 접질러서 6개월간 치료 후 나았는데 기후 변화에 의해 아픔이 발 생한다.

- 작년에 다친 왼쪽 새끼발가락이 다시 시작됐다. 역시 기후 변화에 의해서다. 증 세 = 면도날로 쩨는 듯한 통증.

- 마지막으로 오른쪽 팔목이다. 박타를 해서 나았는데 다시 아프다. 글 이 엉망인 것도 볼펜을 정상적으로 잡지 못하기 때문이다.

⊙ 박○○(제주도 20대 여성)

안녕하세요, 체험담 공유합니다. 저는 20살부터 질염을 달고 살았습니다. 몸이 약해서 그런가 보다 했는데, 병원에서 준 항생제도 참 많이 먹었습니다. 20대 후 반부터는 과자, 빵, 마카롱, 초콜릿처럼 단것을 먹으면, 밑에 중요 부위가 매우 가 렵고, 질에서는 냄새나고, 누렇고 하얀 분비물이 줄줄 흘렀습니다. 참 찝찝하고 불편했습니다. 그리고 점점 심해지더니 뭘 먹어도 분비물이 질질 흘렀습니다. 이 제 20대인데 나 이제 어떻게 해야 되지? 병원에 가서 문제점을 찾아보기로 했습 니다. 그런데 이것저것 검사하고 MRI까지 찍어 보아도 딱히 의사는 병명을 찾 못하고 세포 탈수라고 수액을 빨리 맞아야 한다고 했습니다.

영 찜찜한 기분으로 병원을 나왔습니다. 좀 더 정보를 찾아보자 하다가 어느 분이 현미효소를 강력 추천하시더라구요. 꼭꼭 만들어 먹으라고 조금 복잡하고 생소한 정보 밑져야 본전이지 이거 해보고 안 되면 병원 치료받자. 일단 해보자! 조금씩 적응해가며 끼니로도 먹고 물 대신 마시고 한두 달 정도 열심히 먹었습니다.

효소 먹기 전에는 밥 먹고 나면 위가 불편했는데, 지금은 한식 정도는 먹어도 이상이 없었고, 위는 체감상 50% 정도 좋아진 것 같았습니다.

지금은 만들어 먹은 지 반년 정도 되어 가는데 분비물 나오는 것은 85% 정도 회복 중입니다. 덤으로 피부도 보드라워지고 속도 참 편안합니다. 살이 4kg 정도 찌긴했는데, 옷 사이즈는 그대로인 게 참 신기합니다. 며칠 전 명수 선생님 댁에 방문 했었는데, 복잡해 보이는 발효밥 만드는 방법도 직접 보니 할 수 있겠더라고요. 나눠주신 발효밥도 참 맛있었습니다. 묵은김치 씻어서 같이 먹으니 끼니 챙기기가 훨씬 수월했습니다.

주변 사람들에게도 권하고 있는데 만들기까지가 참 어려운 거 같습니다. 아마 귀찮고 반신반의하는 마음이 큰 것 같습니다. 하하 궁하면 통한다고 합니다. 저의 5년 후 10년 후에 더 건강해진 모습을 그려보곤 합니다. 그때도 명수쌤의 현미누룩효소와 함께 하겠지요. 명수샘 늘 감사드려요.

⊙ 차○○(강원도 50대 여성)

엄마는 올해 79살 올봄 병원서 준비하시라는 얘기를 들었지요. 염증 때문에 고열에 보름 정도 시달리셔서 장기가 다 망가졌을 거라고. 겨우 열만 내리고 20일 만에 집으로 모시고 와서, 기력 회복이 되지 않아 서로 고생하던 중 명수네 현미효소를 알게 됐어요. 엄마는 젊은 날부터 위가 안 좋아 소다를 대놓고 드셨고, 나이 드셔선 허리가 폴더가 되셨어요.

아침에 한번 나가셨다가도 자주 실수를 하셔서, 집으로 오셔선 자식들 보기 부끄러워하시며 얼른 빨아 널으셨어요. 좀 더 나이 드시면 똥도 받아내야 되는구나 하는 생각을 하고 있었지요. 제가 위가 많이 안 좋아서 명수네 현미효소를 시작하며 그저 엄마는 조금씩 드렸었어요. 좀 지나시더니 배가 아파서 안 드시겠다고 하셔서 며칠 지나서 다시 좀씩만 드셔보시라고 권해서 다시 드시기 시작하셨어요.

제가 아팠기 때문에 사실 엄마는 그저 소화나 좀 도움 받으시라고 드린 거였는데, 어떤 날부터인지 속옷을 버려놓지 않으신다는 걸 알게 됐어요. 처음엔 믿기지 않아, 동생에게 그런 거 같지 않냐고 신기해하며 지켜보다가 엄마 요즘 속옷 안 버려놓네~~ 사실 엄마는 어부지리였어요. 너무 신기해요. 회관에 마실 가셨다가 실수하셔서 참 난처했었는데 명수네효소 덕분에 많은 도움이 되고 있습니다. 감사한 일입니다.

⊙ 최○○(충남 홍성 60세 여성)

안녕하세요 전 홍성에 사는 60초반 여성입니다. 저희 가족은 현미누룩효소와 명수샘을 만나 구원을 받았습니다. 명수식 섭생과 현미누룩효소 체험기를 시작합니다.

저희 남편은 5년 전에 동맥류 파열로 출근길에 쓰러져 심장이 정지되었습니다. 응급실에서 심폐소생술을 받고 기적적으로 의식을 찾았습니다. 서울의 큰 병원에서 수술를 받고 건강이 좀 회복되어 직장에 복귀할 수 있었습니다. 의사 말이 이렇게 심한 동맥류 파열은 처음 보았다는 말을 들었습니다.

가장이 아프니 전 가족이 비상사태에 돌입하여 음식을 건강식으로 싹 바꾸었습니다. 그때부터 백미밥 대신 콩을 많이 넣고 현미 잡곡밥 해먹고, 생채소, 견과류 등을 열심히 챙겨 먹었습니다. 특히 쌈채소나 부추를 열심히 챙겨 먹었습니다.

그런 음식을 먹으면서, 남편은 입에 달고 사는 말이, 배가 안 고프다고 하였습니다. 위가 언친 것처럼 소화가 안 되고, 가스가 차고, 하루 종일 방귀를 뀌고, 변이 무르고, 악취가 심했습니다. 피곤에 찌들어 주말이면 하루 종일 자는 게 일이었습니다. 그때는 왜 방귀가 나오는지 변이 물러지는지 전혀 몰랐습니다.

전문가들이 현미밥, 채소, 견과류가 좋다고 하니 그런 종류로 식단을 차렸습니다. 생부추가 혈관에 좋다길래 쟁여놓고 먹었습니다. 저 또한 같이 먹었는데 항상 속이 더부룩하고 방귀도 많이 뀌고 변에서 냄새가 심했습니다. 그러던 찰나에 서울에 사시는 올케 언니가 명수샘 클래스에 다녀온 후 저에게 발효기와 누룩을 선물해 주셔서, 작년 8월부터 해 먹기 시작했습니다. 명수샘께서 전화로 섭생에 대해 상담해 주셔서 그런 음식을 먹으면 건강에 좋지 않고, 왜 방귀가 많은지 왜 변이 물러지는 이치를 쉽게 설명해 주셨습니다.

전 그때까지 방귀가 많이 나오는 것은 좋은 현상인 줄 알았습니다.

남편한테 생부추를 열심히 챙겨주고 있다고 했더니, 자살골을 넣고 있다는 말에 큰 충격을 받았습니다. 그 이후로 현미밥, 생채소, 견과류를 일절 끊고, 현미효소와 명수샘이 권하는 음식들 위주로 먹었습니다.

그러자 몇 주 만에 방귀가 사라지고 황금변이 찾아왔습니다. 피곤함도 훨씬 줄고 건강해졌습니다. 남편도 황금변을 보고 너무 신기해합니다. 남편은 타 지역에서 건설 현장 소장 일을 맡고 있어 주말부부입니다. 주말에 남편이 집에 올 때마다, 일주일 분량을 만들어 주면 현미효소를 생명줄로 생각하고 열심히 드십니다. 주말에 성당에 나가면 지인들이 남편 얼굴을 보고 어떻게 그렇게 혈색이 좋아졌냐고 물어보시네요.

전문가들이 권하는 건강식이라 일말의 의심도 없이 먹었던 음식들이 오히려 건강을 해치고 있다는 것을 알았습니다. 어떤 음식을 먹고, 좋은 음식인지 나쁜 음식인지 변 상태를 보고 판단하라는 명수샘 말씀을 이해하게 되었습니다. 지금은 가장 좋은 건강 상태를 유지하고 있습니다. 지금은 명수샘이 먹지 말라는 음식을 먹어보면, 금방 그 차이를 알 수 있습니다. 예전에는 현미밥, 생채소 안 먹으면 어떻게 되는 줄 알았습니다.

지금은 그런 것들을 안 먹어도 맘이 편합니다. 식단 차리기도 너무 편하고 돈도 덜 듭니다. 그리고 예전보다 훨씬 건강해졌습니다. 지금은 명수샘 말씀을 무조건 믿고 따릅니다. 아마 명수샘과 효소를 만나지 못했다면 죽을 때까지 현미콩밥, 생채소, 견과류 먹고살았을 것입니다. 정말 감사드립니다. 현미효소 만세입니다. ^^

⊚ 홍○○(분당 60대 여성)

경기도 분당에 살고 있는 60대 여성입니다. ^^ 남편이 중국에서 사업을 하셨기 때문에 백두산 밑에서 25년 동안 살았습니다. 중국에 살 때 나름 건강식 한다고 콩 반, 현미 반 밥을 해 먹고, 생채소도 챙겨 먹었습니다.

근데 중국인들은 우리처럼 상추나 생잎사귀 채소를 먹지 않고 대치거나 볶아 먹는 겁니다. 그때는 저들이 무얼 몰라서 그렇게 먹는다고만 생각했어요. 명수샘 클래스를 듣고 그 이유를 알게 되었어요.

애들 아빠가 암 투병으로 더 이상 사업이 어려워 지금의 사는 곳으로 이사 왔습니다. 전 간병과 스트레스 불면증으로 살이 10킬로나 빠지고 기력도 쇠해졌어요. 한국에 와서도 건강을 위해 현미, 콩밥 열심히 먹었고요. 등산하다 만난 동네 지인 분이, 저한테 효소 먹고 건강해진 이야기를 해주시면서 누룩 한 봉을 주셨어요.

오쿠 청국장 발효기로 해서 먹었더니 변도 좋고 소화도 잘 되었어요. 그분과 명수샘 댁에 방문해 섭생에 관한 말씀을 듣고 그대로 실천하면서 효소를 3개월째 먹고 있는데 살이 8Kg이 회복되었고 변도 더 좋아지고, 잠도 잘 자게 되고 활력도 좋아졌어요. 애들 아빠 아팠을 때 명수샘 식이법과 현미효소를 알았으면 좋았을 텐데 하는 생각이 들어요.

첨에는 안 먹던 아들도 속이 편하니 지금은 잘 먹어요. 아들이 평소에 피자나 치킨 등 가공 음식을 너무 좋아했는데, 효소 먹고는 그런 음식을 안 찾게 되어 얼마나 다행인지 모르겠어요.

요즘은 흰밥에 단순하게 먹고 하루에 석 잔 정도 마시는데, 돈도 안 들고 밥상 차리는 게 너무 편합니다. 현미효소를 알게 해주신 숙자님 너무 감사드리고 섭생을 지도해 주신 명수샘 감사드려요. ^^

◎ 김○○(경남 창원 29세 남성)

저는 나이는 29살이고, 163cm 80kg 정도 되었습니다. 원래 자율신경실조증과 부신 피로, 갑상선 저하가 있었고 그로 인해서 소화불량, 식후무기력, 만성피로를 달고 살았습니다. 그래서 건강을 위해서 할 수 있는 건 다 해봤습니다. 헬스와 운동은 정말 열심히 했고 기능의학과 자연 의학에도 관심이 많았습니다.

그래도 원래 다들 이렇게 사나보다 하며 하루하루 살아가다가 20년 9월에 문제의 사건(?!)이 발생합니다! 원래 몸에 열이 많았고 백태도 심하고 몸이 뜨거워서, 사상체질에서 권하는 대로 차가운 성질의 음식과 약재를 찾아 먹었습니다. 노각즙, 양배추즙, 브로콜리즙, 여주즙, 메밀죽, 돼지고기, 양배추, 샐러리, 시금치, 브로콜리, 케일로 만든 녹즙 그리고 칡즙! 하루에 1~2포씩 먹으면서 처음에는 컨디션이 좋아지는 것이 느껴져 일주일 정도 하루에 3~4포씩 먹었고 녹즙도 4~5잔씩 마셨습니다.

그러다 어느 날 밤에 죽을 거 같은 증상이 왔습니다. 온몸에 힘이 빠지고 심장이 미친 듯 두근거리며 매스껍고 설사가 나오면서 무기력과 불안이 함께 왔습니다. 저혈압, 저혈당, 공황장애 모든 증상이 겹친 거 같았습니다. 몇 시간 동안 그런 증상이 반복되고 겨우 일어나서 응급실에 가서 검사해봤지만 모두 정상 그리고 8개월 동안 증상들이 하나씩 나타나면서 30kg 이상 체중이 빠졌습니다.

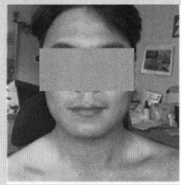 

저의 아픈 증상을 나열하면

왼쪽 엉덩이 신경통, 묵직한 근육통, 뻐근함 목이 항상 결리고 얼굴을 돌리면 아프다. 목이 항상 뭉쳐 있고, 어깨도 뭉쳐 있어서 아프다. 턱관절 장애, 턱관절 소리, 턱관절 통증, 얼굴 비대칭, 목을 뒤로 젖히거나 앞으로 숙이는 스트레칭을 하면 어지럽고 매스꺼움, 목 마사지를 하고 나면 그날 밤 잠을 자도 매우 많이 깨고 깊게 잠이 들지 못한다. 자다가 잘 깬다.

오른쪽 무릎관절통, 좌골신경통, 거북목, 잠잘 때 베개에 매우 민감하다. 이명, 귀 먹먹함, 기립성저혈압(심장 두근거린다. 앞이 하얘진다.)

눈부심이 심하고, 숨이 답답하고 잘 안 쉬어짐

수족 냉증, 눈 뻐근함 (바람이 조금만 불어도 눈이 건조하다)

목 이물감(목에 뭐가 걸려있는데 침 삼킬 때도 있는 거 같다)

가슴 앞쪽 뼈인 흉골통 (가슴 가운데에 뭔가 걸려있는데 안 풀린다)

갑작스러운 마른 기침, 소변 거품이 많다.

식사 후 두근거리고, 침이 계속 나오면서 무기력해진다. 오후 4시쯤 되면 무기력하고 피곤해진다. 백태가 심하다. 속이 더부룩하고 답답하다. 입 냄새가 심하다 코가 막힌다. 비염

속이 콕콕 찌르듯이 아프다. 트림을 많이 한다. 두통, 입 마름, 입술 마름, 수면장애(수면 중 자주 깨고, 깨면 다시 잠을 잘 못 듦)

손톱 세로줄, 왼쪽 눈, 근육 떨림, 왼쪽 가슴 뻐근, 부정맥, 왼쪽 가슴 위 답답, 잔변감, 소변볼 때 화끈 찌릿 이런 수십 가지 불편한 증상을 느끼면서 체중이 급격히 빠지면서 사경을 헤맸습니다.

안 가본 병원과 안 해 본 치료가 없는 거 같습니다. 양방은 물론 위 전문 한방병원에도 가보고, 체질 한방병원도 가보고, 참 별짓 다 했는데 좋아지는 듯하다가, 다시 그대로더군요. 몸도 마음도 지쳐서, 그냥 포기 상태로 유서도 몇 장 쓰고 조금씩 삶을 정리하고 있었고, 마음공부와 명상을 하면서 제 삶의 업이려니 하며 내려놓고 있었는데!

정말 우연히… 우연히 '한울벗채식나라' 카페에서 선생님 글을 보게 되었습니다. 그리고 현미효소도 알게 되었습니다. 그리고 선생님께서 정말 감사하게도 자택으로 초대해 주셔서, 3시간 기차 타고 직접 가서 섭생 방식에 대해 배우고, 발효밥과 현미효소도 받아왔습니다. 선생님께서는 머릿속에 있는 건강 상식을 다 버리라고 했습니다. 그날부터 명수샘이 권하는 데로 흰쌀밥에 김치, 익히거나 말린 나물을 먹으면서 효소를 직접 해 먹었습니다. 2달 정도 꾸준히 먹었습니다.

처음에는 조금만 먹어도 체기가 올라와서 백미로 1차 발효만 시켜 먹다가, 메밀을 조금 넣어서 2차 발효까지 시키고, 지금은 현미와 백미를 섞어서 만들어 먹고 있습니다. 지금은 위에 적은 불편했던 모든 증상의 80% 사라지거나 좋아졌습니다. 지금 와서 보니 제가 건강하다고 생각하고 살았던 29년은 정말 헛살았다는 생각이 들 정도로, 지금 컨디션도 좋고 몸 상태도 정말 너무 좋습니다.

저는 아프기 전에도 영양제나 기능 의학 자연 의학에 관심이 참 많았습니다.

영양제에 쓴 돈만, 소형차 한 대 값 정도 되겠네요. 하지만 이 모든 영양제보다 현미효소와 명수식 섭생법이 효과가 좋았습니다. 인간이 만든 것과 자연이 만든 것의 차이라고 생각합니다. 제가 몇 가지 느꼈던 점들을 말씀드리자면 정말 선생님께서 말씀하셨듯이 이 효소만한 약은 거의 없다는 것입니다.

당연히 효소가 만병통치는 아니지만, 인도의학, 중국의학, 해외의 전통의학 들을 통틀어서 지구상에서 손에 꼽을 정도의 음식이라고 생각합니다. 그것을 누릴 수 있는 한국에서 태어난 것도 정말 엄청난 행운이고, 그것을 알게 된 저 포함한 여러분들이 정말 행운아라는 것입니다! 살면서 주변 사람들이 보기에 건강을 챙기는 걸로 유난 떨고 유명했는데, 그렇게 건강을 챙겨도 다른 사람들보다도 못한 건강 상태를 가진 저를 보면서 "사람이라는 것이 타고나는 것이 가장 큰 것이구나" 라는 생각에 절망하며 살아왔습니다.

그런데, 명수식 섭생과 현미효소는 제가 살면서 보고 듣고 해본 치료법 중에 가장 즉각적이고 효과적으로 반응이 왔고, 앞으로 살면서도 이 방법대로 유지한다면 건강하게 살 수 있겠다는 확신이 드는 방법입니다.

효소를 마신 첫날부터 바로 황금변을 보고 다음 날 컨디션이 좋아지면서 그것이 지금까지도 유지되는 것을 경험하면서, 효과를 확실히 보고 있습니다. 저에게 일어난 인생 최악이라고 생각했던 사건이 사실 제 인생에 가장 최고의 사건이 되어버렸습니다.

녹즙 마시다가 죽을 뻔한 사건이 아니었다면, 저는 그냥저냥 적당히 건강하고 적당히 아프면서 살아갔을 거 같습니다. 지금은 제 인생 최고의 컨디션과 몸 상태로 무슨 일이든 할 수 있는 집중력과 에너지가 생겼습니다.

제가 아프지 않았다면 역설적으로 지금의 제 건강은 없었겠지요. 천하의 보배도 인연이 없고 간절하지 않다면, 아무런 의미 없는 것에 불과하겠죠. 이 글을 읽고 계신 분들 중에는 건강하신 분들도 계시겠지만 아픈 분들도 계실 거라고 생각합니다. 저 역시 마찬가지였고 이런 글을 읽을 때면 알바나 광고라고 생각하는 여러분의 마음을 충분히 이해합니다.

정말 진심으로 말씀드립니다. 이 현미효소와 명수식 섭생법을 한 달만 해보시라고 그렇다면 지금 아프신 그 상태가 오히려 최고의 사건이 되실 수 있으실 겁니다. 녹즙 마시다가 줄을 뻔한 사건이 잘 왔다. 생각합니다. 제 평생의 건강함을 얻는 것이니, 마지막으로 선생님께 정말 감사하고 감사하다는 말씀드리고 싶습니다. 제가 나중에라도 꼭 성공해서 선생님께 꼭 보답해 드리고 싶습니다. 진심으로요. 살려주셔서 감사합니다. 정말.

◎ 김○○(경남 진해 30세 남성)

저는 현재 경남 진해에 살고 있는 30살 남자 김○민이라고 합니다.

22년 4월 25일부터 이명수 선생님의 섭생법을 실행하며 변화된 모습과 느낀 점을 공유하고자 이렇게 글을 쓰게 되었습니다. 저는 22년 2월 약 5년간의 해군 부사관 군 복무를 마치고 전역하였습니다.

스스로가 생각해도 남들보다 좀 예민한 성격이었던 저는 군 생활을 하면서 스트레스를 많이 받아, 소화가 안 되어 밥을 먹으면 위에 가스가 차서 하루에도 많으면 100여 번의 트림이 나오고 배고픈 느낌(공복감), 배부른 느낌(포만감)조차 느껴지지 않았고 대변도 5~6일, 길면 일주일이 넘어서야 딱딱하고 동그란 변을 몇 개씩 그것도 어렵게 보고 있었으며, 그 변들의 가스로 인해 얼굴 피부에는 뾰루지가 자꾸 올라오고 순환이 안 되니, 손발은 점점 더 차가워지고 몸이 나빠지니 마음까지도 계속 부정적인 생각이 올라와, 육체적으로도 정신적으로도 너무나도 힘든 하루하루를 보내고 있었습니다.

173cm에 60kg를 유지하던 몸무게는 전역 당시 53kg까지 내려가 있었습니다. 그러다 군 복무 중에 읽게 되었던 '고오다 미쓰오' 박사가 쓰신 '생채식 건강법'이라는 책의 내용을 바탕으로 '이 잘못된 체질을 완전히 다시 자연으로 돌려놓자'라는 마음으로 전역과 동시에 경북 청도에 시골집을 하나 구해 그곳에 혼자 머물면서 생채식을 실행하였습니다. 유기농 생현미 70g은 그냥 생으로 씹어 먹었고, 잎채소 250g, 당근 250g을 믹서에 갈아 면포에 걸러서 즙으로만 한 끼식으로 1일 두 번의 식사를 하였습니다. 1년을 계획하고 실행한 생채식이었지만 이렇게 생채식을 하다 보니, 53kg의 몸무게가 2달 만에 성인이 되고서는 처음 겪어보는 몸무게인 46kg까지 빠지게 되었습니다.

몸무게가 46kg까지 내려가고 보니, 몸에 힘이 너무 없어 동네 마을 앞 산책을 하는 것도 힘들게 느껴지고, 달리기는 몇 번 시도해 보았으나 근육이 없어서 그런지 달려지지가 않는 상황에 이르렀습니다. 추위도 너무 많이 느껴지고 기력이 떨어지니 밤에 자려고 누우면 우울한 느낌마저 들었습니다. 그런 상황이 계속 반복되다 보니 어느 날 문득 한계를 느끼게 되어 생채식을 중단하였습니다. 중단하고 보니 시작한 날로부터 약 60여 일이 지난 시점이었습니다.

이러다간 우울증에 걸릴 거 같은 느낌이 들어, 다시 진해에 있는 부모님 집으로 가서 며칠 머물렀는데, 그때 우연히 '한울벗채식나라'라는 카페에서 '현미교주'라는 이름으로 올라와 있는 이명수 선생님의 '발효는 생식이다'라는 글을 읽게 되었습니다. 글을 읽다 보니 말로는 표현하기 힘든 어떤 강한 끌림이 느껴져서 선생님이 작성한 글 목록으로 들어가 처음 게시된 글부터 하나하나 천천히 정독해 나갔습니다. 소화가 어떤 원리로 이루어지는지, 왜 우리 선조들이 과거부터 그렇게 먹을 수밖에 없었던 건지 등 글을 읽으며 제가 기존에 알고 있던 건강에 대한 상식이 완전히 무너지기 시작했습니다.

사실 저도 건강식은 현미밥에 생채소라는 신념이 강하여 22살부터 지금까지 생채식을 해왔지만, 생채식을 하면서도 어딘가 모르게 부족한 부분이 있다고 막연히 생각하고 있었습니다. 그런데 그것이 이명수 선생님의 글을 읽다 보니 하나하나 이치적으로 논리적으로 채워지는 느낌이 들었습니다. 알 수 없는 강한 끌림은, 그래서 느껴진 게 아닌가 싶습니다.

선생님이 쓰신 글들을 다 읽음과 동시에, 선생님께 쪽지를 통해 제 상황을 말씀드리고 도움을 요청하였습니다. 그리고 그 다음 날 선생님과 약 2시간 정도 통화를 하고, 그날부로 제가 먹던 현미밥과 서리태, 생채소는 모두 끊었습니다. 그리고 선생님이 알려주신 대로 백미밥에 나물들, 통밀빵, 현미누룩효소를 먹고, 고기도 가끔 조금 곁들여 식사를 하였습니다.

그렇게 두 달이 지났습니다. 46kg이었던 몸무게는 61kg이 되었습니다. 육체적인 컨디션은 점점 좋아져서 자연적으로 몸 쓰는 운동을 하고 싶은 생각이 들어, 크로스핏에 등록하여 현재 1달째 운동 중입니다.

두 달 전 처음 이명수 선생님 섭생법을 실행할 때까지만 해도, 정말 하루 종일 무언가를 먹고 싶다는 생각 밖에 안 나서 정신적으로 정말 힘들었습니다. 또한 뭘 먹고 나서도 뭔가 채워지지 않은 느낌이 들어, 계속 냉장고에서 조금씩 뭔가를 꺼내 먹다 보니 하루 종일 뭔가를 먹고 있었습니다. 그러다 보니 속이 굉장히 불편하고 몸도 무겁고 자신을 통제하지 못했다는 생각에 자책도 많이 하였습니다. 이 부분이 섭생법을 실천하면서 가장 힘들었던 부분이었습니다.

그런데 섭생법을 실천하고 현미효소를 마시면서부터 제 몸이 조금씩 바뀌더니, 현재는 영양이 충분히 공급되었는지 음식에 대한 집착이 아예 사라져버렸습니다. 거기다가 처음엔 하루에 한 끼만 안 먹어도 견딜 수가 없었는데, 현재는 조금씩 몸을 비워도 될 것 같은 느낌이 들어 오늘부터 매주 토요일 1일 단식을 실행하게 되었습니다.

현미효소를 제가 직접 만들어 먹으면서 식사할 때 부모님한테도 한번 권해드린 적이 있었는데, 그게 계기가 되어 어머니는 '지금까지 살아오면서 먹어본 음식 중에 최고의 음식이다'라는 말씀을 해주셨고 술을 좋아하시는 아버지는 '막걸리 대용으로 딱이다'라는 말씀과 함께 너무 맛있게 드시고 계십니다. 특히 어머니는 변이 놀라울 정도로 좋아지셔서, 원래 드시고 계시던 가루로 된 유산균이랑 몇 번 번갈아 드시더니, 지금은 유산균 가루보다 효소를 먹었을 때 변이 훨씬 좋다며 유산균 가루는 아예 끊으시고 효소만 드시게 되었습니다.

그리고 되게 신기했다고 느껴진 부분은 어머니랑 제가 과일 엄청 좋아해서 박스로 사다 놔도 일주일을 못 갔는데, 현미누룩효소를 마시고 나서부터는 점점 과일이 안 당기게 되어 박스로 사다 놓은 오렌지가 2주째 다 먹지를 못하고 남아있습니다. 어머니도 같은 현상을 경험 중이라 서로 신기하게 생각했습니다. 충분한 영양이 공급되어 나타나는 현상이라고 느껴집니다.

몸도 따뜻해지고 먹을 거에 집착하는 마음도 사라지고, 살과 근육이 동시에 보기 좋게 채워지는 모습을 보면서, 이렇게 간단한데 참 멀리 돌아왔구나 생각을 하였습니다. 하지만 현미채식을 하면서, 현미, 서리태 밥과 생채소를 먹고 생채식한다고 생현미를 씹어 먹었던 그간의 경험이 있었기에 선생님의 섭생법을 빠르게 받아들일 수 있었지 않았나 싶습니다. 이렇게 간단한 건강법으로 제 인생을 너무나도 간단하게 만들어주신 이명수 선생님께 다시 한번 진심으로 감사드립니다. 이것으로 제 두 달간의 섭생 기록을 마치도록 하겠습니다. 긴 글 읽어주셔서 감사합니다.

과일의 씨앗이나 껍질은 안 먹는 게 좋다.

▶ 과일은 익기 전에 아무도 거들떠보지 않는다. 독이 있어 먹을 수 없기 때문이다. 만약에 익기 전에 단맛이 나면 살아남을 수 없을 것이다.

▶ 곡식, 콩, 채소는 반대다. 어릴수록 독성이 없고 부드럽다. 속도 물렁하고 외피도 얇다, 그래서 소화가 더 쉽다.

씨앗(곡식)은 완전히 여물게 되면 내부의 녹말이나 단백질은 분해하기 어려운 분자구조로 변하고, 외피 또한 열악한 환경이나 천적으로부터 내부를 보호하기 위해 두꺼워지면서 단단한 결합조직으로 변하게 된다. 그리고 사람에게 해가 되는 피틴산, 렉틴, 옥살산 같은 독성물질들을 많이 함유하게 된다.

▶ 덜 여믄 씨앗이나 어린 야채가 소화가 쉬운 예를 알아보자
  ① 옥수가 완전히 영글면 딱딱해져 소화가 어렵게 된다 그래서 덜 여물어 무를 때 쪄 먹는다.
  ② 농가에 내려와 피해를 주는 멧돼지도 덜 여믄 옥수수는 좋아하지만, 완전히 영글면 쳐다보지 않는다고 한다.
  ③ 보리나 밀이 누렇게 익기 전 풋보리일 때 구워 먹는 이유는 외피가 얇고 속이 부드러워 소화가 쉽기 때문이다.
  ④ 소싯적 수수는 덜 여믄 것을 쪄 먹었다. 영글면(쇠면) 딱딱해져 소화가 어렵기 때문이다.
  ⑤ 일식집에 가면 찐 풋콩을 내놓는다. 까보면 덜 여믄 콩이라 껍질이 매우 얇다.
  ⑥ 늦여름 벼가 익기 전 푸를 때 허수아비를 세우고, 새를 쫓는다. 참새는 벼가 뜸물이 맺힐 때 빨아먹고, 영글면 먹지 않는다.
  ⑦ 우리가 덜 익은 풋호박, 풋오이, 풋고추는 씨앗이나 껍질까지 먹지만, 늙은 호박, 노각은 껍질과 씨앗을 먹지 않는다. 익으면 소화가 어렵기 때문이다.

  ⑧ 쑥, 찻잎, 죽순, 두릅, 산나물도 어릴 때만 먹는다. 독성이 적기 때문이다.

▶ 씨앗이나 껍질에 영양이 많다고 수박씨, 참외씨, 포도씨를 먹는 것은 좋지 않다, 토마토 씨앗도 좋지 않다. 사과껍질, 포도껍질, 참외껍질도 좋지 않다. 대장에서 발효가 어렵기 때문이다.

현미, 보리, 들깨처럼 완전히 영근 씨앗(곡식)은 외피를 제거하거나, 발효시키지 않고 먹는 것은 독성만 얻는 "영양가 없는 일"이다.

제 8 장

많이 하는 질문들 모음
현미누룩효소의 미래
맺는말

이 책을 통해 섭생에 대한 전체적인 시각을 얻고,

잘못된 믿음과 상식을 버리시기 바랍니다.

우리는 그동안 가짜 보물지도를 가지고 건강을 찾아 헤맸습니다.

현미효소와 명수식 섭생으로 황금변을 찾고,

건강의 부를 얻기 바랍니다.

많이 하는 질문들 모음

Q 하루에 효소를 얼마나 먹어야 되나요?

A 소화력이 천차만별이고, 약이 아니니 딱이 정해진 양이 없다. 자신의 소화력에 따라 식전이나 식후 한 잔씩 마실 수 있고, 식간에 물 대용, 간식 대용으로 마실 수 있다. 다른 음식을 줄이고 밥 대용으로 많이 먹을 수도 있다. 하루에 한잔 마실 수도 있고 1리터 이상을 마시는 사람도 있다. 소화기가 불편하지 않을 정도가 자신에게 맞는 양이 된다.

Q 꼭 현미로만 해야 되나요?

Q 당질이 많은 잡곡은 다 된다. 백미, 찹쌀, 보리, 흑미로만 할 수도 있고 서로 섞어서 할 수도 있다. 현미가 부담이 되는 사람은 백미로만 하던가 현미와 섞어서 한다. 수수, 기장, 조, 율무 같은 잡곡을 소량 넣고 할 수 있다. 콩 종류는 발효가 어려워 추천하지 않는다.

Q 현미누룩효소를 먹으면 어디에 좋나요?

A 현미누룩효소는 특정 질병을 고치는 약이 아니기 때문에 개인에 따라 그 효과가 천차만별이다. 현미누룩효소는 세포에 영양을 공급해 주고 장내 환경을 개선 시켜 피를 깨끗하게 해준다. 영양이 들어가고 피가 깨끗해지면 모든 세포들이 건강해지기 때문에 다양한 부분에서 효과를 보인다.

그동안 효소를 해 드시고 전해 들은 효과는 다양하기 때문에 전부 나열하기 어렵다. 현미효소의 효능 편과 체험수기 편을 참조 해주시기 바란다.

Q 효소에 알코올이 들어 있나요? 먹고 나면 얼굴이 붉어지고 심장이 빨리 뛰는 것 같아요.

A 명수네 현미누룩효소는 35도 전후에서 발효시키기 때문에 약간의 효모발효가 일어난다. 효모균은 현미의 당을 먹고 알코올과 탄산을 만들어 내는데 명수네 효소 속에는 아주 소량 알코올이 들어 있다. 효소를 마시고 얼굴이 붉어지고 약간의 취기를 느끼시는 분들이 있었지만, 적응이 되면 대부분 사라진다. 5살 난 아이부터 평생 술을 입에 대지 않은 80 어르신이나 아무것도 소화 시킬 수 없는 암 환자들도 명수네 효소는 소화를 시킬 수 있었다.

Q 효소를 마시고 나서 시도 때도 없이 졸려요.

A 현미누룩효소는 잠을 잘 자게 만든다. 중간에 깨는 증상도 없어지고 불면증도 좋아진 경우가 많다. 처음 효소를 마시면 사람에 따라 시도 때도 없이 나른한 졸음이 쏟아지기도 하고 초저녁부터 졸리기도 한다. 시간이 지나면서 사라진다.

Q 효소를 먹고 나면 명치가 답답하거나 골치가 아파요.

A 위암 수술한 분이나 위장 기능이 극히 약한 분은 골치가 아픈 경우가 간혹 있다. 현미효소는 젖산발효되어 신맛이 있는데 그 신맛이 위를 자극하면 골치가 아플 수 있다. 이런 분은 백미로 1차만 해서 드시거나 발효시간을 줄여 신맛을 줄인다.

Q 효소를 먹고 토했어요.

A 음식을 적당히 먹고 효소를 마시면 소화를 도와주지만 과식하고 또는 나쁜 음식을 많이 먹고 소화 시킨다고 효소를 많이 마시게 되면 토하게 된다. 소화가 어려운 생채소나 견과류를 먹고 효소를 마시면 설사를 하기도 한다. 효소 때문에 토하기 보다 다른 음식이 원인인 경우가 많다.

Q 효소를 먹고 없던 변비가 생겼어요.

A 평생 달고 살았던 변비, 일주일에 한 번 가던 극심한 변비도 효소 먹고 나은 사례가 있을 정도로 현미효소는 변비나 설사에 큰 효험이 있다. 사람에 따라 현미누룩 효소를 먹고 나서 없던 변비가 생기는 경우가 가끔 있다. 신맛은 장의 수렴작용을 촉진하여 변비 증상을 일으킬 수 있다. 일시적으로 변비 기가 생기지만 장내 환경이 좋아지면서 사라진다. 그리고 많이 움직이는 게 변비 예방에 도움이 된다.

Q 어린아이나 임산부가 먹어도 되나요?

A 5살 이상은 무리 없이 소화가 가능하나, 너무 어린 갓난아기는 아직 소화기가 완전히 발달하지 못한 상태다. 흰밥을 먹을 수 있을 때부터 백미로 일차만 해서 조금씩 먹여 본다. 변이 꼬들하게 나오면 괜찮다. 임산부는 영양 섭취가 충분해야 건강하고 총명한 아이를 낳을 수 있다. 현미효소는 환자, 임산부, 수험생, 운동선수, 자라는 아이들에게 양질의 영양 공급원이다.

Q 효소를 마신 후 피부가 가렵고 아토피가 더 심해졌어요?

A 사람에 따라 명현반응 없이 아토피나 피부병이 쉽게 좋아지는 사람이 있고, 오랫동안 약을 썼거나 증상이 심한 사람들은 효소를 마시면 가려움증이 심해지는 경우가 있다. 참기 어려우면 효소 양을 줄였다가 다시 시도해본다. 일시적으로 피부가 가렵다가 사라지기도 한다.

Q 효소가 혈압에 좋은가요?, 갑상선에 좋은가요? 지방간에 좋은가요? 신장에 좋은가요?

A 우리 몸은 세포로 이루어져 있다. 그 세포에 충분한 영양이 가고 장내 환경이 개선되어 피가 깨끗해지면 인간의 몸은 유기체이기 때문에 특정 부분만 좋아지는 게

아니고 전체가 좋아지게 된다. 약이 아니기 때문에 특정 질병에 효과는 장담할 수 없지만, 다양한 증상들을 개선하기 때문에 건강 평균 점수를 올려준다. 변비 고치려고 효소 마셨다가 기대도 하지 않았던 평생 고질병을 고치고, 몸에 가지고 있던 몇 가지 불편한 증상들이 사라지는 경우도 많았다. 현미효소와 명수식 섭생을 하게 되면 버섯 캐러 갔다가 산삼을 캐는 일이 생기는 것처럼, 기대하지도 않았던 질병까지 낫게 된다.

Q 효소가 단맛이 나는데 혈당을 올리지 않나요? 당분은 암의 먹이라 마시기가 겁나요?

A 밥이나 과일, 떡, 고구마, 감자 등 녹말 음식은 혈당을 올린다. 현미누룩효소도 쌀로 만들었으니 혈당을 올린다. 하지만 당분은 세포의 에너지 원이기 때문에 암의 먹이가 된다고 탄수화물을 안 먹을 수는 없다. 당질이 무섭다고 생채소, 콩, 견과류 위주로 먹으면 혈당을 덜 올리겠지만 다른 영양도 얻지 못하게 된다. 현미효소는 발효 과정에서 복합당이 단당으로 변해 단맛이 나지만, 미생물이 당을 먹어치우면서 증식 하였기 때문에 전체적인 당분은 줄어있다.

효소는 몸속에서 대사를 촉진해 포도당을 정상 세포의 에너지원이 되게 만들어준다. 효소 공급이 부족하면 당질을 아무리 적게 먹어도 내가 쓰지 못하고 암세포가 훔쳐 간다. 유익균 한 마리가 2000가지 효소를 만든다고 한다. 발효음식을 많이 먹고, 장내 발효가 잘 되게 섭생을 하면 몸에 충분한 효소가 공급돼 당질을 내 몸이 먼저 쓰게 된다. 현미효소는 단맛이 나지만 어떤 녹말 음식보다 다양한 영양과 효소를 같이 가지고 있는 음식이다. 당질이 걱정되면 당질이 적은 보리로 하던가 재료 양을 줄여 단맛을 줄인다. 그리고 다른 녹말 음식을 줄이고 현미효소를 먹자.

Q 다른 사람들은 효소 먹고 큰 효과를 보는데 저는 변도 좋아지지 않고 큰 차이를 못 느껴요?

A 패스트푸드, 양념 범벅, 튀긴 음식도 변을 나쁘게 만들지만, 현미밥, 생채소, 콩, 견과 등을 먹으면서 현미효소를 마시면 장내 발효가 어려워 변이 좋아지지 않는다. 그리고 섬유질을 너무 먹어도 변이 좋아지지 않는다. 장내 환경이 나쁜 사람일수록 섬유질 반찬 가짓수와 양을 줄인다.

Q 외출이나, 잠을 자야 하는 데 발효시간을 줄이거나 늘려도 되나요?

A 되도록 발효시간을 지키는 게 이상적이지만 부득이한 경우 시간을 좀 줄이거나 늘려도 무방하다. 2차 시간보다는 1차 시간을 줄이거나 늘리고 2차 발효시간은 되도록 지킨다. 시간을 늘릴수록 신맛이 강해지고 막걸리 맛이 날 수 있다. 신맛이 강하고 막걸리 맛이 난다고 나쁜 것은 아니니 취향에 따라 시간을 조절할 수 있다. 외기 온도가 높은 한여름일수록 시간을 지키는 게 좋다.

Q 발효 도중 위에 밥알이 까맣게 변하거나 곰팡이처럼 피었는데 발효가 잘못된 건가요?

A 지극히 정상이다. 누룩이 수분과 산소와 접하면서 갈변하고 균사가 핀 것이니 자연스러운 현상이다. 저어주고 다독여 준다.

Q 집에 밥솥(다양한 발효기)이 있는데 여기다 하면 안 되나요?

A 명수네 효소 발효 온도는 35도 내외고 발효시간은 22시간, 용량은 5~6리터다. 일반 전기밥솥은 온도가 너무 높아 발효가 어렵다. 용량이나 온도 등을 비슷하게 맞출 수 있는 발효기 사용을 권한다. 1차 발효 온도는 좀 높아도 무방하지만, 2차 발효는 35도를 권한다. 2차 발효 온도가 높을수록 효모발효가 왕성해져 막걸리 맛이 나

고, 가스가 많이 생겨 보관에 어려움도 생긴다. 그리고 신맛이 너무 강해져 풍미가 나빠진다.

Q 현미누룩효소를 만들 때 어떤 누룩을 써야 되나요?

A 온도와 습도 위생을 통제해 만든 개량 누룩인 황국 누룩을 사용해야 된다. 백국은 신맛이 강해 풍미가 떨어진다. 시중에 '쌀 요거트용'이라고 파는 누룩이면 가능하다. 밀을 빻아 실온 상태에서 만든 전통방식의 누룩은 나쁜 곰팡이가 생길 수 있고, 당화력이 떨어져 쓴맛이 나고 맛이 밍밍할 수 있어 추천하지 않는다.

Q 누룩 보관은 어디에 해야 되나요?

A 방습이 잘 되는 봉투에 담긴 누룩은 3개월 정도는 실온에 보관할 수 있다. 햇볕이 들지 않고 통풍이 잘 되는 곳에 보관한다. 장기 보관은 냉동이 좋다. 고온 다습한 한여름에는 냉동 보관을 권한다.

Q 가스가 너무 차고 술 냄새가 나요?

A 과한 효모발효가 일어날 때 가스가 차고 막걸리 맛이 난다.

2차 발효 온도를 낮게 할수록 효모발효가 억제된다. 2차 물 첨가 시 냉장고의 차가운 물을 부어주는 것도 한 방법이다.

또 한가지 방법은 2차 중간에 기포가 올라오는 정도를 보고 적당한 시간에 빨리 발효를 마치는 것이다.

Q 현미 양을 꼭 레시피대로 해야 되나요?

A 재료의 양은 자신의 취향대로 줄이거나 늘릴 수 있고 물양도 조절할 수 있다. 재료 양이 많을수록 단맛이 많아진다. 누룩과 현미의 양을 절반으로 하고 물은 똑같

이 잡아주면 단맛은 떨어지지만 오래 숙성시키면 먹을만하다. 당질이 걱정되면 재료의 양을 줄인다.

Q **현미는 태양인이나 소양인한테 독이 된다는 데 먹어도 되나요?**

A 충분히 부숙 된 퇴비와 발효된 곡물 사료가 작물과 가축의 안전한 먹이가 되는 이유는 무엇인가? 발효에 의해 독성이 사라지고 영양이 분해되어 있어 장에서 부패를 일으키지 않기 때문이다. 생채소는 냉한 체질에 좋지 않다고 하지만, 발효된 김치 안 맞는 사람은 없듯이, 발효란 법제와 같이 중화작용이기 때문에 현미효소는 어떤 체질에도 맞는 음식이 된다.

현미누룩효소의 미래

 시간을 내 집에서 러닝머신을 타고, 손을 크게 흔들며 공원을 돌고, 수영장에 가 물고기처럼 헤엄을 친다. 과거에는 먹고살기 위해 움직였지만, 지금은 살기 위해 움직여야 하는 시절이 되었습니다. 과거 서민들의 로망이었던 쌀밥과 고깃국은 공공의 적이 되었고, 식물들은 건강식으로 대접받는 시절이 되었습니다. 불과 50년 만에 세상이 크게 변했고, 과거와는 완전히 다른 이유로 질병에 걸리는 시대가 되었습니다

 현대인들은 가공 식을 많이 하고, 항생제와 약물 남용으로 장내 환경이 망가져 쾌변을 보는 사람이 드뭅니다. 변비, 설사, 위장 장애가 매우 많고 암이나 원인불명 질병들이 급증하지만, 증상만을 억제하는 현대의학은 우리를 구원해 주지 못합니다.

 우리는 의학의 한계를 잘 알기 때문에 음식을 치병의 수단으로 삼지만 지금까지 알고 있던 모범 답안은 영양도 주지 못하고 장내 환경도 개선 시키지 못한다는 사실입니다. 잘못된 섭생과 건강법에 매달려 돈과 시간만 낭비하면서 건강의 부를 까먹는 사람들이 매우 많습니다. 이치는 단순하지만 우리는 전체를 보는 시각이 없기 때문에 효과 없는 섭생에 매달리는 것입니다.

 현미효소와 명수식 섭생은 가장 저렴한 비용으로 가장 쉽게 영양을 얻을 수 있고 장내 환경을 개선할 수 있는 방편이기 때문에 음식을 치병의 수단으로 삼는 사람들에게 큰 힘이 될 것입니다. 특히 항암과정에서 소화기능이 떨어지고, 설사변을 보면서 살이 빠지는 암환자들에게 큰 도움이 될 것입니다.

 어떤 사람에게는 목숨을 구하는 구원의 음식이 될 수도 있고, 식물식이나 여타의

섭생으로 답을 찾지 못했던 분들도 해답을 얻을 수 있으리라 생각됩니다.

명퇴를 하고 현미효소를 알리기 시작한 지 2년 만에, 입소문만으로 1천이 넘는 가정집에서 해 드시고 있습니다. 현미효소 레시피를 전파하면서 섭생에 대한 잘못된 상식을 깨고 현미효소의 효능을 알리기 위해 책을 썼고, 누구든 쉽게 집에서 만들 수 있도록 현미효소 전용 발효기도 개발 중에 있어 2023년 여름이면 출시가 가능할 것 같습니다. 제가 확신을 가지고 이 일을 시작한 이유는 명수식 섭생법과 현미효소는 누구에게나 안전하고 가장 빨리, 가장 저렴한 비용으로 건강을 얻게 해주기 때문입니다.

앞으로 많은 분들이 만들어 드시면서 현미효소의 효능은 더욱 빛을 발하게 될 것이고 그 진가가 드러나게 될 것입니다. 김치나 동치미처럼 전 국민이 해 먹는 건강식이 될 것이고, 한국을 넘어 전 지구인이 만들어 먹는 음식이 될 것입니다.

맛도 좋고, 만들기 쉽고, 가성비 좋고, 보관도 오래가고 그 효능 또한 군계일학이기 때문입니다. 음식을 치병의 수단으로 삼는 치유원에서도 현미밥을 대신하는 음식이 될 것입니다.

米糠(미강)의 '강' 자에는 '건강할 강(康)' 자가 들어있습니다. 한자에서부터 오묘한 뜻이 담겨 있었지만, 우리는 그 보석을 꺼내 쓸 줄 몰랐습니다. 그 거친 원석을 찬란한 보석으로 가공해서 세상 빛을 보게 만들어 준 것이 현미와 누룩으로 만든 "현미누룩효소"입니다.

자연(미생물)이 만든 현미효소는 인간이 만든 약이 할 수 없는 치유의 효과를 보일 것입니다. 진실은 스스로의 힘을 가지고 있기 때문에 현미효소와 명수식 섭생법은 입소문으로 퍼져 나갈 것이고 건강식의 트랜드로 자리 잡을 것입니다. 전 지구인이 명수네효소를 해먹는 그날을 꿈꿔봅니다.

첨언

　명수식 섭생법에서 콩은 콩밥으로 먹지 말고, 된장, 청국장으로 먹고, 생채소보다는 김치나 말린 나물로 먹기를 권한다. 우리 농산물을 선조들처럼 가공해서 먹자는 것이다.

　현미, 콩, 생잎사귀, 견과류를 먹지 말라는 말이 농사짓는 분들에게 죄송할 따름이지만, 현미효소를 해 드시면서 명수식 섭생을 하게 되면 우리 농산물 소비가 훨씬 늘어난다. 현미효소를 해 드시는 분들 말씀이 예전보다 쌀을 3~4배 더 소비하고, 깍두기나 김치, 시래기, 말린 나물을 더 많이 먹는다고 한다.

　쌀값이 바닥이라 농민들 한숨이 깊어지고, 농경지가 줄어들고 있다. 물 건너온 슈퍼푸드를 믿지 말고, 현미효소를 해 드시고 명수식 섭생법을 실천하는 것은, 건강을 지키면서 우리 농업을 살리는 길입니다.

맺는 말

황금변을 찾아 여기까지 읽어 오셨습니다. 지금 가지고 있는 상식이나 믿음, 그리고 현재 하고 있는 섭생과 반대되는 저의 논리에 어떤 생각이 드시는지요? 아마도 많은 분들이 과거의 저처럼 건강을 위해 현미밥, 생채소, 콩, 견과류, 생식, 녹즙 등을 챙겨 드시고, 식물은 내 몸을 깨끗하게 해주는 음식이라는 믿음을 가지고 계실 겁니다.

체험수기 말미에 두 젊은이의 이야기가 실려 있습니다. 두 청년은 질병을 고치기 위해 남들 눈에 유별날 정도로 음식을 가렸고, 식물 위주로 섭생을 하면서 건강법을 실천했습니다. 한 청년은 녹즙을 집중적으로 마시다가 죽음의 문턱까지 갔고, 한 청년은 생식으로 살을 너무 잃어버려 걷기도 힘들었습니다.

저는 두 젊은이에게 이렇게 권했습니다. 지금까지 알고 있던 건강상식을 머릿속에서 다 지워버리고 현미밥, 콩, 생채소, 견과류 등을 식단에서 제거하고 현미효소와 발효밥이나 백미밥을 주식으로 하고, 김치, 깍두기, 시래기, 된장국을 먹도록 했습니다. 두 청년은 현미효소와 명수식 섭생으로 불과 2~3개월 만에 살아오면서 가장 좋은 건강체가 되었습니다. 어렵게 찾아 헤맸던 건강이 그렇게 간단히 좋아진다는 게 허망할 정도라고 두 청년은 말했습니다.

위의 사례처럼 병에 걸리면 치병을 위해 무엇이라도 해야 할 것 같습니다. 그래서 건강 대가들의 말에 귀 기울이고 건강서를 사 봅니다. 그리고 섭생을 바꾸고, 고가의 건강식품을 사 먹고, 많은 건강 요법들을 실천합니다. 돈을 벌든 공부를 하든 열심히 한 만큼 얻는다고 배웠기 때문입니다. 저도 노력한 만큼 건강을 얻을 것이라 믿어 의심치 않았습니다.

저 또한 남들 눈에 유난 떨 정도로 가공식품을 독극물 보듯이 하고, 몸에 좋다는 식물들 위주로 먹고, 비싼 돈을 주고 몸에 좋다는 음식들을 사 먹고, 해독을 위해 온갖 요법을 실천했지만, 건강을 얻지 못했습니다. 이유는 식물이나 생식은 좋다는 맹목적인 믿음을 가지고 식물을 먹고 대장에서 부패를 일으켰기 때문입니다.

저는 책 전반에 걸쳐 귀가 닳도록 이렇게 주장했습니다. 치병이나 건강에 가장 중요한 요소 두 가지는 영양을 넣어주고, 장내 환경을 개선해 황금 변을 만드는 것이다. 건강이나 치병을 위해 챙겨 먹어야 할 1순위 음식이라고 믿고 있는 현미, 생잎사귀, 콩, 견과류, 생식은 영양도 얻을 수 없고, 장내 부패를 일으켜 피를 오염시키니 결별하는 게 좋다.

꿈에도 생각해 본 적이 없고 들어본 적이 없는 말이라 믿기 힘드실 것입니다. 굳게 믿고 있는 모범 답안을 오답이라고 하니 믿지 못할 만합니다. 전문적인 지식을 나열하기보다는 주위에서 흔하게 볼 수 있었던 현상 뒤에 숨어 있는 이치와 반전의 논리를 하나의 연결고리로 이어 전체적인 시각을 얻게 함으로써 저의 주장에 설득력을 부여했습니다.

우리는 영양을 갈망하고 황금변을 찬양하면서도 위 식물들과 맹목적인 사랑에 빠져 영양도 얻지 못하고, 장내 면역(쾌변)에 반하는 섭생을 하고 있다는 것입니다.

황금변을 찾는 방법은 그리 어렵지 않습니다. 지금까지 알고 있던 상식을 버리고, 장내 부패를 유발하는 가공식품이나 식물들을 식단에서 제거하면 됩니다. 그리고 우리에게는 영양을 얻을 수 있고, 황금변을 돕는 현미효소라는 강력한 무기가 있습니다. 현미효소와 발효음식 그리고 선조들의 경험치를 기반으로 한 명수식 섭생은 모든 사람에게 안전하고, 가장 빠른 효과를 보일 것입니다. 영양을 얻을 수 있고, 충분한 효소 섭취로 해독이 되고, 장내 환경을 가장 빨리 개선 시키기 때문입니다.

효과를 본 모든 분들이 전하는 공통된 현상은 변이 좋아졌다는 것입니다. 변이 좋아졌다는 말은 장내 발효가 잘 되었다는 말과 같습니다. 황금변을 만들면 많은 것들이 치유되거나 개선됩니다. 권위 없는 범부의 주장이지만, 이 책을 통해 전체적인 시각을 얻게 되신다면 더 이상 남의 논리에 휘둘리지 않고 올바른 방향으로 나아갈 수 있을 것입니다. 피상적인 이론이나 영양분석표를 믿지 마십시오. 꼭 황금 변을 나침반으로 삼아 섭생을 하시기 바랍니다. 그럼 길을 잃지 않게 될 것입니다.

대중들이 건강식의 모범 답안으로 믿고 있는 섭생에 대한 잘못된 상식과 믿음을 깨고, 현미효소의 효능과 치병이나 건강에 가장 효과적인 섭생법을 알리려는 사명으로 분에 넘치는 책을 내게 되었습니다. 이 졸저가 빛을 볼 수 있도록 도와주신 분들과 체험수기를 써주신 분들에게 고마움을 전합니다. 부안 하서에서 국궁을 제작하시면서 작물이나 가축에 대한 해박한 통찰로 영감을 불어넣어 주신 수곤 형님께 감사드립니다. 두 분 다 현미효소의 열렬한 팬이면서 뛰어난 교정 실력으로 어설픈 글을 다듬어 주신 노해숙님과 이정국님께 각별한 고마움을 전합니다. 그리고 수없이 반복된 교정에도 싫은 기색 없이 책을 예쁘게 꾸며주신 시각디자인 전문가이신 권희철 선생님께도 감사를 표합니다.

아프기 전에는 다 남의 일이고 건강의 소중함을 잊고 삽니다. 건강을 잃어보면 다른 것들은 소소한 걱정거리일 뿐입니다. 조그마한 통찰이 있다면 우리는 질병을 좀 더 쉽게 극복할 수 있을 것입니다. 많은 분들이 현미누룩효소와 명수식 섭생법과 인연이 되어 꼭 건강해지시길 바랍니다.

2022년 초겨울에

책 구매 방법

- 전화 주문 1670-8316(부크크)
- 인터넷 주문 - **NAVER** 황금변을 찾는 여행
- 전자책 주문 – 부크크 홈페이지(www.bookk.co.kr)

발효기 및 누룩 구매

- **NAVER** 명수네 효소

도서명 | 황금변을 찾는 여행

발   행 | 2023년 07월 25일

저   자 | 이명수

펴낸곳 | 주식회사 부크크

출판사등록 | 2014.07.15(제2014-16호)

주   소 | 서울특별시 금천구 가산디지털1로 119 SK트윈타워 A동 305호

전   화 | 1670-8316

이메일 | info@bookk.co.kr

ISBN | 979-11-410-3562-4

www.bookk.co.kr